高素质农民培训系列教材

水稻绿色高产高效技术

张 羽 胡志刚 主编

U0272021

中国农业科学技术出版社

图书在版编目（CIP）数据

水稻绿色高产高效技术 / 张羽，胡志刚主编 . —北京：中国农业
科学技术出版社，2020.6

ISBN 978-7-5116-4780-1

Ⅰ.①水… Ⅱ.①张…②胡… Ⅲ.①水稻栽培–高产栽培–栽培技术
Ⅳ.①S511

中国版本图书馆 CIP 数据核字（2020）第 092655 号

责任编辑	崔改泵　张诗瑶
责任校对	李向荣
出 版 者	中国农业科学技术出版社
	北京市中关村南大街 12 号　邮编：100081
电　　话	（010）82109194（编辑室）　　（010）82109704（发行部）
	（010）82109709（读者服务部）
传　　真	（010）82109698
网　　址	http://www.CASTP.cn
经 销 者	各地新华书店
印 刷 者	北京富泰印刷有限责任公司
开　　本	850mm×1 168mm　1/32
印　　张	8
字　　数	270 千字
版　　次	2020 年 6 月第 1 版　2020 年 6 月第 1 次印刷
定　　价	35.00 元

◀━━━ 版权所有·翻印必究 ━━━▶

《水稻绿色高产高效技术》
编 委 会

主　　编　　张　羽　　胡志刚

副 主 编　　干继红　　朱建明　　陶郁萍　　陈遇春

　　　　　　吴　军　　陈金荣　　游剑锋　　王　欢

　　　　　　蔡星星　　李兴华　　张　盛　　徐　卫

　　　　　　陈红涛　　张耀学

参编人员（按姓氏笔画排序）

　　　　　　干继红　　马　娟　　王　欢　　王友珠

　　　　　　朱建明　　刘兵强　　苏锦武　　李兴华

　　　　　　吴　军　　吴红霞　　张　羽　　张　盛

　　　　　　张耀学　　陈红涛　　陈金荣　　陈遇春

　　　　　　胡志刚　　徐　卫　　陶　丽　　陶郁萍

　　　　　　游剑锋　　蔡星星

前　言

　　党的十八届五中全会通过的《中共中央关于制定国民经济和社会发展第十三个五年规划的建议》对做好新时期农业农村工作作出了重要部署，提出了创新、协调、绿色、开放、共享发展"五大理念"。2016年中共中央、国务院中央一号文件《关于落实发展新理念加快农业现代化实现全面小康目标的若干意见》以发展新理念为指导，在标题中也特别提出"发展新理念"；同时指出："推进农业供给侧结构性改革，加快转变农业发展方式，保持农业稳定发展和农民持续增收，走产出高效、产品安全、资源节约、环境友好的农业现代化道路。"为落实党的十八届五中全会和2016年中央一号文件精神，中央财政安排了专项资金支持开展粮棉油糖绿色高产高效创建。

　　为深入推进绿色高产高效创建，示范推广高产高效、资源节约、生态环保技术模式，推进规模化种植、标准化生产、产业化经营，增加优质绿色农产品供给，引领农业生产方式的转变，提升农业供给体系的质量和效率，农业部启动"2017年绿色高产高效创建年"活动，助力种植业转型升级和现代农业发展。

　　湖北省黄梅县作为全国商品粮基地县和湖北省33个粮食生产大县之一，自2016年起被纳入部级水稻绿色高产高效创建项目整体推进县，为积极配合水稻绿色高产高效创建工作的开展，黄梅县农业技术推广服务中心组织技术人员从基础知识和实用技术出发，借鉴湖北省兄弟县市相关技术经验，精心编写了《水稻绿色高产高效技术》一书，供广大农业科技人员、农民群众在发展水稻生产时，因地制宜地参考应用。

　　本书编写内容丰富，针对性强，与实践结合紧密，文字简洁，通俗易懂。本书力求编写成指导水稻生产实践的工具书，并作为开展农民和基层农业技术人员培训的培训教材。在编写过程中得到了湖北省农业技术推广总站、黄梅县农业局和有关方面人员的大力支持，在此一并感谢！同时，本书在编写过程中引用了大量的相关专著、论文和文献资料，在此一并表示感谢！对没有列出的引用文献的作者表示诚挚的歉意，并请各位专家谅解。限于编者水平，书中存在诸多不足和错误之处，恳请读者批评指正。

编　者

水稻绿色高产高效技术

目 录

水稻绿色高产高效技术

第一章　水稻生产基础知识

第一节　水稻生产概况和类型划分

一、生产概况

据联合国粮食及农业组织（FAO）统计，截至 2008 年，全世界共有 115 个国家生产水稻，总收获面积 1.59 亿 hm^2。其中种植面积超过 200 万 hm^2 的国家有印度、中国、印度尼西亚、孟加拉国、泰国、缅甸、越南、菲律宾、巴基斯坦、巴西、柬埔寨和尼日利亚。种植面积最大的是印度，2008 年曾达到 4 400 万 hm^2，约占世界水稻总面积的 28.0%；其次是中国，2008 年水稻种植面积为 2 949 万 hm^2，约占世界水稻总面积的 18.6%。

世界上各产稻国稻谷平均单产的差异很大，单产水平最高的国家是埃及，平均为 9.73t/hm^2。其次是澳大利亚，平均为 9.50t/hm^2。单产水平较高的国家还有美国、韩国、中国和日本，平均单产分别为 7.67t/hm^2、7.39t/hm^2、6.56t/hm^2 和 6.49t/hm^2。在亚洲各产稻国中，中国和印度的稻谷总产量最高，2008 年分别为 19 335 万 t 和 14 826 万 t，占世界稻谷总产量的 28.2% 和 21.6%。也就是说，世界稻谷总产量的一半产自中国和印度。

中国是水稻的起源中心和种植水稻最早的国家，也是世界上最大的水稻生产国之一。2008 年，中国水稻种植面积为 2 949 万 hm^2，约占世界水稻总面积的 18.6%，仅次于印度，居第二位；稻谷总产量 14 826 万 t，占世界稻谷总产量的 28.2%，远高于印度而居首位。平均单产 6.56t/hm^2，比世界水稻平均单产高 34.3%，比印度高 48.6%，是种植面积超过 200 万 hm^2 的 12 个国家中单产水平最高的国家，在亚洲仅次于韩国，居第二位。

1995 年之前，中国一直是水稻进出口国，但进口量大于出口量。1996 年以后，成为稻谷净出口国，出口稻米总量曾居世界第六位，在稳定世界稻米市场中发挥了巨大作用。

水稻是中国最重要的粮食作物之一，稻米历来是中国人民的主食。在中国，水稻种植面积不足粮食作物总种植面积的30%，稻谷产量却占粮食总产量的约40%。发展水稻生产对于保障中国粮食安全和社会稳定具有重要意义。

　　中国常年水稻种植面积约占粮食作物的27%，总产量约占粮食作物总产量的37%。中国水稻常年种植面积约3 000万 hm²，1976年最大，为3 622万 hm²；2000年，中国水稻种植面积下降到只有2 996万 hm²。1949年，中国水稻平均单产仅1.89t/hm²，2007平均单产达到6.435t/hm²，创历史最高纪录。由于中国人口众多、粮食安全等历史原因，过去中国水稻生产主要以追求产量为目标，对稻米品质的重视程度相对较弱，但近年来，随着人民生活水平的日益提高及对外贸易的发展，稻米的优质化和专用化得到了较快的发展。

　　中国水稻种植区域分布很广，除西藏自治区（以下简称西藏，全书同）和青海省基本没有水稻种植外，北至黑龙江省的漠河市，南至海南省的三亚市，西至新疆维吾尔自治区（以下简称新疆，全书同），东至台湾省，低至东南沿海，高至海拔2 600m以上的云贵高原，几乎都有水稻种植。目前中国水稻种植区域大致可分为六大稻作区。

　　（1）东北半湿润早熟单季稻作区。黑龙江流域以南、长城以北地区，包括黑龙江省、吉林省、辽宁省和内蒙古自治区（以下简称内蒙古，全书同）东部四盟。

　　（2）西北干旱、半干旱单季稻作区。大兴安岭以西的北方大部地区，包括新疆、宁夏回族自治区（以下简称宁夏，全书同）、甘肃省。

　　（3）华北半湿润单季稻作区。秦岭和淮河以北、长城以南地区，包括北京市、天津市、河北省、山东省、山西省、河南省、安徽省和江苏省淮河以北地区、陕西省中北部地区。

　　（4）西南湿润单季稻作区。包括四川省、湖南省西部、贵州省大部、云南省中北部地区。

　　（5）长江流域湿润单、双季稻作区。南岭以北、秦岭以南地区，包括江苏省及安徽省中南部、上海市、浙江省、江西省、湖南省、湖北省、四川盆地、陕西省和河南省南部。

　　（6）华南湿润双季稻作区：南岭以南地区，包括云南省西南部、广东省、广西壮族自治区（以下简称广西，全书同）、福建省、海南省和台湾省。

　　湖北省地处长江中游，根据湖北省的气候和稻作特点，水稻生产

水稻绿色高产高效技术

大体可分为4个稻作区。

一是鄂东南低山丘陵双季稻区。包括黄冈市、咸宁市的全部，孝感市、武汉市东南部的黄陂、新洲、江夏。地形为沿江滨湖和低山丘陵是湖北双季稻适宜地区。

二是江汉平原单、双季稻区。包括荆州市、仙桃市、潜江市、天门市的全部，孝感市西部的汉川、云梦、应城，武汉市北部的汉阳，荆门市南部的沙洋、屈家岭，宜昌市东部的枝江。地形为长江、汉江的冲积平原，是湖北以水稻为主的粮食集中产区，单、双季稻大约各占一半。

三是鄂中北丘陵岗地单季稻区。包括随州市、襄阳市的全部，孝感市北部的安陆，荆门市北部的京山、钟祥，宜昌市东北部的当阳。地形多为丘陵岗地，属湖北水稻的高产区，一季中稻的集中产区。

四是鄂西北高山单季稻区。包括恩施州、十堰市的全部，宜昌市的大部。其特点是境内山岭耸立，地形复杂，气温垂直分布差异十分明显，是湖北的高山寒水稻区。

二、品种类型

生产上常见的水稻分类方式有4种，即籼稻与粳稻、黏稻与糯稻、常规稻与杂交稻、普通稻与特种稻。

（一）籼稻和粳稻

籼稻与粳稻是在不同温度条件下形成的2个亚种（图1-1）。

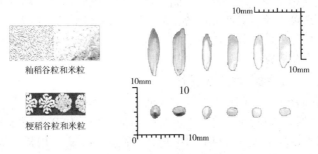

图1-1 籼稻和粳稻

粳稻是人类将籼稻由南向北、由低处向高处引种后，逐渐适应于低温气候下生长的生态变异类型。

籼稻是最早由野生稻演变成栽培稻的基本类型，分布在热带、亚热带的平川地带，具有耐热、耐强光的习性，粒形细长，米质黏性较弱，叶片粗糙多毛，颖壳上毛稀且短，易落粒。

（二）黏稻与糯稻

黏稻与糯稻的主要区别是米质黏性大小的不同，糯稻是黏稻淀粉粒性质发生变化而形成的变异型（图1-2）。

大多数黏稻米粒中含直链淀粉15%～30%，支链淀粉相对较少，米粒断面不透明或半透明，黏性差，胀性大，出饭率高。糯稻米粒中淀粉几乎全部是支链淀粉，米粒断面呈蜡白色，不透明，黏性强，胀性小，出饭率低。

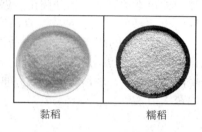

黏稻　　　　　　　　糯稻

图1-2　黏稻和糯稻

（三）常规稻和杂交稻

常规稻的基因是纯合的，其子代与上一代的农艺性状相同。不需要年年制种（图1-3）。

杂交稻是通过不同品种之间通过杂交得到的种子再种下去生产出来的。杂种一代具有杂种优势，能迅速提高水稻单位面积产量。但同杂种二代产生性状分离，生长不一致，产量会严重缩减，因此不能继续作为生产用种子，需要年年制种。

（四）普通食用稻和特种稻

普通食用稻，即日常生活中常见、常吃的水稻。

特种稻，有特殊用途，或特种价值的水稻。如有色稻（黑米、紫米、红米，图1-4）；香稻（图1-5）、高营养稻；专用稻（酒米、软米、蒸谷米，图1-6至图1-8）。

根据有色稻糙米带色的程度，可分为乌黑米、红黑米、紫红米、红褐米、红米、黄米和绿米等。绿米所具有的色素极不稳定，往往在贮藏过程中褪色。

香稻是米粒中具有强烈香味的栽培稻（图1-5）。

图1-3 常规稻和杂交稻

图1-4 有色稻

专用稻是指其稻米或植株具有专门用途的栽培稻。专门用于食品工业加工用的稻米有酒米、软米、蒸谷米、糕点米、罐头米；另外还

图1-5 香稻

有巨胚米、饲料米、谷秆两用水稻等。

酿酒用的稻米要求整精米率高，直链淀粉含量很低（能残留一定量的糊精），使黄酒保持一定的醇味，也称酒米。其他如米醋、红糟、白糟和甜酒等都是重要的食品和调味品。

图1-6 酒米

软米是一种优质米，其米质介于糯性与黏性之间，因其直链淀粉含量比普通黏稻低（10%左右），米饭质软而甜润爽口，冷后不变硬不回生，食用时冷热皆宜。

蒸谷米是稻谷收获后，先经过热水处理，再晒干或烘干，然后再按常法砻谷和精碾而得的稻米。

图1-7　软米

图1-8　蒸谷米

第二节　水稻生育期

一、生育进程

（一）生育期变化规律

在生产上，一般把水稻种子播种到稻穗籽粒成熟期所经历的天数称为全生育期。生育期的长短变化，主要取决于品种的内因，也会因外部光照、温度、肥水等生态环境条件的不同而变化。通常情况下，品种叶片数多的生育期较长，叶片数少的生育期较短；温度较低或肥水充足时，生育期较长，反之较短。

一般情况下，早稻的生育期较短，中稻和晚稻的生育期较长。在湖北省武汉地区种植早稻品种两优287生育期为110d左右，中嘉早17生育期为109d左右；中稻品种扬两优6号生育期为140d左右，Q优6号生育期为130d左右；晚稻品种五优308生育期为120d左右。

在同一地区，早稻和中稻在适宜播期范围内，播种早的比播种晚的生育期长；晚稻是播种早的比播种迟的生育期短，这与积温和光照关系密切。

（二）生育期划分标准

水稻生长发育过程中，由于根、茎、叶、穗、粒等器官的出现，植株外部形态也随之发展变化。水稻的生育时期就是指某种新器官出现，植株形态发生特征特性变化的日期。一般常用的有以下7个生育时期。

（1）播种期。实际播种日期，以月/日表示。

（2）移栽期。实际移栽日期，以月/日表示。

（3）秧龄。播种次日至移栽日的天数。

（4）始穗期。10%茎秆稻穗露出剑叶鞘的日期，以月/日表示。

（5）齐穗期。80%茎秆稻穗露出剑叶鞘的日期，以月/日表示。

（6）成熟期。籼稻85%以上、粳稻95%以上籽粒黄熟的日期，以月/日表示。

（7）全生育期。自播种次日至成熟的天数。

二、生育阶段

水稻生长发育阶段，按器官生长发育的性质不同，一般划分为3个阶段，即营养生长阶段、营养生长与生殖生长并进阶段、生殖生长阶段。

（一）营养生长阶段

营养生长阶段是从种子萌动播种到幼穗开始分化的一段生长过程。

1. 生长特点

营养体（种芽、根、茎、叶、蘖）的增长，根据其生长特点不同，又划分为幼苗期和分蘖期。

（1）幼苗期。幼苗期是从种子开始萌动到第3片完全叶全部抽出的一段时期。该时期基本上只生长根和叶片，生长所需的养分主要靠稻种中的胚乳分解供给，常称之为异养过程。①种子萌发。水稻一生是从种子萌发开始的，种子萌发要经过吸胀（即种子吸水膨胀）、破胸（即胚根、胚芽细胞分裂增殖、胚芽鞘细胞的体积增大、

水稻绿色高产高效技术

伸长并突破谷壳露出白点）和发芽（即胚根长到与种子等长，胚芽为种子一半长度时）等过程。生产上稻种的吸胀是在浸种过程中完成的，而破胸与发芽则是在催芽过程中完成的。②幼苗生长。发芽的种子播种后，从地上部看，首先长出白色、圆筒状的胚芽鞘，接着从胚芽鞘中长出只有叶鞘而无叶片的绿色筒状不完全叶，称现青或立针，也叫出苗。现青后依次长出第1、2、3片完全叶，当第4片完全叶抽出时，基部茎节就可能发生分蘖。因此，生产上把第4片完全叶抽出以前的时期称为幼苗期。秧苗3叶期以后的抗寒性下降，抵御不良环境的能力减弱，是防止烂秧的关键时期。

（2）分蘖期。分蘖期是秧苗第4片完全叶抽出之后到拔节或幼穗开始分化的后一段时期。一般在秧田发生分蘖的一段时期叫秧田分蘖期，移栽到大田返青后生长分蘖的一段时期叫大田分蘖期；秧苗移栽到大田后恢复生长的一段时期，称为返青期。在自然条件下，返青后分蘖不断发生，至拔节时分蘖停止，此时分蘖数达到高峰。分蘖在拔节后向两级分化，一部分发生较早的分蘖具有较多的自身根系，通常能生长发育至抽穗结实，称为有效分蘖；而发生较迟的分蘖则可能生长逐渐停滞直至枯死，称为无效分蘖。

2. 管理重点

培育壮秧，施足基肥，适时插秧，合理密植，早施追肥，促进分蘖早生快发，适度适时晒田，争取分蘖多成穗，提高成穗率，为形成大穗打好基础。

（二）营养生长与生殖生长并进阶段

水稻营养生长与生殖生长并进阶段是指植株生长到拔节，开始进入幼穗分化到抽穗的一段生长过程。

1. 生长特点

既是根、茎、叶等营养器官生长旺盛的时期，茎秆节间伸长与充实，叶面积迅速增大，叶鞘内容物质充实期，又是幼穗分化形成的重要时期。

2. 管理重点

应做好肥水管理，防治好病虫，协调好营养生长与生殖生长的矛盾，为培育壮秆、巩固有效穗数、争取大穗创造条件。

（三）生殖生长阶段

水稻生殖生长阶段是从稻穗的分化形成、抽穗开花到籽粒灌浆结实成熟的一段时期。生殖生长阶段是形成大穗、提高结实率和籽粒重，夺取高产的关键阶段。

1. 生育特点

生殖生长阶段的前期以长穗为主，后期是籽粒灌浆结实。

（1）幼穗生长期。从幼穗分化开始至抽穗为止的一段时期。一般幼穗生长期为25~35d，生育期短的小穗型品种，幼穗生长期较短；生育期长的大穗型品种，幼穗生长期较长。

（2）开花结实期。从开花到籽粒成熟的一段时期。要经历出穗、开花、乳熟、蜡熟、完熟等时期。所经历的时间，因品种特性、当时的气温高低等条件而异，一般为30~50d，早稻品种偏短，中、晚稻品种偏长。米粒的成熟过程分为3个时期。①乳熟期。开花后3~10d，米粒内开始有淀粉积累，呈白色乳液，直至内容物逐渐浓缩，胚乳结成硬块，米粒大致形成，背部仍为绿色。②蜡熟期。开花后11~17d，米粒逐渐硬结，与蜡质相似，手压仍可变形，米粒背部绿色逐渐消失，谷壳渐软黄。③完熟期。谷壳已呈黄色，米粒硬实，不易破碎，并具有该品种的固有色泽。

2. 管理重点

水稻生殖生长阶段，田间管理重点是主攻大穗，提高结实率和粒重。栽培技术上着重搞好追施穗肥，湿润灌溉，防治病虫，养根护叶，预防倒伏。

第三节　水稻生育与环境条件

水稻生长发育内因是按照自身的生长发育规律渐次分化和发生，同时也受外部生态环境的影响，其中关系密切的有温度、养分、水分、光照等条件。

一、温、光反应特性

水稻原产热带及亚热带的高温、短日照条件下，在长期的系统发育过程中，形成了对高温和短日照有一定要求的遗传特性。由营养生长向生殖生长转变的过程，所形成的温、光反应特性，称为水稻发育特性，通常称之为水稻"三性"，即感光性、感温性和基本营养生长性。

（一）感光性

水稻是短日照植物。水稻品种在适应生长发育的日照长度范围内，短日照可使生育期缩短，长日照可使生育期延长，这种因受日照长短影响而改变其生育期的特性，称为感光性。

一般原产低纬度地区的水稻品种感光性强，而原产高纬度地区的水稻品种对日长的反应钝感或无感。南方稻区的晚稻品种感光性强，其中华南的晚稻品种较华中的晚稻品种感光性强；早稻品种的感光性钝感或无感，中稻品种的感光特性介于早稻与晚稻品种之间，其中偏迟熟的品种，其感光性接近于晚稻，而偏早熟的品种感光特性与早稻相似。

晚稻品种的感光性强，它的感温特性必须在短日照条件下才可能表现出来，影响晚稻生育期变化的主要因素是日照长度。感光性强的品种，在长日照条件下能抽穗。

杂交水稻品种一般在 5~8 叶期，开始接受光周期诱导，对日长感应的结束期大体在抽穗前 10d 左右，水稻通过光周期诱导的天数一般为几天至十几天。

中国的感光性品种，所需要每天的见光时间一般是 12~14h。其中海南省的一些品种要求短于 12h，长江流域的晚稻品种要求短于 13.5h。

现有杂交水稻品种在光周期诱导期间，所需要的日平均气温要在 20.5℃以上。

（二）感温性

水稻是喜温作物，适当的高温不但能促进生长，而且能促进发育的转变，品种不同，其感温性有强弱之分。在适于水稻生长发育的温度范围内，高温可使生育期缩短，低温可使生育期延长，这种受温度高低的影响而改变的生育期的特性，称为水稻品种的感温性。通常晚稻品种的感温性比早稻强，粳稻感温性比籼稻强。目前生产上应用的杂交水稻品种，一般都是中等感温性的组合。

水稻全生育期的积温，即使是感光性弱或钝感的早稻、中稻品种，同一品种在不同纬度地区或在同一地区的不同季节、不同年份种植，也会发生一定变化。

（三）**基本营养生长性**

在水稻生育期中，生殖生长一般比较稳定，因日照长短和温度高低而引起水稻生育期发生变化的，主要在营养生长期。水稻的生殖生长是在其营养生长的基础上进行的，其营养生长向生殖生长的转变必须要求有最低限量的物质基础。因此，即使在最适于水稻发育转变的短日、高温条件下，必须要经过一段最低限度的营养生长期，才能完成其发育转变过程，进入幼穗分化阶段。

水稻进入生殖生长之前，不受短日照、高温的影响而缩短的营养生长期，称为基本营养生长期。不同水稻品种的基本营养生长期长短各异，这种基本营养生长期长短因品种而异的特性，称为水稻品种基本营养生长性。实际营养生长期中可受光周期和温度影响而变化的部分生长期，则称为可变营养生长期。

一般感光性强的晚稻品种，可被短日照、高温影响而缩短的营养生长期最长，基本营养生长期短，基本营养生长性小；感光性顿感或无感的早稻品种，被短日照、高温影响而缩短的营养生长期最短，但营养生长性比晚稻稍大；中稻品种介于早稻、晚稻之间，但基本营养生长期较长，基本营养生长性较大。

二、生长发育所需的环境条件

1. 温度

（1）稻根生长。最适宜的土壤温度为 $30 \sim 32℃$，低于 $15℃$ 时根的生长活动微弱，当土壤温度超过 $35℃$，会使根的生理机能降低。稻田水温在 $30℃$ 左右时，稻根吸收养分的能力最强。

（2）稻叶生长。一般在 $32℃$ 以下，气温越高出叶速度越快，叶龄与播种后大于 $10℃$ 的积温是明显的正相关关系。

（3）分蘖生长。最适宜的气温为 $30 \sim 32℃$，最适水温为 $32 \sim 34℃$，气温低于 $20℃$，水温低于 $22℃$，分蘖十分缓慢。日平均气温在 $15℃$ 以下，分蘖停止。

（4）稻穗分化。最适宜的温度为 $30℃$ 左右，籼稻在日平均温度 $21℃$，粳稻在 $19℃$ 的条件下，能使枝梗和颖花分化期延长 $2 \sim 3$ 倍，利于增加每穗颖花数和形成大穗。但温度过低，会影响幼穗发育，低于 $15℃$ 幼穗受伤害。在减数分裂之后的 2d 内，是幼穗分化对温度最敏感的时期，即花粉粒形成初期。

（5）开花结实。水稻出穗开花期，一般以日平均温度 $24 \sim 29℃$ 为适宜，日平均温度低于 $23℃$，或高于 $30℃$ 时，开花授粉不良。华中农业大学研究表明，杂交水稻品种，出穗开花期在日平均气温 $20.8 \sim 33.0℃$ 范围，适温（$24 \sim 27℃$）向上升高 $1℃$，稻穗空壳率增加 $1.37\% \sim 6.94\%$，从适温向下降 $1℃$，空壳率增加 $2.5\% \sim 8.58\%$。出穗开花期，当日平均气温大于 $30℃$，日最高气温大于 $35℃$ 时，水稻结实率明显降低；出穗期日平均气温 $\leqslant 18℃$ 时，便出现包穗现象。

在田间条件下，日平均气温在 21~26℃，昼夜温差大，最适于籽粒灌浆结实，籼稻比粳稻的要求略高。

2. 光照

（1）苗期。秧苗发根数量以强光为多，弱光为少；根长则相反，随光量减弱而促进；根粗和根干重又随光量增强而提高；整体的根系生长仍以强光为强、弱光为弱。在光质中蓝光培育的稻苗较之红光的根数多，根系粗，根干重大。由此可见，光照充足和利用蓝色薄膜育秧，能促进根系生长，提高根的生理活性，增强根系吸水吸肥能力。

（2）分蘖期。分蘖期间光照不足，直接影响光合作用，稻株生长弱，分蘖发生迟缓，甚至停止分蘖。

（3）稻穗发育阶段。田间光照越充足对幼穗分化越有利。若幼穗分化初始阶段光照不足，穗长变短；颖花分化期光照不足，阻碍生殖细胞的形成，颖花数大大减少；减数分裂期和花粉充实期光照不足，颖花大量退化，不孕花增多。因此，在幼穗分化过程中，群体发育过度，或长期阴雨均对幼穗发育不利。

（4）开花结实期。光照强度大，形成的光合产物多，对米粒充实极为有利，减数分裂期以后，光照不足，均使实粒数减少，空秕粒增大，尤其是出穗至乳熟期受影响最大。

3. 养分

（1）必需的营养元素。水稻正常生长发育中所必需的营养元素有氮、磷、钾、硫、钙、镁、硅、铁、硼、锰、铜、锌、钼、氯、碳、氢和氧等 17 种。碳、氢、氧来自大气和水中，其他元素都来自土壤，它们多以离子状态通过根、叶进入水稻体内。以氮、磷、钾最为重要，称为三要素。硅在稻株中含量较高，是增益元素或特殊元素。

（2）水稻的吸肥量。据研究，一般每生产 100kg 稻谷，需要吸收氮素 2.0~2.4kg，五氧化二磷 0.9~1.4kg，氧化钾 2.5~2.9kg，综合考虑土壤供肥能力，肥料利用效率以及生产水平等因素，在土壤养分中等的情况，施用肥料中的氮、磷、钾配比为 1：0.5：0.9 较为适宜。

（3）水稻的吸肥特点。碳、氢、氧在水稻植物体组成中占绝大多数，是水稻淀粉、脂肪、有机酸、纤维素的主要成分。它来自空气中的二氧化碳和水，一般不需要另外补充。水稻对氮、磷、钾三元素需要量大，单纯依靠土壤供给，不能满足水稻生长发育的需要，必须另外施用，所以氮、磷、钾三元素又叫肥料三要素。对其他元素的需要量有多有少，一般土壤中的含量基本能满足，但随着高产品种的种植，氮、磷、钾施用量的增加，水稻微量元素缺乏症也日益增多。

每生产100kg稻谷吸收的氮、磷、钾的数量分别为1.70~2.50kg、0.90~1.30kg、2.10~3.30kg，大致比例为2∶1∶2.5。由于其中不包括根的吸收和水稻收获前地上部分中的一些养分及落叶等已损失的部分，所以实际水稻吸肥总量应高于此值。而且随着品种、气候、土壤和施肥技术等条件的不同而变化，特别是不同生育时期对氮、磷、钾吸收量的差异十分显著，通常是随着生育时期从秧苗到成熟期的进程中，吸收氮、磷、钾的数量呈正态分布。

氮素营养吸收特点。氮是水稻的生命元素，在稻株体内的含量按干重计占1%~4%。水稻植株所吸收的氮，主要是无机铵态氮和硝态氮，由根系从土壤中吸收，经还原后形成氨，再由无机化合物转化为有机化合物。

研究表明，水稻品种"两优培九"，全生育期吸收氮素为12.66kg/亩（1亩≈667m²，15亩=1hm²，全书同），其中播种至移栽期为0.39kg，占总吸氮量的3.1%；移栽至拔节期为5.03kg/亩，占总吸氮量的39.7%；拔节至抽穗期为5.46kg/亩，占总吸氮量的43.1%；抽穗至成熟期为1.78kg/亩，占总吸氮量的14.1%。

磷素营养吸收特点。磷是细胞质和细胞核的组成部分。磷通常以正磷酸盐、酸性磷酸盐等形态被吸收。磷进入植株体后，大部分为有机态化合物，在水稻植株体内是最易转移和能多次利用的元素。一般在根、茎、生长点较多，嫩叶比老叶多，种子含磷较丰富。水稻全株含磷量为干重的0.4%~1.0%。试验表明，不同生育阶段对五氧化二磷的吸收率，播种至移栽期占4.39%，移栽至分蘖盛期占14.09%，分蘖盛期至孕穗期占23.29%，孕穗期至齐穗期占3.9%，齐穗期至成熟期占54.33%。磷在稻植株中的分布积累，分蘖期主要集中在叶部，上部叶多于下部叶；齐穗至成熟期主要集中在穗部，叶部相应减少。

钾素营养吸收特点。钾以离子状态存在，游离状或被胶体稳定地吸附着。水稻植株的含钾量占干重的2.0%~5.5%，主要集中在稻株幼嫩和生长活跃的区域，如芽、幼叶、根尖等部位。杂交水稻吸收钾较常规稻高，甚至超过吸氮量。对钾的吸收率，播种至移栽期为1.0%，移栽至分蘖盛期为26.1%，分蘖盛期至孕穗期为44.5%，孕穗初期至齐穗期为9.4%，齐穗期至成熟期为19.2%。而常规稻在抽穗扬花后，就几乎不再吸收钾。

土壤肥力是钾素的主要来源。水稻吸收钾约80%来源于土壤，使

水稻绿色高产高效技术

用的钾素化肥占 20% 以下，化学钾肥的利用率只有 30% 左右。因此，需要秸秆还田，增施有机肥，培肥地力。

4. 水分

稻株营养器官的生长需要充足的水分供应。播种至出苗阶段，田间保持湿润状态，分蘖阶段稻田灌浅层水，有利于分蘖的发生。灌水过深，会降低稻田温度，削减植株基部光照温度，对分蘖有抑制作用。

幼穗发育阶段，尤其是减数分裂期前后对水分的反应最敏感。稻田缺水，出穗期延退，穗形变小，减产 20%。一般土壤含水量要达到最大持水量的 90% 以上，才能满足幼穗发育的要求，此期多以浅水层灌溉为主。

出穗至灌浆期间，对水分要求仍较严格，土壤干旱，会引起生理缺水，出穗困难，结实率降低。一般应采取浅水勤灌。齐穗以后，采取干湿交替，间歇灌溉，增加土壤通气，增强根系活力。超级稻穗大粒多，具有二次灌浆的特点，后期不宜过早断水。

第二章　水稻绿色高产高效栽培技术

第一节　选用适宜的品种

一、早稻品种

1. 两优 287

（1）品种来源。湖北大学与湖北种子集团公司用自选的两系不育系 HD9802s 与恢复 R287 配组而成。

（2）产量表现。2003 年在湖北早稻区试中，平均亩产 481.15kg，比对照金优 402 增产 3.8%，增产极显著，居首位。2004 年湖南早稻预试中，平均亩产 492.0kg，比对照湘早籼 13 增产 7.5%。2004 年在江西早稻预试中，平均亩产 454.60kg，比对照浙 733 增产 4.24%。在 2004 年广西早稻预试中，平均亩产 474.2kg，比对照金优 463 增产 2.0%。

（3）特征特性。①生育期。2003—2004 年在湖北早稻区试中，全生育期 113d，比对照金优 402 早熟 4d。②生物学性状。株高 85.49cm，株型紧凑，茎秆较粗壮，穗形较大，穗层较整齐，结实率高；叶色绿，剑叶短挺；谷粒细长，稃尖无色，成熟时叶绿籽黄。③经济学性状。每亩有效穗数为 21.17 万穗，每穗 123.59 粒，实粒为 98.3 粒，千粒重 25.31g。④米质。出糙率为 80.4%，整精米率为 65.3%，垩白粒率为 10%，垩白度为 1.0%；直链淀粉含量为 19.46%，胶稠度为 61mm，粒长为 7.3mm，长宽比为 3.5，稻米品质优，主要理化指标达到国家一级优质稻谷质量标准。

（4）抗性。区试鉴定感白叶枯病，高感穗颈稻瘟病；大田示范中抗病性好。

（5）栽培要点。①适时播种，培育壮秧。3 月下旬至 4 月初播种，秧田亩播种量 15kg，秧龄不超过 30d。②合理密植，保证栽插密度，株行距 13.3cm×20cm，每穴插 2～3 粒谷苗，每亩插基本苗 10 万～12 万株。③合理施肥，适当增施磷钾肥。每亩施纯氮 12kg，五氧化二磷

5kg，氧化钾 5kg。以基肥为主，约占总肥量的 70%，追肥占 20%，穗肥占 10%。④科学管理，强调早发，适时晒田，后期严格控制氮肥，以防贪青倒伏。注意防治纹枯病和稻瘟病。⑤适时收获，注意脱晒方式，防止暴晒，以保证稻米品质。

2. 鄂早 18

（1）审定编号。国审稻 2005003。

（2）品种名称。鄂早 18（区试代号：20257）。

（3）选育单位。湖北省黄冈市农业科学研究所、湖北省种子集团公司。

（4）品种来源。中早 81／嘉早 935。

（5）省级审定情况。2003 年湖北省农作物品种审定委员会审定。

（6）特征特性。该品种属籼型常规水稻。在长江中下游作早稻种植全生育期平均为 113.6d，比对照浙 733 迟熟 1.9d。株型紧凑，耐肥力较强，叶色浓绿，剑叶挺直，株高为 91.6cm，每亩有效穗数为 23.2 万穗，穗长为 20.4cm，每穗总粒数为 108.6 粒，结实率为 79.5%，千粒重为 24.9g。

（7）抗性。稻瘟病平均 4.9 级，最高 7 级；白叶枯病 1 级；白背飞虱 5 级。

（8）米质主要指标。整精米率为 45.6%，长宽比为 3.4，垩白粒率为 23%，垩白度为 6.5%，胶稠度为 75mm，直链淀粉含量为 15.4%。

2002 年参加长江中下游早籼早中熟组区域试验，平均亩产 450.14kg，比对照浙 733 减产 0.59%（不显著）；2003 年续试，平均亩产 495.81kg，比对照浙 733 增产 8.95%（极显著）；两年区域试验平均亩产 474.41kg，比对照浙 733 增产 4.49%。2004 年生产试验平均亩产 422.69kg，比对照浙 733 增产 6.94%。

（9）栽培要点。①育秧。适时播种，秧田每亩播种量 30kg 左右，大田每亩用种量 6~7kg。②移栽。栽插密度以 13cm×20cm 为宜，每亩插足 2.5 万穴，每穴插足 6~7 苗（含分蘖）。③肥水管理。每亩施 11~13kg 纯氮、8kg 纯钾。在水浆管理上，做到浅水分蘖，够苗晒田，孕穗开花不脱水，灌浆至黄熟期保持田面干干湿湿（一般灌水后落干、断水 1~2 天再灌）。④病虫防治。注意及时防治稻瘟病等病虫害。

（10）审定意见。经审核，该品种符合国家稻品种审定标准，通过审定。该品种熟期适中，产量较高，稳产性一般，抗白叶枯病，感稻瘟病，米质一般。适宜在江西、湖南、湖北、安徽、浙江的稻瘟病轻发的双季稻区作早稻种植。

3. 两优 42

（1）审定编号。国审稻 2006010。

（2）选育单位。湖北大学生命科学学院、湖北省种子集团公司。

（3）亲本来源。HD9802S×R42。

（4）特征特性。该品种属籼型两系杂交水稻。在长江中下游作早稻种植全生育期平均为 108.9d，比对照浙 733 迟熟 1.4d。株型紧凑，叶色浓绿，叶姿挺直，每亩有效穗数为 21.5 万穗，株高为 87.7cm，穗长为 19.4cm，每穗总粒数为 115.2 粒，结实率为 83.8%，千粒重为 24.7g。

（5）抗性。稻瘟病平均 5.7 级，最高 9 级，抗性频率 50%；白叶枯病 7 级。

（6）米质主要指标。整精米率为 61.8%，长宽比为 3.4，垩白粒率为 20%，垩白度为 2.9%，胶稠度为 58mm，直链淀粉含量为 20.7%，达到国家优质稻谷标准 2 级。

（7）产量表现。2004 年参加长江中下游早籼早中熟组品种区域试验，平均亩产 472.39kg，比对照浙 733 增产 4.23%（极显著）；2005年续试，平均亩产 511.66kg，比对照浙 733 增产 8.15%（极显著）；两年区域试验平均亩产 492.03kg，比对照浙 733 增产 6.19%。2005 年生产试验，平均亩产 505.19kg，比对照浙 733 增产 12.13%。

（8）栽培要点。①育秧。根据各地早稻生产季节适时播种，一般3 月底至 4 月初播种，宜采用地膜覆盖水育秧，秧田每亩播种量 15～20kg，大田每亩用种量 2～2.5kg。②移栽。秧龄 30d 左右或叶龄 5.5～6.0 移栽，株行距13.3cm×20cm，每亩插基本苗 8.0 万苗。③肥水管理。适宜中等偏上施肥水平栽培，插秧前施足基肥，并以基肥为主，插秧 7d 左右每亩追施尿素 7～8kg。每亩苗数为 28 万～30 万苗时或在5 月20—25 日晒田，后期田间湿润管理为主。④病虫防治。注意及时防治稻瘟病、白叶枯病、纹枯病、螟虫等病虫害。

（9）审定意见。该品种符合国家稻品种审定标准，通过审定。该品种熟期适中，产量高，米质优，感白叶枯病，高感稻瘟病。适宜江西、湖南、湖北、浙江、安徽南部的稻瘟病、白叶枯病轻发的双季稻区作早稻种植。

备注：2006 年通过国家品种审定委员会审定。

二、中稻或一季晚稻品种

1. 扬两优 6 号

（1）选育单位。江苏里下河地区农业科学研究所。

（2）品种来源。广占 63-4S×扬稻 6 号。

（3）省级审定情况。2003 年江苏省、贵州省农作物品种审定委员会审定，2004 年河南省农作物品种审定委员会审定，2005 年湖北省农作物品种审定委员会审定，2005 年通过国家品种审定委员会审定。

（4）特征特性。该品种属籼型两系杂交水稻。在长江中下游作一季中稻种植全生育期平均为 134.1d，比对照汕优 63 迟熟 0.7d。株型适中，茎秆粗壮，长势繁茂，秆尖带芒，后期转色好，株高为 120.6cm，每亩有效穗数为 16.6 万穗，穗长为 24.6cm，每穗总粒数为 167.5 粒，结实率为 78.3%，千粒重为 28.1g。

（5）抗性。稻瘟病平均 4.8 级，最高 7 级；白叶枯病 3 级；褐飞虱 5 级。

（6）米质主要指标。整精米率为 58.0%，长宽比为 3.0，垩白粒率为 14%，垩白度为 1.9%，胶稠度为 65mm，直链淀粉含量为 14.7%。

2002 年参加长江中下游中籼迟熟优质 A 组区域试验，平均亩产 587.83kg，比对照汕优 63 增产 6.88%（极显著）；2003 年续试，平均亩产 528.38kg，比对照汕优 63 增产 5.82%（极显著）；两年区域试验平均亩产 555.98kg，比对照汕优 63 增产 6.34%。2004 年生产试验平均亩产 555.72kg，比对照汕优 63 增产 13.73%。

（7）栽培要点。①育秧。适时播种，湿润育秧秧田每亩播种量 10kg，旱育秧秧田每亩播种量 15kg。②移栽。一般秧龄 35d 左右移栽，适宜栽插密度 1.8 万~2 万穴，每穴 4~5 个基本茎蘖苗。③肥水管理。一般每亩施纯氮 12.5~14kg，采用前重、中稳、后补平衡的策略，注意氮磷钾肥配合施用。在水浆管理上，做到浅水栽插，寸水活棵，薄水分蘖，适时搁田。孕穗至抽穗扬花期保持浅水层，灌浆结实阶段干湿交替。④病虫防治。注意及时防治稻瘟病、螟虫等病虫害。

2. 两优培九

（1）品种来源。系江苏省农业科学院粮食作物研究所通过两系法育成的亚种间杂交稻。1999 年通过江苏省农作物品种审定委员会审定。

（2）特征特性。株型紧凑，株高为 110~120cm。顶三叶上举，剑叶高出穗层。穗大，穗长为24cm。谷粒细长，无芒，千粒重为26g左右。属籼稻，中熟种，生育期长短受温度条件制约，差异较大。米质较好，糙米率、精米率、碱消值、胶稠度、直链淀粉含量和粗蛋白质含量6项指标达国际一级优质米标准。抗白叶枯病、稻瘟病，耐纹枯病，易感稻曲病。

（3）产量表现。该品种表现高产、稳产，大量试验结果较对照种汕优63号平均增产7.8%。在生产条件良好的情况下，大面积单产可达650~700kg，比汕优63号单产增加80~120kg。

（4）栽培要点。需要根据当地的最佳抽穗期安排好栽植期。培育带蘖壮秧，秧田播种量为30kg左右，栽植1.6万~2.0万穴，每穴3~4株。重施保花肥和粒肥，尤应注重磷、钾肥的施用。田间断水不能早于收割前5~6d，注意防治三化螟和稻曲病。

（5）应用前景。该品种适应范围较广，在长江流域和黄淮地区均可种植，有望替代我国大面积种植的汕优63号品种，因其高产、优质、抗病，具有良好的发展前景，适宜地区，特别是种植籼稻地区应推广利用。

3. 丰两优香1号

（1）审定编号。国审稻2007017。

（2）选育单位。合肥丰乐种业股份有限公司。

（3）品种来源。广占63S×丰香恢一号。

（4）省级审定情况。2006年江西省、湖南省农作物品种审定委员会审定，2007年安徽省农作物品种审定委员会审定。是湖北省2013年春夏播主要农作物主导品种。

（5）特征特性。该品种属籼型两系杂交水稻。在长江中下游作一季中稻种植全生育期平均130.2d，比对照Ⅱ优838早熟3.5d。株型紧凑，剑叶挺直，熟期转色好，每亩有效穗数为16.2万穗，株高为116.9cm，穗长为23.8cm，每穗总粒数为168.6粒，结实率为82.0%，千粒重为27.0g。

（6）抗性。稻瘟病综合指数7.3级，穗瘟损失率最高9级；白叶枯病平均6级，最高7级。

（7）米质主要指标。整精米率为61.9%，长宽比为3.0，垩白粒率为36%，垩白度为4.1%，胶稠度为58mm，直链淀粉含量为16.3%。

（8）产量表现。2005年参加长江中下游中籼迟熟组品种区域试验，平均亩产548.32kg，比对照Ⅱ优838增产5.56%（极显著）；2006

水稻绿色高产高效技术

年续试，平均亩产 589.08kg，比对照Ⅱ优 838 增产 6.76%（极显著）；两年区域试验平均亩产 568.70kg，比对照Ⅱ优 838 增产 6.17%。2006 年生产试验，平均亩产 570.31kg，比对照Ⅱ优 838 增产 7.80%。

（9）栽培要点。①育秧。适时播种，采取旱秧或湿润育秧，培育多蘖壮秧。②移栽：秧龄 30d 移栽，合理密植，中上等肥力田块栽插规格为 16.7cm×26.7cm，每亩栽足 1.5 万穴；中等及偏下肥力田块适当增加密度。③肥水管理：大田每亩施肥总量为 14~18kg 纯氮（相当于农家肥 1 000kg，尿素 16~18kg 或碳酸氢铵 45~50kg）、磷肥 40~50kg、钾肥 15kg。施肥总量的 60% 做基面肥，移栽活棵后每亩追施 5~8kg 尿素促分蘖，孕穗至破口期每亩追施 3~5kg 尿素作穗粒肥。科学管水，采取"浅水栽秧、寸水活棵、薄水分蘖、够苗搁田、深水抽穗、后期干干湿湿"的灌溉方式。④病虫防治：注意及时防治稻瘟病、白叶枯病、稻曲病等病虫害。

（10）种植区域。适宜在湖北的稻瘟病、白叶枯病轻发区作一季中稻种植。

4. 黄华占

（1）特征特性。该品种全生育期 118~120d，株高 92cm 左右，株型紧凑，植株整齐，分蘖力较强，叶片细长、浓绿、剑叶短直，抽穗整齐，后期落色好，穗大粒多，平均为 150 粒左右，结实率高达 85% 以上，抗倒伏，耐高温，抗稻瘟病、白叶枯病，米质优，一般亩产 450kg 以上。

（2）栽培要点。①适时播种，稀播壮秧。6 月 13—15 日播种，大田用种量为 2.5kg，每亩秧田播种量为 25~30kg。②合理密植，适时移栽。秧龄 30d 左右，要求在 7 月 15 日前移栽，插 16.7cm×20cm 或 20cm×20cm，每蔸 5~6 苗，保证插足 10 万基本苗，注意严禁采用抛秧。③合理施肥，科学管水。施足基肥，每亩施水稻专用复合肥 25% 含量的 40~50kg，碳酸氢铵 20kg；早追分蘖肥，移栽后 5~7d，每亩追尿素 5~6kg，钾肥 5~7.5kg。看苗看田追施复水肥，落色重的一般每亩追尿素 2~3kg，钾肥 3~4kg，落色轻的可以不施；后期补施穗肥，始穗期或齐穗期每亩用谷粒饱一包或磷酸二氢钾 150g 加水 40kg 叶面喷施。水分管理原则是深水活蔸，浅水分蘖，落水晒田，干湿壮籽，落水黄熟。管水要抓住两个关键时期，一是晒田，苗到（每亩达 24 万苗以上）要晒，时到不等苗也要晒，一般晒田时间为 7 月底至 8 月 5 日；二是后期不能脱水过早，灌浆至黄熟期一定要保持田中湿润。

④病虫防治。按病虫防治通知单及时正确施药。

三、二季晚稻品种

1. 五优 308

（1）审定编号。国审稻 2008014。

（2）选育单位。广东省农业科学院水稻研究所。

（3）品种来源。五丰 A×广恢 308。

（4）省级审定情况。2006 年广东省农作物品种审定委员会审定

（5）特征特性。该品种属籼型三系杂交水稻。在长江中下游作双季晚稻种植，全生育期平均 112.2d，比对照金优 207 长 1.7d，遇低温略有包颈。株型适中，每亩有效穗数为 19.4 万穗，株高为 99.6cm，穗长为 21.7cm，每穗总粒数为 157.3 粒，结实率为 73.3%，千粒重为 23.6g。

（6）抗性。稻瘟病综合指数 5.1 级，穗瘟损失率最高 9 级，抗性频率为 85%；白叶枯病平均 6 级，最高 7 级；褐飞虱 5 级。

（7）米质主要指标。整精米率为 59.1%，长宽比为 2.9，垩白粒率为 6%，垩白度为 0.8%，胶稠度为 58mm，直链淀粉含量为 20.6%，达到国家优质稻谷标准 1 级。

（8）产量表现。2006 年参加长江中下游早熟晚籼组品种区域试验，平均亩产 512.0kg，比对照金优 207 增产 9.48%（极显著）；2007 年续试，平均亩产 497.0kg，比对照金优 207 增产 3.95%（极显著）；两年区域试验平均亩产 504.5kg，比对照金优 207 增产 6.68%，增产点比例 80.8%。2007 年生产试验，平均亩产 511.7kg，比对照金优 207 增产 0.29%。

（9）栽培要点。①育秧。适时播种，秧田每亩播种量为 10~12kg，大田每亩用种量为 1~1.5kg，稀播、匀播培育状秧。②移栽。秧龄 20d 内或叶龄 5.5 叶龄移栽，合理密植，插足基本苗，栽插规格以 16.7cm×20cm 或 20cm×20cm 为宜，每穴栽插 2 粒谷苗。③肥水管理。中等偏上肥力水平栽培，重施基肥，早施分蘖肥，配施有机肥及磷、钾肥。水分管理上掌握深水返青、浅水分蘖、够苗露晒田、复水抽穗、后期湿润灌溉的原则。④病虫防治。注意及时防治稻瘟病、白叶枯病、褐飞虱、螟虫等病虫害。

（10）审定意见。该品种符合国家稻品种审定标准，通过审定。熟期适中，产量高，高感稻瘟病，感白叶枯病，中感褐飞虱，米质优。适宜在江西、湖南、浙江、湖北和安徽长江以南的稻瘟病、白叶枯病

水稻绿色高产高效技术

轻发的双季稻区作晚稻种植。

2. 野丝占

该品种由广东佛山农科所选育，2005年3月通过广东省农作物审定委员会审定。

（1）特征特性。①生育性状。野丝占属感温型早晚兼用、中高档优质籼稻。植株矮壮，分蘖力强，叶色青绿，叶片窄直，容纳穗数多，结实率高，后期熟色好。株高为93.1cm，穗长为20.4cm，每亩有效穗数为24.7万穗，平均每穗总粒数为114.8粒，结实率为85.05%，千粒重为17.7g，谷粒细长。在黄梅县作二季晚稻种植全生育期120d左右。②抗性鉴定。广东省植保所接菌鉴定，中抗稻瘟病，中B、中C群和总抗性频率分别为73.3%、77.8%和71%；对一般白叶枯病（Ⅲ型）表现中抗（3级），对凋萎型（Ⅳ型）表现为中感（5级）。试验及大田生产试验田间纹枯病轻，苗期与后期耐寒性均较强，耐肥抗倒，田间综合抗逆性好，适应性广，易种易管。

（2）栽培要点。①秧龄不宜过长。黄梅县6月18—25日播种，25~28d移栽，移栽每亩用种1.5~2kg，直播2.5kg左右。②严格控制密度。野丝占分蘖力强，有效穗数多时穗中等，单株栽植则明显穗大。建议栽培上严格控制密度，每亩基本苗为6万~8万苗，亩有效穗数为25万穗左右为宜。密度太大易引起倒伏。③肥水管理。应掌握施足基肥、早追重施分蘖肥的原则，植后15d前施完追肥。一般2~3次，先施尿素引根促蘖，后复合肥壮蘖保蘖，晒田复水时补施钾肥5~6kg，中期酌情施穗分化肥。④水分管理。前期采用干湿浅灌，中期及早长露轻晒，后期注意保湿。

第二节　水稻育秧新技术

一、大型工厂化育秧

1. 大型工厂化育秧基地建设

适合合作社经营模式，占地50亩。建设连栋温室一个2 000m²，中棚20个（每个约330m²），生产棚1个500m²，露地苗床30亩，浸种池、办公室等设施，播种线2条，秧盘10万张，秧架600个等设备，总投资230万元左右。所育秧苗可栽插大田万亩以上。

2. 选择苗床，搭好育秧棚

选择离大田较近，排灌条件好，运输方便，地势平坦的旱地作苗床，苗床与大田比例为 1：100。若采用智能温室，多层秧架育秧，苗床与大田之比为 1：200 左右。如用稻田作苗床，年前要施有机肥和无机肥腐熟培肥土壤。

3. 苗床土选择和培肥

育苗营养土一定要年前准备充足，早稻按大田 125kg/亩（中稻按 100kg/亩）左右备土（1m³ 土约 1 500kg，约播 400 个秧盘）。选择土壤疏松肥沃、无残茬、无砾石、无杂草、无污染、无病菌的壤土，如耕作熟化的旱田土或秋耕春秒的稻田土。水分适宜时采运进库，经翻晒干爽后加入 1%~2% 的有机肥，粉碎后备用，盖籽土不培肥。播种前每 100kg 育苗底土加入优质壮秧剂 0.75kg 拌均匀，现拌现用，黑龙江省农科院生产的葵花牌、云杜牌壮秧剂质量较好，防病效果好。盖籽土不能拌壮秧剂，营养土冬前培肥腐熟好，忌播种前施肥。

4. 选好品种，备足秧盘

选好品种，选择优质、高产、抗倒伏性强品种。早稻，两优 287、鄂早 17 等；中稻，丰两优香 1 号、广两优 96、两优 1528 等。常规早稻每亩大田备足硬盘 30 张，用种量 4kg 左右，杂交早稻每亩大田备足硬盘 25 张，用种量 2.75kg；中稻每亩大田备足硬盘 22 张，杂交中稻种子 1.5kg。

5. 浸种催芽

（1）晒种。清水选种，种子催芽前先晒种 1~2d，可提高发芽势，用清水选种，除去秕粒，半秕粒单独浸种催芽。

（2）种子消毒。种子选用"适乐时"等药剂浸种，可预防恶苗病、立枯病等病害。

（3）浸种催芽。常规早稻种子一般浸种 24~36h，杂交早稻种子一般浸种 24h，杂交中稻种子一般浸种 12h。种子放入全自动水稻种子催芽机或催芽桶内催芽，温度调控在 35℃挡，一般 12h 后可破胸，破胸后种子在油布上摊开炼芽 6~12h，晾干水分后待播种用。

6. 精细播种

安装好播种机后，先进行播种调试，使秧盘内底土厚度为 2~2.2cm；调节洒水量，使底土表面无积水，盘底无滴水，播种覆土后能湿透床土；调节好播种量，常规早稻每盘播干谷 150g，杂交早稻每盘播干谷 100g，杂交中稻每盘播干谷 75g，若以芽谷计算，乘 1.3 左右系数；调节覆土量，覆土厚度为 3~5mm，要求不露籽。采用电动播种设备 1h 可播 450 盘左右（1d 约播 200 亩大田秧盘），每条生

水稻绿色高产高效技术

产线需 8~9 人操作，播好的秧盘及时运送到温室，早稻一般 3 月 18 日开始播种。

7. 苗期管理

（1）秧盘摆放。将播种好的秧盘送入温室大棚或中棚，堆码 10~15 层盖膜，暗化 2~3d，齐苗后送入温室秧架上或中棚秧床上育苗。

（2）温度控制。早稻第 1~2d，夜间开启加温设备，温度控制在 30~35℃，齐苗后温度控制在 20~25℃；单季稻视气温情况适当加温催芽，齐苗后不必加温；当温度超过 25℃ 时，开窗或启用湿帘降温系统降温。

（3）湿度控制。湿度控制在 80%~90%。湿度过高时，打开天窗或换气扇通风降湿。湿度过低时，打开室内喷灌系统增湿。

（4）炼苗管理。一定要早炼苗，防徒长，齐苗后开始通风炼苗，1 叶 1 心后逐渐加大通风量，棚内温度控制在 20~25℃ 为宜。盘土应保持湿润，如盘土发白、秧苗卷叶，早晨叶尖无水珠应及时喷水保湿。前期基本上不喷水，后期气温高，蒸发量大，约 1d 喷一遍水。

（5）预防病害。齐苗后喷施一遍"敌克松" 500 倍液，一周后喷施"移栽灵"防病促发根，移栽前打好送嫁药。

8. 适时移栽

由于机插苗秧龄弹性小，必须做到田等苗，不能苗等田，适时移栽。早稻秧龄 20~25d，中稻秧龄 15~17d 为宜，叶龄 3 叶左右，株高 15~20cm 移栽，备栽秧苗要求苗齐、均匀、无病虫害、无杂株杂草、卷起秧苗底面应长满白根，秧块盘根良好。起秧移栽时，做到随起、随运、随栽。

二、机插软盘旱育秧

1. 育秧基地基本配置

（1）中型育秧基地基本配置。合作社或插秧机手经营服务，占地 20 亩。中棚 25 个，简易生产棚 1 个 200m²，露地苗床 6 亩，播种线 1 条，碎土机 1 台，催芽桶 2 个，小型运输车 2 台，秧盘 4.5 万张，浸种池 1 个，运秧框架 1 000 个，总投资约 60 万元。所育秧苗可栽插大田 2 000 亩。

（2）小型育秧基地基本配置。农民出地，育秧能手或插秧机手育秧及服务，育秧面积 6 亩。配备秧盘 1.2 万张，碎土机 1 台，催芽桶 2 个，竹弓、薄膜适量，采取人工播种，总投资约 3 万元。所育秧苗可栽插大田 500 亩。

2. 选择苗床，搭好育秧棚

选择离大田较近，排灌条件好，运输方便，地势平坦的旱地作苗床，苗床与大田比例为1∶100。如用稻田作苗床，年前要施有机肥和无机肥腐熟培肥土壤。选用钢架拱形中棚较好，以宽6~8m，中间高2.2~3.2m为宜，棚内安装喷淋水装置，采用南北走向，以利采光通风，大棚东南西三边20m内不宜有建筑物和高大树木。中棚管应选用4分厚壁钢管，顺着中棚横梁，每隔3m加一根支柱，防风绳、防风网要特别加固。中棚四周开好排水沟。整耕秧田：秧田干耕干整，中间留80cm操作道，以利运秧车行走，两边各横排4~6排秧盘，并留好厢沟。

3. 苗床土选择和培肥

育苗营养土一定要年前准备充足，早稻按大田125kg/亩（中稻按100kg/亩）左右备土（1m³土约1 500kg，约播400个秧盘）。选择土壤疏松肥沃，无残茬、无砾石、无杂草、无污染、无病菌的壤土，如耕作熟化的旱田土或秋耕春秒的稻田土。水分适宜时采运进库，经翻晒干爽后加入1%~2%的有机肥，粉碎后备用，盖籽土不培肥。播种前每100kg育苗底土加入优质壮秧剂0.75kg拌均匀，现拌现用，黑龙江省农科院生产的葵花牌、云杜牌壮秧剂质量较好，防病效果好。盖籽土不能拌壮秧剂，营养土冬前培肥腐熟好，忌播种前施肥。

4. 选好品种，备足秧盘

选好品种，选择优质、高产、抗倒伏性强品种。早稻，两优287、鄂早17等；中稻，丰两优香1号、广两优96、两优1528等。常规早稻每亩大田备足硬盘30张，用种量4kg左右，杂交早稻每亩大田备足硬盘25张，用种量2.75kg；中稻每亩大田备足硬盘22张，杂交中稻种子1.5kg。

5. 浸种催芽

（1）晒种。清水选种，种子催芽前先晒种1~2d，可提高发芽势，用清水选种，除去秕粒，半秕粒单独浸种催芽。

（2）种子消毒。种子选用"适乐时"等药剂浸种，可预防恶苗病、立枯病等病害。

（3）浸种催芽。常规早稻种子一般浸种24~36h，杂交早稻种子一般浸种24h，杂交中稻种子一般浸种12h。种子放入全自动水稻种子催芽机或催芽桶内催芽，温度调控在35℃挡，一般

12h 后可破胸，破胸后种子在油布上摊开炼芽 6~12h，晾干水分后待播种用。

6. 精细播种

（1）机械播种。安装好播种机后，先进行播种调试，使秧盘内底土厚度为 2~2.2cm；调节洒水量，使底土表面无积水，盘底无滴水，播种覆土后能湿透床土；调节好播种量，常规早稻每盘播干谷 150g，杂交早稻每盘播干谷 100g，杂交中稻每盘播干谷 75g，若以芽谷计算，乘 1.3 左右系数；调节覆土量，覆土厚度为 3~5mm，要求不露籽。采用电动播种设备 1h 可播 450 盘左右（1d 约播 200 亩大田秧盘），每条生产线需 8~9 人操作，播好的秧盘及时运送到温室，早稻一般 3 月 18 日开始播种。

（2）人工播种。①适时播种，3 月 20—25 日抢晴播种。②苗床浇足底水，播种前 1 天，把苗床底水浇透。第 2 天播种时再喷灌一遍，确保足墒出苗整齐。软盘铺平、实、直、紧，四周用土封好。③均匀播种，先将拌有壮秧剂的底土装入软盘内，厚度为 2~2.5cm，喷足水分后再播种。播种量与机械播种量相同。采用分厢按盘数称重，分次重复播种，力求均匀，注意盘子四边四角。播后每平方米用 2g 敌克松对水 1kg 喷雾消毒，再覆盖籽土，厚约 3~5mm，以不见芽谷为宜。使表土湿润，双膜覆盖保湿增温。

7. 苗期管理

（1）保温出苗。秧苗齐苗前盖好膜，高温高湿促齐苗，遇大雨要及时排水。

（2）通风炼苗。1 叶 1 心晴天开两挡通风，傍晚再盖好，1~2d 后可在晴天日揭夜盖炼苗，并逐渐加大通风量，2 叶 1 心全天通风，降温炼苗，温度 20~25℃为宜。阴雨天开窗炼苗，日平均温度低于 12℃时不宜揭膜，雨天盖膜防雨淋。

（3）防病。齐苗后喷 1 次"移栽灵"防治立枯病。

（4）补水。盘土不发白不补水，以控制秧苗高度。

（5）施肥。因秧龄短，苗床一般不追肥，脱肥秧苗可喷施 1% 尿素溶液。每盘用尿素 1g，按 1∶100 对水拌匀后于傍晚时分均匀喷施。

8. 适时移栽

由于机插苗秧龄弹性小，必须做到田等苗，不能苗等田，适时移栽。早稻秧龄 20~25d，中稻秧龄 15~17d 为宜，叶龄 3 叶左右，株高 15~20cm 移栽，备栽秧苗要求苗齐、均匀、无病虫害、无杂株杂草、卷起秧苗底面应长满白根，秧块盘根良好。起秧移栽时，做到随起、随运、随栽。

三、机插软盘半旱式育秧

水稻机插秧在黄梅县均以村或组为单位，实行集中软盘育秧。软盘育秧一般分为水育和旱育两种形式，旱育秧虽然有利于培育健壮秧、秧龄弹性大、插后返青快等优点。但在实际操作中，由于客土土源有限，加之客土消毒和调酸技术难度大，因此，近两年黄梅县一般多采用软盘半旱式育秧，并用尼龙小拱棚覆盖。具体操作技术要点如下。

（一）育秧准备

1. 品种选择

选择通过审定、品质达到 GB/T 17891 二级以上，适合当地种植的优质、高产、抗逆性强的早稻品种。目前较适宜的早稻组合有两优287、两优 42、中 9 优 547，常规品种有鄂早 18、鄂早 17 等。种子质量按 GB 4404.1 水稻二级以上良种要求。

2. 播期安排

根据不同茬口、不同品种的秧龄弹性，实行区别对待。早稻采取先播迟熟，后播早熟，先插早熟，后插迟熟，同时要兼顾晚稻能正常收获。播种期为 3 月中下旬，一般在 3 月 25 日前后。软盘育秧的秧龄，一般控制在 15~20d，最长不能超 22~24d，苗高 12~17cm、叶龄 3.5~4 叶（秧龄、苗高随叶龄定）茎基粗扁，叶挺色绿，单株白根 10 条以上，植株矮壮，无病株、虫害和肥害。

3. 晒种

播种前将种子摊晒 1~2d，提高种子发芽率和发芽势。

4. 浸种消毒

将晒好的种子用清水选种，去掉病粒和秕粒，再用 50%多菌灵可湿性粉剂 500 倍液，或 25%咪鲜胺乳油 2 500 倍液，或 3%甲霜·噁霉灵水剂 1 500 倍液浸种 12~24h，取出自然沥干后用清水漂白，再用清水浸 12h，取出沥干即可催芽。禁用井水或自来水浸泡谷种。

5. 催芽

早稻催芽时气温一般很低，所以必须掌握好"高温破胸、适温催根、保湿催芽和摊凉炼芽"的原则，催芽过程中要求做到"快、齐、匀、壮"。

一是选用麻袋、箩筐等通气、透气好且干净的容器催芽，不能用有油的、透气性差的塑料袋、编织袋等进行催芽；二是要高温露白，将浸好的种子在50℃左右的温水中淘洗3~5min，保持谷温38℃左右，然后用稻草覆盖，保持温度30~35℃在10~12h；三是保温催芽，露白后天气好即可播种，天气不好可在25~30℃条件下促进齐根，然后摊开炼芽，保持一定的温度和湿度，一般播种时芽长不超过谷粒的1/2，根长不超过谷粒长。

要注意：①防止谷种"现糖"滑壳。破胸阶段若温度过低，氧气不足，芽谷生活力下降，养分外渗，微生物浸染，引起芽谷发黏有酒气。若出现这种情况，应把种谷放在25~30℃的温水中漂洗干净，再重新上堆催芽。②防止高温烧芽。破胸阶段呼吸作用加强，散热多，若谷堆升温大于40℃，则导致高温烧芽。因此，催芽时要注意观察，经常翻动，防止烧芽。③播种前适当炼芽。因为催芽时温度都在25℃以上，而早春秧田土温和气温都在15℃左右，若把刚催好的芽谷立即播到田里，幼芽因温度突降，生长易受阻碍。在室内摊芽半天，可增强幼芽播种后尽快适应外界条件的能力。④早稻浸种催芽技术性强，操作不慎易出差错，建议请有经验的农户或技术员做指导，或委托农技站集中浸种催芽。

（二）培育壮秧

1. 秧田与大田比例

一般机械插秧秧田与大田比例为1：100，但实际操作中由于用种量过大，秧苗过密，易造成烂秧等问题，所以在实际操作中，是按照秧田与大田1：70左右的比例备足秧田。

2. 秧田整地

做好秧厢。秧田应选择排灌、运秧方便的田块，提前5~7d整田，并在翻第一遍秧田后，每亩施用25%复合肥（纯氮：五氧化二磷：氧化钾为12：7：6）25kg，然后再整平秧田。秧田整好后，应沉田24h，再做好秧厢。秧厢规格为畦面宽约140cm，秧沟宽约25cm、深约15cm，四周沟宽约30cm以上、深约25cm。苗床板面达到"实、平、光、直"。

3. 摆好秧盘

秧盘大小为28cm×58cm，一般每亩大田需30盘左右。摆盘时软盘飞边重叠靠拢，确保秧块宽度为27.5~28cm。同时为防止尼龙上的水珠顺边缘趟下，导致烂秧，软盘尽量放置于秧厢中间，每侧留15cm

左右。

4. 铺放床土

实际操作中，因客土资源和人工紧张、调酸困难，未备客土。而是在秧田就地取稻田土育秧。当秧盘摆好后，直接从秧田厢沟内挖取田泥，均匀铺于盘中，去除杂质，抹平，使盘内铺 2cm 厚泥土，并将软盘外缘周边用草绳或泥土护好，防止秧盘边外倾（最好沉实 1d 后将凹陷补平后再播种）。这样既清好了秧田沟，又在不需要消毒和调酸情况下拥有床土，且不需要再洒水浸湿床土。

5. 播种

每亩大田用种量杂交早稻为 2.5kg，常规早稻为 5kg。将浸好的芽谷称重，并根据大田用种量的比例，按每亩大田 30 盘计算出每盘需要多少芽谷，采用分厢撒播或者分盘撒播，力求均匀，不重不漏到边到角；播后用木板轻轻地将芽谷稍拍入泥中，不宜太深，以能看见种粒为准。

6. 覆膜

播种结束后，要及时用竹弓、薄膜搭拱高为 45cm、拱间距为 50cm 小拱棚保温防寒。

（三）苗床及移栽前管理

1. 立苗

立苗期保温保湿，快出芽，出齐苗。一般温度控制在 30℃，超过 35℃时，于中午揭开苗床两头通风降温，随后及时封盖。相对湿度保持在 80%以上。遇到大雨，及时排水，避免苗床积水。

2. 炼苗

一般在秧苗出土 2cm 左右，揭膜炼苗。初期仅揭两头，然后逐渐揭两头和背风面一侧，直至全部揭膜。晴天上午揭，阴雨天可不揭。日平均气温低于 12℃时，不宜揭膜。同时注意秧未离床，膜不离床，以防倒春寒。

3. 水分管理

一般秧苗 2 叶 1 心前厢面不能有水。揭膜前后灌平沟水，自然落干后再上水如此反复。寒潮期间上深水保温，寒潮过后要逐步排水。晴天中午若秧苗出现卷叶，在厢沟内灌水护苗，雨天放干秧沟水，移栽前 3~5d 控水炼苗。

4. 施肥管理

要使移栽前秧苗既具有较强的发根能力，又具有较强的抗植伤能力，栽前务必要看苗施好送嫁肥，促使苗色青绿，叶片挺健清秀。一般在移栽前 3~4d 进行。用肥量和施用方法应视苗色而定，①叶色褪淡的脱力苗，每亩用尿素 4~4.5kg 对水 400~450kg 于傍晚均匀喷洒或泼浇，施后并洒一次清水以防肥害烧苗；②叶色正常、叶挺拔而不下披苗，每亩用尿素 1~1.5kg 对水 100~150kg 进行根外喷施；③叶色浓绿且叶片下披苗，切勿施肥，应采取控水措施来提高苗质。

5. 病虫害防治

秧苗期主要是防治病害，最关键的措施是要经常通风透气炼苗，降低田间温度，增强秧苗抗病性。在此基础上，根据病虫害发生情况，做好防治工作。同时，应经常拔除杂株和杂草，保证秧苗纯度。需特别注意两点，一是早稻育秧防立枯病、绵腐病。早稻育秧期间，因气温低，温差大，易遭受立枯病、绵腐病侵害，揭膜后结合秧床补水预防。二是带药下田，一药兼治。机插秧苗由于苗小，个体较嫩，易遭受螟虫、稻蓟马及栽后稻蝗甲等危害，在栽前 1~2d 要进行一次药剂防治工作。具体化学防治药剂有每亩用 43% 戊唑醇 12mL 或加 80% 乙蒜素 10mL 加磷酸二氢钾 100g，对水 30kg 喷雾；或每亩用 30% 苯甲·丙环唑 20g 加 80% 乙蒜素 10mL 加磷酸二氢钾 100g，对水 30kg 喷雾。

6. 秧苗移栽标准

适宜机械化插秧的秧苗应根系发达、苗高适宜、茎部粗壮、叶挺色绿、均匀整齐。参考标准为叶龄 3 叶 1 心，苗高 12~20cm，茎基宽不小于 2mm，根数 12~15 条/苗。

7. 正确起运移栽

尽量减少秧块搬动次数，做到随起、随运、随栽；随盘平放运往田头，或起盘后小心卷起盘内秧块，叠放运秧，堆放层数一般 2~3 层为宜，避免秧块变形和折断秧苗，运至田头应随即卸下平放，让其秧苗自然舒展，利于机插。

四、无盘保温旱育秧

水稻无盘保温旱育秧是指不使用塑料软盘，采用旱育秧专用包衣剂"旱育保姆"对水稻种子进行包衣播种的一种旱育旱管育秧方式。技术操作要点如下。

1. 苗床选择

选择土地肥沃、质地疏松、靠近水源，排灌方便、紧靠大田、运输便利的高塝田、旱地、菜园等作苗床。苗床与大田比为前三田1:20，后三田1:15。

2. 培肥整地

苗床提前 20~30d 翻耕培肥，每亩施有机肥 800~1 000kg，播前 3~5d 亩施 45% 进口复合肥 40kg，深翻作厢，厢宽 1.8m，沟宽 0.3m，做到土细厢平沟直，并就地取料备好干爽覆盖细土，一般每亩大田应备干爽细土 100~150kg 为宜。

3. 浸种包衣

精选晒种后，适时浸种，杂交稻浸种 10~12h，常规稻浸种 20~24h。浸后取出种子滤水，在稻种不滴水，种壳湿润状及时包衣，包衣方法是将包衣剂倒置于干燥的圆桶等容器中，然后将湿润的种子慢慢地加入容器中多回合搅拌，直至将包衣剂均匀包裹在种壳为止，一般而言，350g"旱育保姆"拌种 1.5~2kg。

4. 适时播种

早稻适宜播期为 3 月中下旬至 4 月初，各地根据品种、茬口、地域情况进行合理安排。

（1）浇足底水。播前在已做好的厢面浇足底水，底水要充分浇透，使苗床 10cm 土层的含水量达到饱和状态，再用钉耙疏平厢面即可播种。如遇阴天土壤湿度达到饱和状态时则不需浇水。

（2）轻压塌谷覆盖。播好的种子要及时轻压塌谷，方法是选用沙耙或木制平板轻拍镇压，使已播的稻种与土壤粘贴。后将干爽细土覆盖在已塌好稻种上，厚度以不露种子为宜。

（3）化学除草，选用旱育秧床除草剂进行芽前除草。

（4）保温覆盖。对播好秧床及时保温覆盖，将农膜平铺在厢面，四周压实保温，避免大风大雨掀翻农膜。

5. 秧田管理

立针期要紧闭膜勤检查，看苗床水分是否充足，如有厢面出现干枯，应及时浇透水分，或及时沟灌，确保出苗立针期水分充足，出苗整齐健壮。1 叶 1 心期，阴雨低温要紧闭膜保温防寒，晴天高温，上午 10 时后要揭开两头的膜通风降湿。2 叶 1 心期要坚持揭开两头的膜通风炼苗，逐渐加大通风量，以膜调温。炼苗后选择晴天下午追施断乳肥，每亩施尿素 2.5kg 对水浇施。3 叶 1 心后日揭夜盖，扯秧前 5~7d 日夜炼苗，并追施送嫁肥，每亩追尿素 5~6kg、氯化钾 5kg，对水浇施或雨天撒施，同时注重病虫害的防治。

第三节　水稻插秧新技术

一、水稻机械化插秧技术

水稻机械化插秧技术是使用插秧机把适龄秧苗按农艺要求和规范移插到大田的技术，该技术栽插效率高，插秧质量好，用机械代替了人工，减轻了劳动强度，对水稻生产节本增效、高产稳产，增加农民收入具有重要的作用。

水稻机械化插秧技术是继品种和栽培技术更新之后进一步提高水稻劳动生产率的又一次技术革命。目前，世界上水稻机插秧技术已成熟，国内开发研制的具有世界先进技术的高性能插秧机，实现了浅栽、宽行窄株、定量定穴栽插，并在全国范围内大面积应用。机械插秧技术采用中小苗带土机械移栽，是在解决了机械技术的基础上，突出农机与农艺的协调配合，具有简化田间操作、降低劳动强度、节省苗田、节约成本等优点。它的推广应用是发展现代农业，推进水稻生产全程机械化的需要；是繁荣农村经济，建设社会主义新农村的需要。

（一）机械插秧作业要求

1. 机具要求

插秧机应符合产品技术要求，整机技术要求符合使用说明书的规定要求，技术状态良好。

2. 插秧前准备

插秧作业前，机手必须对插秧机做一次全面检查调试，各运行部件应转动灵活，无碰撞卡滞现象。转动部件要加注润滑油，以确保插秧机能够正常工作。

装秧苗前必须将空秧箱移动到导轨的一端，再装秧苗，防止漏插。秧块要紧贴秧箱，不拱起，两片秧块接头处要对齐，不留间隙，必要时秧块与秧箱间要洒水润滑，使秧块下滑顺畅。

按照农艺要求，确定株距和每穴秧苗的株数，调节好相应的株距和取秧量，保证每亩大田适宜的基本苗。

根据大田泥脚深度，调整插秧机插秧深度，并根据土壤软硬度，通过调节仿形机构灵敏度来控制插深的一致性，达到不漂不倒，深浅适宜。

选择适宜的栽插行走路线，正确使用划印器和侧对行器，以保证插秧的直线度和邻接行距。

3. 机械化插秧技术要求

（1）机械插秧农艺要求。插秧深度 1.5~2cm，每穴 3~4 株，相对均匀度≥85%；漏插率≤5%，伤秧率≤4%，行距 30cm 左右，株距 11~20cm。行要直，不漂秧。

（2）大田质量要求。田块要整平并沉淀，插秧作业时不陷机不壅泥。泥脚深度小于 30cm，水深 1~3cm。机插水稻采用中、小苗移栽，耕整地质量的好坏直接关系到机械化插秧作业质量，要求田块平整、田面整洁、上细下粗、细而不糊、上烂下实、泥浆沉实，水层适中；综合土壤的地力、茬口等因素，可结合旋耕作业施用适量有机肥和无机肥；整地后保持水层 2~3d，进行适度沉实和病虫草害的防治，即可薄水机插。

（3）机械插秧对秧苗的要求。苗壮、茎粗、叶挺，叶色深绿，苗高 10~20cm，秧苗叶龄 2.0~4.5 叶，插秧前床土含水率 35%~45%，秧根盘结不散。盘育秧苗要求四边整齐，运送不挤伤、压伤秧苗。

（4）机械插秧操作要求。作业前要将插秧机安装调试好，先空运转，保证工作可靠、运转平稳。可先进行试插，调整好取秧量、入土深度，确认各操作手柄在正确位置，检查机组运转情况和插秧质量，如不符合要求应进行再调整直至达到要求。行走方法一般采用梭形走法。机手和装秧手要密切配合，首次装秧，秧箱应在最左或最右端，秧块应展平放置，底部紧贴秧箱，不要在秧门处拱起。压苗器压紧程度应适度，达到秧块能在秧箱上只允许滑动，不允许跳动。

（5）插秧质量检查。插秧过程中要经常进行插秧质量的检查，检查项目主要包括插秧深度、每穴株数、漏插率、勾伤秧率等，检查结果都应在规定范围内，超过范围应找出原因，及时进行调整和处理，以保证插秧质量。机械化插秧的作业质量对水稻的高产、稳产影响至关重要。

（二）机械插秧的田间管理

机插秧采用中小苗移栽，与常规手插秧比，其秧龄短，抗逆性较弱。采取前稳、中控、后促的肥水管理措施，前期要稳定，保证早返青、早分蘖，分蘖期注意提早控制高峰苗，中后期严格水层管理，促

水稻绿色高产高效技术

进大穗形成。机插秧育苗密度大，移栽苗龄小，整体秧苗素质相对较弱，据研究资料报道，移栽大田后，成穗节位高且集中，有效分蘖终止期比常规手插秧少 2 个叶位等。因此，机插秧的水肥管理有别于常规手插秧。水分管理应掌握"薄水插秧不浮苗、浅水活棵促分蘖、适时烤田控群体、间歇灌溉长穗粒"管控原则。施肥技巧是机插秧的重点，由于机插秧苗龄小，施肥策略应采取前氮后移，适当降低基蘖肥量，增加穗肥比重，有利于减少无效分蘖和提高分蘖成穗率，有利于促进生育后期群体生长和提高抽穗后干物质积累。以水稻 500kg 目标产量测算，中等肥力田每亩需要施氮 12kg、磷 5kg、钾 11kg，基蘖肥 60%（其中基肥、蘖肥各占 30%），穗肥增加至 40%。基肥，机插秧前期苗小需肥量少，磷肥全作基肥，30%氮肥和 50%钾肥作基肥。蘖肥，机插秧返青分蘖慢，本田分蘖期长，追肥分 2 次，机插后 5~7d 追 10%氮肥作返青肥，机插 15d 追 20%氮肥作分蘖肥。穗肥，40%氮肥和 50%钾肥作穗肥，钾肥在倒 4 叶期一次性施用。氮肥分两次，分别于倒 4 叶和倒 3 叶时施用。对于田间叶色淡、群体小的田块，穗肥要早施重施，对于中期田间群体大、叶色浓的田块，穗肥要迟施轻施（在倒 3 叶期轻施）。

（三）适宜区域

该技术适于水稻机械化插秧的稻区和季节，在插秧期间温度较低的地区增产效果更明显。

二、旱育抛秧

超级稻抛秧栽培技术是指利用塑料软盘或无盘旱育秧，培育出根部带着营养土块的水稻秧苗，通过抛、丢等方式移栽到大田的栽培技术。操作管理技术要点如下。

（一）播前准备

1. 购买秧盘

每亩大田需购 434 孔的塑料软盘 50 张；秧龄短的早熟品种可备 561 孔的塑料软盘 40~50 片。

2. 整好苗床

选择运秧方便、排灌良好、质地疏松肥沃的旱地、菜园地作育秧苗床，按秧床与大田 1:25~1:30 的比例整好苗床。营养土按每张塑盘 1.3~1.4kg 备足。

（二）播种育秧

1. 确定播期

超级中稻的播种期要考虑抽穗开花期避过 7 月中旬至 8 月上旬高温时段，比较安全的抽穗期在 8 月 10 日左右。再根据品种的生育期长短，推算适宜的播种期。如生育期较长的扬两优 6 号，广两优香 66 等品种，在武汉地区从播种至成熟需 140d 左右，适宜的播种期安排在 4 月底至 5 月初，抽穗期在 8 月 7—10 日。北纬 30°以北地区、西部丘陵低山区可提早 10d 左右，南部地区可推迟 5~7d。

2. 做床摆盘

秧床按 200cm 开沟整厢，厢面宽保持 140cm，厢面平整、浇透水分。将塑料软盘摆在厢面上，一排横向摆放 2 个。用木板压实，做到盘与盘衔接无缝隙，软盘紧贴床土。

3. 播种盖土

塑盘摆好后，把过筛营养土撒入秧盘中，以秧盘孔容量的 1/3 为宜，将催芽破胸露白的种子称量到厢或到塑盘，均匀撒播到秧盘孔中，杂交稻种子每亩大田用量 1 000g 左右，每孔 2 粒，常规稻种子每孔 3~4 粒，尽量降低空穴率，有条件的地方，可使用播种器进行播种。然后覆盖过筛营养土，并用木板赶平，孔与孔之间无余土，以免串根影响抛秧。盖好土后用喷水壶均匀浇足水分。

4. 覆盖农膜

用 180cm 长的竹弓，横向插入秧厢，距塑盘 5cm 左右，竹弓在秧厢上的间距 50~60cm；竹弓插好后，用细绳将竹弓顶部连接在一起，使之整体固定，抗御风灾。然后用幅宽 200cm 的农膜覆盖，四边用土压严实，保温保湿，保正常出苗。

5. 苗床管理

（1）芽期。播种后至第 1 叶展开前，主要是保温保湿，立针前膜内最适温度 30~32℃，超过 35℃时揭开秧厢两头的薄膜通风降温，出苗后温度保持在 20~30℃。

（2）2 叶期。1 叶 1 心至 2 叶 1 心期，喷施多效唑，蹲苗控茎促分蘖；秧苗叶片不干卷不浇水，控水促根系生长；膜内温度保持在 20℃左右，晴天白天可揭膜炼苗，日揭夜盖。

（3）3 叶至移栽。揭膜炼苗，每天浇一次透墒水，抛栽前一天不浇水；抛栽前 5~7d 追施"送嫁肥"，每亩施尿素 3~4kg；抛栽前喷施"送嫁药"，预防病虫害。

（三）整田抛秧

1. 耕整大田

前茬作物收获后，及时用拖拉机翻耕炕土，然后灌水旋耕，达到泥融、田平、无杂草的标准，抛秧前 1d 用平田秆拖平田面。

2. 施足底肥

依据土壤养分测定结果，超级稻吸收养分规律和计划产量指标，实行配方施肥。

如设计每亩稻谷产量 700kg，每亩需施氮 16kg，磷 8kg，钾 17kg，将氮素的 60%、钾素 70% 和全部磷素，加微量元素硫酸锌肥 1kg，硅肥 4kg 全部做底肥。

3. 适龄抛栽

一般超级早稻秧龄 25d 左右、叶龄 3.5~4 片为抛栽的适宜期，每亩抛栽密度为 2.0 万穴左右。超级中、晚稻秧龄 20d 左右，叶龄 4.5~5 叶每亩抛栽密度 1.8 万穴左右。

4. 抛栽质量

用手抓住秧尖向上抛 2~3m 的高度，利用重力自然入泥立苗。先将 70% 秧苗均匀抛入大田，再将 30% 的秧苗进行补稀，然后按 300cm 宽拣出一条 30cm 宽的工作道，把工作道上拣出的秧苗丢栽到厢中较稀的位置，确保每平方米有 30 穴左右的秧苗。

（四）大田管理

1. 间歇灌水

做到薄水立苗、浅水活蘖、适期晒田、湿润灌浆到成熟。抛栽 3d 内保持田面 2~3cm 薄层水，促根立苗；分蘖期灌 5cm 左右的浅层水，促进分蘖；当每亩总苗数达到预期有效穗数的 85%~90% 时，排水晒田，晒至田面土壤炸裂，白根满田现，叶片转成淡黄色为宜，促根系下扎控制无效分蘖生长；孕穗期遇高温灌深水，水层保持在 10cm，降低田间温度；抽穗至成熟期，灌"跑马水"，保持田间湿润，增加土壤通气性，延长根系活力，切忌淹灌或断水过早。

2. 适期追肥

抛秧后 5d，早施追肥促分蘖，每亩施尿素 10kg，与除草剂混拌均匀后撒施；晒田复水后，追施攻穗肥，每亩施尿素 5~6kg 加氯化钾 8~10kg；叶龄余数 1.5 片时，对叶色淡绿的田块，补施保花肥，每亩施尿素 3~5kg；灌浆结实期结合喷药，进行根外喷肥，每亩用磷酸二氢钾 150g 对水 30~40kg 均匀喷施，提高结实率和千粒重。

3. 防治病虫

采取农业、物理、化学等综合措施，防控好病虫害。着重防治二化螟、三化螟、稻纵卷叶螟、稻飞虱等害虫；搞好稻瘟病、纹枯病、稻曲病等病害的防治，选用对口农药，交替更换用药，科学配置剂量，早防早治，控制危害。

三、无盘旱育抛栽

无盘旱育秧抛栽技术是采用"旱育保姆"高吸水种衣剂（抛秧型）进行种子包衣，旱地肥土育秧抛栽。使用"旱育保姆"，可以为种子出苗和秧苗健壮生长创造良好的小环境，具有土壤不调酸、种子不催芽、出苗整齐、防病虫、防死苗、立苗快、秧苗壮等特点。同时还具有不使用秧盘，节约成本，简便易行，秧龄弹性比较大等优点。管理操作技术要点如下。

1. 肥土做床

选择空闲旱地、菜园地，土壤 pH 值 6 左右的地块做育秧苗床，冬季每亩施腐熟的有机肥 1 000kg，拖拉机深耕炕土，开春后每亩施100kg 生物有机肥，拖拉机旋耕碎土，播种前每亩施 30kg45%复合肥，培肥土壤，按 180cm 宽开沟做秧床，秧床宽 150cm，床面土细平整。

2. 选用"旱育保姆"

选用抛秧型"旱育保姆"，每袋 350g 包衣稻种 1.2kg。

3. 种子处理

播种前晒种 1~2d，然后用清水浸泡 25min，捞出沥去水分，再用"旱育保姆"包衣。方法是将"旱育保姆"倒入圆底容器中，加入浸湿的稻种，边加边搅拌，直到包衣剂全部包裹在种子上为止。

4. 浇足底水

旱育苗床要浇足浇透底水，使苗床 0~10cm 土层含水量达到饱和状态。

5. 均匀播种

将谷种称量到厢，分两次撒播，第一次将 70%的种谷均匀撒播，第二次把 30%的种谷补撒在落种较稀的厢面上，尤其是秧床周边。只有播种均匀，出苗整齐，才能达到拔秧时秧苗所带泥球大小相对一致，提高抛秧立苗率。

6. 细土盖种

苗床播种后用过筛细土盖种，厚度为 0.3~0.5cm，以不露种为宜，然后用喷壶洒水，使床面保持湿润，接着喷施旱育秧田专用除草剂。

7. 覆盖农膜

为了保证出苗达到齐、匀、壮的标准，播种后要覆盖农膜，增温保湿，以利出苗；齐苗后逐步揭膜、炼苗，揭膜时要一次性浇足水分。

8. 追肥促蘖

秧苗 2.5 叶期，追施断奶促蘖肥，每亩秧田施尿素 5~6kg，均匀撒施后喷水，或将肥料溶解于水中用喷壶浇施。

9. 浇水起秧

移栽的前 1 天下午，把秧床浇透水分，以保证起秧时秧根部带着"吸水混球"。可用平铁铲起秧，带泥厚度为 4cm，然后用手拔起秧苗，尽量使根系多留土。

10. 其他

其他操作管理按塑盘抛秧进行。

第四节 水稻新型绿色高产高效栽培技术

一、超级稻全程机械化生产技术

（一）超级稻的概念

超级稻品种（组合）是指采用理想株型塑造与杂种优势利用相结合的技术路线等途径育成的产量潜力大、配套超高产栽培技术后比现有水稻品种在产量上有大幅提高并兼顾品质与抗性的水稻新品种。超级稻品种有籼稻型，也有粳稻型的。有杂交稻组合，也有常规品种。

（二）品种选择

双季超级稻品种应选择生育期适宜、通过审定、品质达到 GB/T 17891 二级以上，适合当地种植的优质、高产、抗逆性强的超级稻品种。目前适宜于湖北双季稻区的超级稻组合有早稻两优 287、晚稻五优 308。两优 287 在长江中下游作早稻种植，全生育期 108~110d，3月 25 日前后播种，4 月 15 日前后机插，7 月 12—14 日收获；五优 308在长江中下游作双季晚稻种植，全生育期平均 112.2d，6 月 25 日前后播种，7 月 15 日前后机插，10 月 10—15 日收获。

种子质量按 GB 4404.1 水稻二级以上良种要求。

（三）种子处理

1. 晒种

播种前将种子摊晒 1~2d，提高种子发芽率和发芽势。

2. 种子消毒

将晒好的种子用清水选种，去掉病粒和秕粒，再用高氯精浸种消毒 12h，或用烯效唑浸种，以增分蘖。

3. 培育壮秧

（1）育秧方式。机械插秧均采用软盘育秧技术。但在实际操作中，早稻宜采用尼龙覆盖，软盘旱育秧；而晚稻由于播种期间温度较高，宜采用软盘水育秧。

（2）秧田与大田比例。按照秧田与大田 1∶100 的比例备足秧田。

（3）床土准备。床土宜选择菜园土、熟化的旱田土、稻田土或淤泥土，采用有机肥、无机肥相结合的方法对用作床土的田块进行培肥，用机械或半机械手段进行碎土、过筛、拌肥，形成酸碱度适宜（pH 值为 5~6）的营养土。抢晴天进行堆制，并覆盖农膜遮雨、升温。选择晴好天气，对水分适宜（细土含水量 15% 左右）的床土过筛，培育每亩大田用秧需备足营养土 100kg，并集中堆闷。实际操作中，如客土资源、人工紧张，可在秧田就地取稻田土育秧。

（4）秧田整地。①做好秧厢。水田育秧秧田应选择排灌、运秧方便的田块，提前 2~3d 整平秧田，规格为畦面宽约 140cm，秧沟宽约 25cm、深约 15cm，四周沟宽约 30cm 以上、深约 25cm。苗床板面达到"实、平、光、直"。②摆好秧盘。摆盘时软盘飞边重叠靠拢，确保秧块宽度 27.5~28cm。③铺好床土。盘内铺泥土 2cm 厚。确保秧块厚度为 2~2.5cm，如用过筛细土每亩大田备足 100~125kg，播种前浸（撒）湿床土。

（5）播期安排。根据不同茬口、不同品种的秧龄弹性，实行区别对待。早稻采取先播迟熟，后播早熟，先插早熟，后插迟熟；晚稻根据品种的安全齐穗期，倒推适宜播种期。①播期。早稻当年 3 月中下旬，一般在 3 月 25 日前后；晚稻 6 月 25 日前后。②软盘育秧的秧龄。一般控制在 15~20d。早稻秧龄可适当延长到 22~24d，苗高 12~17cm、叶龄 3.5~4 叶（秧龄、苗高随叶龄定）茎基粗扁，叶挺色绿，单株白根 10 条以上，植株矮壮，无病株、虫害和肥害。

水稻绿色高产高效技术

4. 浸种催芽

坚持药剂浸种；"快、齐、匀、壮"催好芽，芽谷根长达稻谷1/3、芽长为1/5~1/4时播种为宜。

5. 播种

（1）播种量。大田用种量每亩早稻用1.5~2kg，晚稻用1~1.25kg。

（2）播种要求。播种准确、均匀、不重不漏。

（3）覆土。播种后要覆土，覆土厚度为0.3~0.5cm，以不见芽谷为宜。

（4）覆膜。早稻育秧拱棚盖膜；晚稻育秧一般不需盖膜，如播后3~4d内遇中到大雨，需盖膜防雨滴打乱稻种；雨停后迅速揭膜，以防闷种烧芽。

6. 苗床管理

（1）立苗。立苗期保温保湿，快出芽，出齐苗。一般温度控制在30℃，超过35℃时，应揭膜降温。相对湿度保持在80%以上。遇到大雨，及时排水，避免苗床积水。

（2）炼苗。一般在秧苗出土2cm左右，揭膜炼苗。揭膜原则为由部分至全部逐渐揭，晴天傍晚揭，阴天上午揭，小雨雨前揭，大雨雨后揭。日平均气温低于12℃时，不宜揭膜。

（3）水分管理。①水育秧湿润管理。采取间歇灌溉的方式，揭膜前后灌平沟水，自然落干后再上水如此反复。晴天中午若秧苗出现卷叶灌水护苗，雨天放干秧沟水，移栽前3~5d控水炼苗。②旱育秧控水管理。即半旱管理。试验结果表明，机插水稻的旱管育秧有利于培育健壮秧，秧龄弹性大，机插后返青活棵快。操作要点，揭膜时灌一次足水（平沟水），洇透床土后排放（也可用喷洒补水）。同时清理三沟，保持水系畅通，确保雨天秧田无积水，防止旱秧淹水，失去旱育优势。此后若秧苗中午出现卷叶，可在傍晚或次日清晨人工喷洒水一次，使土壤湿润即可，不卷叶不补水；补水的水质要清洁，否则易造成死苗。

（4）施肥管理。根据苗情及时追施"断奶肥"和"送嫁肥"。①用好"断奶肥"。"断奶肥"的施用要根据床土肥力、秧龄和气温等具体情况因地制宜地进行，一般在1叶1心期（播后7~8d）施用。每亩秧池田用腐熟的人粪肥500kg对水1 000kg或用尿素5~7kg对水500~700kg，于傍晚浇施（一定要按肥水1∶100的比例稀释浇施，否则造成肥害烧苗）。床土肥沃的也可不施，麦、油菜茬田为防止秧苗过高，施用量可适当减少。②看苗施好"送嫁肥"。要使移栽前秧苗既具有较强的发根能力，又具有较强的抗植伤能力，栽前务必要看苗施好"送嫁肥"，促使苗色青绿，叶片挺健青秀。一般在移栽前3~4d进行。用肥量和施用方法应视苗色而定，叶色褪淡的脱力苗，每亩用尿素4~4.5kg对水400~450kg于傍晚均匀喷洒或泼浇，施后并洒一次清水以防肥害烧苗；叶色正常、叶挺拔而不下披苗，每亩用尿素1~1.5kg对水100~150kg进行根外喷施；叶色浓绿且叶片下披苗，切勿施肥，应采取控水措施来提高苗质。

（5）病虫害防治。秧苗期根据病虫害发生情况，做好防治工作。同时，应经常拔除杂株和杂草，保证秧苗纯度。需特别注意两点，一是早稻秧苗防立枯病。早稻育秧期间，因气温低，温差大，易遭受立枯病侵害，揭膜后结合秧床补水预防。二是带药下田，一药兼治。机插秧苗由于苗小，个体较嫩，易遭受螟虫、稻蓟马及栽后稻蟓甲等危害，在栽前1~2d要进行一次药剂防治工作。

（6）秧苗移栽标准。适宜机械化插秧的秧苗应根系发达、苗高适宜、茎部粗壮、叶挺色绿、均匀整齐。参考标准为叶龄3叶1心，苗高12~20cm，茎基宽不小于2mm，根数为12~15条/苗。

（四）大田耕整及机插秧

1. 大田耕整

要求做到田面平整，寸水棵棵到；泥浆沉实，沉淀1~3d。化除封杀。由于机插秧苗小苗弱，加之是宽行栽插，极利于杂草生长。因此，栽前要结合泥浆沉淀，用小苗除草剂进行封杀，并保持水层2~3d，即可薄水机插。

2. 秧块准备

插前秧块床土含水率40%左右（用手指按住底土，以能够稍微按进去为宜）。将秧苗起盘后小心卷起，叠放于运秧车，堆放层数一般2~3层为宜，运至田头应随即卸下平放（清除田头放秧位置的石头、砖块等，防止粘在秧块上，打坏秧针），使秧苗自然舒展；并做到随起、随运、随插，避免烈日伤苗。

3. 插秧作业

（1）插秧前的准备。插秧作业前，机手必须对插秧机做一次全面检查调试，各运行部件应转动灵活，无碰撞卡滞现象。转动部件要加注润滑油，以确保插秧机能够正常工作。

装秧苗前必须将空秧箱移动到导轨的一端，再装秧苗，防止漏插。秧块要紧贴秧箱，不拱起，两片秧块接头处要对齐，不留间隙，必要时秧块与秧箱间要洒水润滑，使秧块下滑顺畅。

按照农艺要求，确定株距和每穴秧苗的株数，调节好相应的株距和取秧量，保证每亩大田适宜的基本苗。

根据大田泥脚深度，调整插秧机插秧深度，并根据土壤软硬度，通过调节仿形机构灵敏度来控制插深一致性，达到不漂不倒，深浅适宜。

选择适宜的栽插行走路线，正确使用划印器和侧对行器，以保证插秧的直线度和邻接行距。

（2）插秧作业质量。机械化插秧的作业质量对水稻的高产、稳产影响至关重要。①漏插。指机插后插穴内无秧苗，漏插率≤5%。②伤秧。指秧苗插后茎基部有折伤、刺伤和切断现象，伤秧率≤4%。③漂秧。指插后秧苗漂浮在水（泥）面，漂秧率≤3%。④勾秧。指插后秧苗茎基部90°以上的弯曲，勾秧率≤4%。⑤翻倒。指秧苗倒于田中，叶梢部与泥面接触，翻倒率≤4%。⑥均匀度。指各穴秧苗株数与其平均株数的接近程度，均匀度合格率≥85%。⑦插秧深度一致性。一般插秧深度在0~10mm（以秧苗土层上表面为基准）。

4. 机插秧注意3个调整

（1）深浅调节。要求不漂不倒，越浅越好。

（2）株距调节。株距10~20cm（行距30cm或23.1cm由选用机型决定）。如每亩插1.5万穴，用16.5cm×23.1cm或13.2cm×30cm；东洋手扶插秧机行距30cm，株距三挡可调，调整时，起动发动机后边低速旋转插植臂边调节株距，调节手柄压下时1.4万穴/亩，穴距15.5cm；处于中间时1.6万穴/亩，穴距13.7cm；拉出时1.8万穴/亩，穴距12.1cm。

（3）取秧量调整。如两优287每亩用1.5~2kg种子，千粒重24.1g，按1.75kg×1 000g÷24.1×1 000 = 72 614粒；72 614粒×80% = 58 091苗；58 091苗÷16 000穴 = 3.63苗/穴。即每穴2~4棵秧。按每亩插秧15盘，相对应的取秧面积为58cm×28cm×15盘÷16 000穴 = 1.522 5cm²/穴。以东洋手扶插秧机为例，从横向取秧量20次/14mm、24次/11.7mm、26次/10.8mm中选中间尺寸11.7mm，相对应的纵向取秧量从11~17mm，其取秧面积11.7mm×13mm。

（五）大田管理

1. 活棵分蘖期的管理

（1）机插后的水浆管理。机插结束后，晴天如遇高温，要及时灌水护苗，水深保持在苗高的 1/2 左右。栽后 3~4d 采取薄水层管理，切忌长时间深水造成根系、秧心缺氧，形成水僵苗甚至烂秧。活棵后应浅水勤灌，待自然落干后再上水。如此反复，促使分蘖早生快发，植株健壮，根系发达。

（2）施用分蘖肥及除草管理。机插水稻基肥：蘖肥 = 30~40 : 60~70。分蘖肥多就要分三次施，一般在机插 7d 后，施一次返青分蘖肥，每亩用尿素 5~7kg，并结合使用小苗除草剂进行化除，方法是将尿素和稻田小苗除草剂一起拌湿润细土，堆闷 3~5h 后在傍晚田内上水 5~7cm 后撒施。施好后田内水层保持 5~7d，同时开好平水缺，以防雨水淹没秧心，造成药僵甚至药害，以提高化除效果，对栽前已进行药剂封杀灭草处理的田块，不可再用除草剂以防连续使用而产生药害。在栽后 12~14d 再施一次分蘖肥，每亩用 6~8kg，同时注意促平衡。栽后 20d 左右视苗情再施一次肥，一般每亩施尿素 3~4kg，对于秧苗有缺磷、钾特征的田块，应按亩改施 45%氮、磷、钾复合肥 9~12kg，促进苗情转化。分蘖肥一般掌握在有效分蘖叶龄期以后能及时褪色为宜。

2. 拔节长穗期的管理

（1）多次断水轻搁田。机插秧苗期的苗体小，初生分蘖比例大，对土壤水分敏感，应强调轻搁，即多次断水。每次断水应尽量使土壤不起裂缝，切忌重搁，造成有效分蘖死亡。断水的次数，因品种而定，变动在 3~4 次，一直要延续到倒 3 叶前后。

（2）灵活施用穗肥。穗肥分为促花肥和保花肥。①促花肥在穗分化始期，即叶龄余数 3.5 叶左右施用，具体施用时间和用量要视苗情而定，一般每亩施尿素 7~9kg。②保花肥在出穗前 18~20d，即叶龄余数 1.5~1.2 叶时施用，用量一般为每亩施尿素 7.5kg。对叶色浅、群体生长最小的可多施，但不宜超过每亩 10kg；相反则少施或不施。

3. 开花结实期的管理

在水浆管理上，由出穗到其后的 20~25d，稻株需水量较大，应以保持浅水层为主。即灌一次水后，自然耗干至脚印塘尚有水时再补上浅水层。在出穗 25d 以后，根系逐渐衰老，稻株对土壤还原性的适应能力减弱，此时宜采用间歇灌溉法，即灌一次浅水后，自然落干 2~4d

再上水，且落干期应逐渐加长，灌水量逐渐减少，直到成熟。

4. 病虫害防治

机插水稻与常规水稻病虫害防治的要求基本类同。但在穗期病虫防治时间上应根据机插水稻的生长过程做适当调整。

（六）收获

以稻谷成熟度达到90%，抢晴机械收获，边收获边脱粒。

二、水稻直播栽培技术应用

（一）直播栽培概念

所谓直播栽培，就是指不经过秧田育秧，而将稻种催芽破胸后平整大田直接撒播的一种简单、实用的新型栽培方法。它适应了当前农村经济发展和劳动力水平的现状。黄梅县水稻直播逐步取代移栽而成为水稻生产上最主要的栽培方式。

（二）直播栽培的主要优势

1. 四省

即省时、省工、省秧田、省成本。采用直播简化栽培，免去了育秧和栽秧等环节，早稻上还可节省薄膜覆盖。按照秧田与大田比1：8，每亩牛工30元、移栽人工40元、秧田施用碳酸氢铵40kg、过磷酸钙25kg、尿素10kg、育秧用塑料薄膜7.5kg的标准折算，每亩大田可节省生产成本80元以上。

2. 一减

即减轻劳动强度。直播是一项简单、方便、易操作的简化栽培技术，1个劳动力1天可播种10亩以上，劳动效率大大提高。

3. 早熟

采用直播简化栽培，秧苗不因移栽影响生长，保持了营养生长的连续性，播种后来势快，长势好，一般可提前5~7d成熟。有利于生产上选用生育期较长的中迟熟品种，既不耽误季节，又能夺取高产。

4. 增产

据调查，直播栽培不仅不减产，反而能增产。一般每亩增产50kg以上，增幅5%~8%。增产部分按现行价折合人民币70元左右。直播田群体大，有效穗数多，尽管个体相对不足，但每亩有效穗数比移栽田高出5万穗以上，依靠群体优势是直播增产的主要原因。

5. 增效

把节省成本和增加产量两项相加，每亩可增收150元，相当于增产稻谷 200kg。

(三) 直播栽培关键技术

1. 品种选择

要选择优质、高产、耐肥、矮秆、抗倒、分蘖中等的品种，早稻宜选中熟品种，单晚宜选中、迟熟品种。在黄梅县早稻一般选择鄂早11 号、金优 974；中稻选用两优培九、番青占 4 号等。

2. 适期播种

早稻直播播期弹性较大，在日平均气温稳定在 12℃ 时，就可播种。黄梅县通过这一气温时间一般在 4 月初至 4 月中旬，此间均可播种，但为避开早春气温低造成的烂种烂芽，成秧率低，同时又不影响双晚接茬，最佳播期为 4 月 15—18 日。具体情况视天气好坏和品种生育期长短而定。

中稻和晚稻前茬在收获后即可整田播种。为避开高温热害，单季稻播期一般安排在 6 月上中旬最宜。但晚稻播期不能迟于 6 月 25 日，以免后期遇上秋寒天气。

3. 田块选择

水稻直播田块应尽量选择排灌方便，保肥、保水好的田块，对排灌不畅田不能用，沙田、漏水田不能用，望天丘田不能用，因为这些田块难以确保一播全苗和除草效果。

4. 平整大田

直播要求田平草净，田块是否平整是直播栽培能否成功的前提。直播稻整地要求早翻耕，田要做平，高不过寸，田面软硬适中，排灌畅通，要做到横沟、竖沟、围沟 "三沟" 配套，使田面不积水。厢宽 3~3.5m，沟宽 20cm，沟深 15cm，分厢后，用平板在厢面进行拖平，隔半日或隔夜待沉浆后再播种。

5. 播前除草

对杂草较多的田块，播前 7~10d，在晴天田内无水时，每亩用 10% 草甘膦 1kg 或 41% 农达 200mL 对水 50kg 喷雾，或整田时结合施底肥每亩拌入卞磺隆 1.5~2 包，在耖田前施用，可有效防除慈姑、鸭舌、四叶萍等多种阔叶杂草。

6. 精量匀播

直播栽培要求适当加大用种量，常规稻每亩大田用种 6kg，杂交稻每亩大田用种 1~1.5kg。用种量过小，将会导致基本苗不足；用种量过大，则会影响个体与群体的平衡生长，加重纹枯病和稻飞虱的发生并容易引起倒伏。播种时要求分次播种，确保匀播到边。中稻和晚稻破胸露白即可播种，早稻可待长根露芽再播种。若根、芽过长，不仅不利于扎根，而且养分消耗过多，也不利于前期生长。

在播前做好晒种、选种、消毒处理。并催芽至露白或芽长半芽谷，每亩播种量常规早稻为 4~5kg，早杂交稻为 2kg，单季杂交稻为 1.5kg（切勿铁籽播种）。要求播时带秤下田，按畦定量，力求播种均匀。播后塌谷，达到不露谷粒，以利提高出苗率。在秧苗 3~4 叶期，做好疏密补稀工作。

7. 播后除草

在播后 1~2d，厢面无渍水时，每亩用水稻"直播宝"一包（25~30g）对水 40~50kg 均匀喷雾，进行芽前除草；或在秧苗 3 叶 1 心时，每亩用"金满地"30g 对水 45kg，并排干秧田厢面水后，叶面进行喷雾，24h 后再复水对于稗草较多的田块，每亩用 50% 杀稗丰 25~30g 对水 30kg 喷雾，药前排干水，施药后 1~2d 上浅水并保污泥浊水 5~7d。对于稗草、莎草和阔叶杂草混杂的田块，用 50% 杀稗丰加 20% 二甲四氯进行防除，如野荸荠较多，可用 10% 吡嘧磺隆进行防除。

8. 平衡施肥

直播稻施肥采用"前足、中控、后补""少吃多餐""控氮增磷钾"的原则，要重施基肥，一般氮肥采取基肥、追肥各一半，磷肥全部作基肥施，钾肥作为长粗肥，在第 2 次追肥时施入。实施证明抗倒效果较为显著。

底肥宜选用水稻专用复合肥，每亩加腐熟有机肥 1 000kg。尤其在中、晚稻上，因温度较高，千万不能用碳酸氢铵作底肥，避免发生烧芽烧苗现象。追肥采用"少吃多餐"的原则，看苗施好分蘖肥、孕穗肥和壮子肥。后期要注意增施钾肥，每亩 5~7.5kg。

9. 科学管水

正常气候条件下，播后坚持畦面湿润不积水，晴天保持平沟水，阴天半沟水，雨天排干秧沟水。这样利于早扎根、早出苗。齐苗后晴天灌跑马水，2 叶 1 心期，灌浅水促分蘖。封行后即可重晒田。直播稻分蘖早而多、群体大、根系浅，应超前烤田，促进根系下扎，降低无效分蘖，提高成穗率，以防倒伏。原则上要做到"一早""二重"，一般有三次露晒田过程。第一次在播后第 2 天排水晒田，晒田程度掌握为"人走田里不陷脚"即可提前上水，就时间而言，一般在 7~10d 即可；第二次在分蘖末期，当茎苗数达到预期穗数 90% 时开始晒田结扎，分蘖期以浅水湿润灌溉为主，晒田程度掌握为"大田晒出白根，田间出现鸡爪裂"为宜；孕穗至抽穗期以浅水灌溉为主，在乳熟后及时排水搁田，田干后及时灌"跑马"水，实行干湿交替，切忌长期灌深水或断水过早。

10. 防治病虫

病害防治的重点是纹枯病和白叶枯病，虫害防治的重点是二化螟、三化螟、卷叶螟和稻飞虱。

（四）水稻直播栽培存在的主要问题及对策

1. 难全苗及其对策

（1）精耕细作。直播稻整地要求早翻耕，田要做平，高不过寸，田面软硬适中，排灌畅通，要做到横沟、竖沟、围沟"三沟"配套，使田面不积水。厢宽 3~3.5m，沟宽 20cm，沟深 15cm，分厢后，用平板在厢面进行拖平，待沉实后播种。

（2）适时适量播种。直播早稻在本地区日平均气温稳定在 12℃时，就可播种，而最佳播期为 4 月 15—18 日。这既可避开早春气温低造成的烂种烂芽，成秧率低，又有利于双晚接茬。为避开高温热害，单季稻播期一般安排在 6 月上中旬最宜。

在播前做好晒种、选种、消毒处理。并催芽至露白或芽长半芽谷，每亩播种量常规早稻为 4~5kg，早杂交稻为 2kg，单季杂交稻为 1.5kg（切勿铁籽播种）。要求播时带秤下田，按畦定量，力求播种均匀。播后塌谷，达到不露谷粒，以利于提高出苗率。在秧苗 3~4 叶期，做好疏密补稀工作。

（3）合理管理。播后坚持畦面湿润不积水，晴天保持平沟水，阴天半沟水，雨天排干秧沟水。这样利于早扎根、早出苗。齐苗后晴天灌跑马水，2 叶 1 心期，灌浅水促分蘖。

2. 易倒伏及其对策

（1）选择品种。要选择优质、高产、耐肥、矮秆、抗倒、分蘖中等的品种，早稻稻宜选中熟品种，单晚稻宜选中、迟熟品种。在黄梅县早稻一般选择鄂早 11 号、金优 974；中稻选用两优培九、番青占 4 号等。

（2）科学施肥。直播稻施肥采用"前足、中控、后补""少吃多餐""控氮增磷钾"的原则，要重施基肥，一般氮肥采取基肥、追肥各一半，磷肥全部作基肥施，钾肥作为长粗肥，在第二次追肥时施入。实施证明抗倒效果较为显著。

（3）坚持超前烤田。直播稻分蘖早而多、群体大、根系浅，应超前烤田，促进根系下扎，降低无效分蘖，提高成穗率，以防倒伏。原则上要做到"一早""二重"，一般有三次露晒田过程。第一次在播后第 2 天排水晒田，晒田程度掌握为"人走田里不陷脚"即可提前上水，就时间而言，一般在 7~10d 即可；第二次在分蘖末期，当茎苗数达到预期穗数 90%时开始晒田结扎，分蘖期以浅水湿润灌溉为主，晒田程度掌握为"大田晒出白根，田间出现鸡爪裂"为宜；孕穗至抽穗期以浅水灌溉为主，在乳熟后及时排水搁田，田干后及时灌"跑马"水，实行干湿交替，切忌长期灌深水或断水过早。

3. 草害重及其对策

（1）播前除草。对杂草较多的田块，播前 7~10d，在晴天田内无水时，每亩用 10%草甘膦 1kg 或 41%农达 200mL 对水 50kg 喷雾，或整田时结合施底肥每亩拌入卞磺隆 1.5~2 包，在耖田前施用，可有效地防除慈姑、鸭舌、四叶萍等多种阔叶杂草。

（2）播后用药。在播后 1~2d，厢面无渍水时，每亩用水稻"直播宝" 1 包（25~30g）对水 40~50kg 均匀喷雾，进行芽前除草；或在秧苗 3 叶 1 心时，每亩用"金满地" 30g 对水 45kg，并排干秧田厢面水后，叶面进行喷雾，24h 后再复水对于稗草较多的田块，每亩用50%杀稗丰 25~30g 对水 30kg 喷雾，用药前排干水，施药后 1~2d 上浅水并保污泥浊水 5~7d。对于稗草、莎草和阔叶杂草混杂的田块，用50%杀稗丰加 20%二甲四氯进行防除，如野荸荠较多，可用 10%吡嘧磺隆进行防除。

4. 其他注意事项

（1）直播田块的选择。水稻直播田块应尽量选择排灌方便，保肥、保水好的田块，对排灌不畅田不能用，沙田、漏水田不能用，望天丘田不能用，因为这些田块难以确保一播全苗和除草效果。

（2）防止鼠雀害问题。水稻直播在一些地方雀、鼠害严重，造成缺种、缺苗，严重的需要重播，延误农时。为防止雀鼠危害，在播种前可采取药剂拌种的方法，利用药剂气味驱除法防止危害。一般用"稻拌成"每 10g 拌种 1kg，待种子催好芽后，在芽谷上加少量水湿润，使药剂与种芽充分拌匀，并放置 12h 后，待芽谷晾干后再播种下田。生产实践中，还可按每 5kg 谷种加入 10%吡虫啉 10g 进行一起拌种，可对水稻苗期蓟马、螟虫危害起到较好作用，同时可兼除雀鼠害。

（3）水稻除草剂中毒问题。近年来，不少农户直播时，由于除草剂使用不当造成秧苗中毒。田间表现为秧苗叶片呈暗绿色，生长发育缓慢，叶尖打卷，不能伸长，秧根发黑、新根难生，秧苗甚至"坐蔸发僵"。出现除草剂中毒后，一是迅速排干田间药剂污染水，重新灌水换水；二是要迅速喷施除草剂解毒剂；三是每亩补追尿素 5~8kg，催苗生长。

三、优质稻无公害高产栽培技术

（一）优质稻无公害高产栽培技术概述

1. 优质稻概念

优质水稻是指米质达国标 3 级以上、外观品质和蒸煮品质较好的食用稻。对优质稻国家有一套统一的标准，即 GB/T 17891—1999。以整精米率、垩白度、直链淀粉含量、食味品质为定级指标，应达到标准规定；其余指标，如有两项以上指标不合格但不低于下一个等级指标的降一级定等；任何一项指标达不到 3 级要求时，就不能定为优质稻谷。

2. 水稻无公害栽培概念

水稻无公害栽培，是指在选用适合当地生态条件以及适应市场需求的优良水稻品种的基础上，合理配置和优化稻田的光、热、水、土等自然资源，采取科学的用种、用苗、用水、用肥、用药等栽培途径和栽培措施，扬长避短地发挥优良水稻品种的生产潜力和品质特长，生产出符合优质、高产、高效、安全、生态等要求的稻米产品。

水稻无公害栽培，早在 20 世纪 70 年代，国内有关的科研院所和大学曾做过一些试验，主要是在研究稻米产量和品质形成过程中探讨光照、温度、水分、土壤、有害生物以及其他环境因素的影响。当时水稻育种和栽培的目标是提高产量，主要围绕产量开展"良种良法"试验，既没有什么优质品种可供应用，也不可能通过科学合理地配置资源和栽培措施来有目的地改良稻米品质。进入 20 世纪 90 年代后，水稻育种和栽培的目标逐渐由单纯地提高产量转变到产量和品质并重、以提高品质为主，水稻保优栽培才被真正提到稻作生产的议事日程上。在新的时代背景下，各地纷纷开展了赋予新意的"良种良法"，其目的是在稳定产量的同时不断地改善和提高品质。进入 21 世纪后，随着中国经济的不断增长和人民生活水平的进一步提高，对稻米品质的要求越来越高，赋予品质以新的内涵，不仅是指碾米、外观、蒸煮食味、营养等传统上的品质指标，还包括无公害、绿色、有机等方面的生态

水稻绿色高产高效技术

品质、安全品质，尤其是稻米中的重金属、化学农药、生长调节剂等化学物质的含量。因此，在继续推行水稻高产栽培的同时，着重于开展标准化优质栽培技术研究和应用，特别是通过创立优质稻米品牌和建立优质稻米生产基地来发展优质栽培，提升稻米品质。

（二）优质稻无公害栽培的条件

1. 选择和利用有利条件是水稻无公害栽培的前提

这些必需条件主要包括：①在水稻生长季节，充足的光照、温度、湿度条件。在优质水稻品种生育的中后期，不仅要有好的光照，还要有较大的昼夜温差，一般在10~15℃；水稻孕穗抽穗至灌浆成熟阶段一定要安排在最佳的光、温、湿时段，既避高温，又防低温，还要躲避干热风和寒冷风。②良好的水、肥、土、气及无污染的环境条件。如水源要有保证，并且是无污染的洁净水；生产优质稻米的土壤，要求土层深厚、肥沃、通气透水，保肥供肥性能好；等等。③优质品种，还必须是高质量的种子，要求种净度好、纯度高、发芽率高、发芽势强等。④优质水稻的生产者要有较高的科技素质，善于学习和应用优质栽培新技术。

2. 确立合理的复种轮作制度是实施优质稻无公害栽培的基础

由于优质稻米生育需要与之相适应的最佳光温资源，因此，进行优质稻米生产，要和改革农作制度、调整作物、品种及品质结构相配套，要选好与优质水稻生产相适宜的前作和后茬。只有这样，才能确保优质水稻处在最合适的生长季节，才能处理好优质水稻最佳灌浆期与安全齐穗期的关系，使光、温、水、气等必需的生态条件真正落到实处。

3. 因地因种科学栽培是优质稻高产的关键

这些关键技术包括：①选用水稻优质品质和种子，做好作物品种搭配与布局。②要针对薄弱环节因种研究和应用优质栽培关键技术。要针对水稻一生中的"五弱"，即弱苗、弱蘖、弱穗、弱花、弱粒，重视那些行之有效的栽培措施的研究和推广应用。如肥床旱育带蘖壮秧，不仅能明显提高出苗率，培育壮苗，还能促早发，促壮蘖。要针对水稻生产中化肥、农药等化学物质施用过多和重金属污染严重的问题，重视有机肥及其与化肥的配合施用，重视生态肥和生态技术防治病虫草害的研究和应用。

4. 优质稻品种选择

优质稻品种是指在产量、抗性和米质等方面都能满足水稻生产的需要，碾米品质、外观品质、食味品质、营养品质和产量在不同年份间表现比较稳定，质量符合相应优质稻品种标准的水稻品种。

种植优质稻，首先必须要有高质量的优质品种，除具备该品种形态特征、特性，净度高，无病虫、无破损，纯度高，发芽率高，发芽势强外，内在品质更为重要，比如无垩白，直链淀粉、胶稠度、糊化温度、蛋白质含量适度，这些性状受品种遗传性控制。

选用优良品种的原则：①因地制宜原则。总体来说目前优质稻品种（组合）中抗性不是很强，特别是抗稻瘟病的能力相对较差，因此在稻瘟病常发区要求选用抗性较强的品种（组合），如金优系列等。②合理搭配原则。双季稻或其他稻蔬等种植模式的优质稻品种生育期长短合理搭配。③优质高产的原则。只高产不优质不行，优质不高产也不行。

目前湖北地区种植的常规优质稻品种主要有鄂早 18、鄂中 5 号、鄂香 1 号、黄华占、番青占 4 号、野丝占、合丰占、番桂丝苗、鄂晚 11、鄂晚 15 等，亩产 450～500kg；杂交优质稻主要有早稻中鉴 100、两优 287、金优 402；中稻丰两优 1 号、扬两优 6 号、丝优 63、两优培九；晚稻主要有金优 38、金优 207、新香优 80、培两优 288。亩产 500～550kg。

（三）优质稻无公害高产栽培育秧移栽技术

优质水稻栽培，除要选用优质高产、熟期适宜的品种（组合）以外，培育壮秧和合理密植移栽也是确保稻米品质优良和高产稳产的重要基础。

1. 壮秧标准

根据早、晚稻和中稻及不同茬口的要求，可分为大、中、小苗，采用旱育和水育肥床秧田培育大蘖壮秧。大苗叶龄 5.5 叶以上，秧龄 35d 以上；中苗叶龄 4～5.5 叶，秧龄 25～35d；小苗叶龄 2.5～4 叶，秧龄 25d 以下。不同秧龄的秧苗都要求基部粗壮扁平，叶片挺直，带大蘖率高，植株富有弹力。

2. 秧田选择

选择土层深厚、土壤肥沃、疏松、水源方便、排水良好、背风向阳的旱地或水旱田苗床做专用秧田。要求苗床地下水位在 50cm 以下，便于灌溉。苗床应相对固定，可一床多用，多季培肥，床土厚度在 18～20cm。在确实无旱田或园田的纯水田稻区，应推广高床育苗。把稻田变为旱田或利用水渠主埂，整平加宽到所需宽度，高出田面

水稻绿色高产高效技术

30cm，秧田规格因需要而定，一般以 1.2~1.5m 宽为宜。

3. 种子处理与浸种催芽

以防治恶苗病为重点，进行晒种、风选、筛选、盐水选种。种子纯度要求在 95% 以上。盐水选种后，用多菌灵 700 倍液或强氯精 300 倍液等任一种药剂结合浸种消毒，浸种 2~3d，每天上下翻动 2~3 次。后用清水漂泊 2 遍，再催芽，待 90% 种子破胸露白即可。早稻易可采用温汤浸种，高温（35~38℃）破胸，适温（25~30℃）催芽，常温晾芽，但芽长不要超过半粒谷。

4. 播种

播种日期，应根据本田茬口和天气情况确定，一般在气温稳定通过 10~20℃ 时可进行露天播种，低温 10~12℃ 时，要采取保温措施后才能进行播种。要适期早播，在保证正常出苗的前提下相对越早越好。

5. 秧田管理

（1）播后检查。床面是否落干，水分不足时即行补浇透水；苗出土见绿即撤地膜并通风，排出有害气体，蒸发床面多余水分。

（2）温度管理。出苗前密封保温，出土后见绿即通风，一叶期不超 30℃，2 叶期不超 25℃，3 叶期不超过 20℃，插秧前 3~5d 同外界温度；遇到低温时要采取多层覆盖等保温措施。

（3）水分管理。钵体育苗和隔离层育苗较易缺水，其标志为秧苗早晚露水珠少，通风时秧苗叶片打卷；旱床育苗在出苗前保床土水分，出苗至 3 叶期控制浇水，3 叶期后按需要适时浇水，床上水分要求在 80%~90%。

（4）苗床灭草。苗床封闭用芽前除草剂，均匀撒于床面（按说明使用手头备有药剂）进行封闭，而后即行覆膜盖布，未封闭的在秧田杂草 1 叶 1 心时，按说明使用芽后除草剂，均匀喷雾进行灭草处理。

（5）防治立枯病。1 叶 1 心期每平方米用 50% 立枯净 1.5g，或 2.5g 敌克松 1 000 倍液喷洒，或用青枯灵、克枯星、病枯净等药品，按说明使用，防治立枯病。

（6）苗床追肥。旱育钵体及隔离层育苗，应酌情适时补肥；旱育苗床一般不追肥，如缺肥时可用 100 倍液喷施后，用清水冲洗两遍。一般在秧苗 2.5 叶期发现脱肥，$1m^2$ 苗床用尿素 1.5~2.0g，稀释 100 倍液喷撒，施肥后用清水冲洗叶面，以免烧伤叶片。

6. 整地与施肥

（1）耕作整地和施基肥。绿肥田翻耕晒垄 2~3d，绿肥亩施 750~

1 000kg，多余部分应割出。冬闲田应冬耕翻垄，冻融土壤，移栽前10～15d 先施有机肥，洒匀后耕翻耙碎土垡，上水耖平施面待插秧。采用旋耕整地时，有机肥和化肥同时施入，上水耖平待插秧。

（2）肥料用量。应根据目标产量，总施氮量掌握在 10～14kg（每500kg 稻谷需吸收氮素 9～12kg），及相应的磷、钾等元素。方法是重施基面肥，少施或不施分蘖肥，合理重施穗粒肥，通常每亩施有机肥作基面肥，其余作追肥。

7. 合理密植，适时移栽

适宜的种植密度是水稻获得优质高产的中心环节之一。合理密植要根据品种特性、土壤肥力、施肥水平、灌溉条件以及秧苗素质、插秧时间等因素来进行综合分析确定。水稻密植方式有正方形等行株距、长方形不等行株距和宽窄行等三种，实行宽窄行的密植方式是近年来水稻尤其是杂交稻高产超高产超栽培中流行的一种方式，它既适合于分蘖力强品种的稀植栽培，又可以适合分蘖力较弱品种的高密度栽培，通风透光好，增产效果显著。

根据品种、育秧方式、播种量、茬口等因素来合理确定移栽适宜秧龄。移栽时，要求田土淤泥先沉实后插秧，不要深水插秧，要达到不漂秧、不浮秧、不伤秧、不勾秧，薄水浅插，第 1 叶露于田面。插得直，株距、行距都要能对直；插得匀，杂交稻单本或双本，常规稻3～4 本；插得笃，秧苗挺笃，不斜不眠。

（四）优质稻无公害高产栽培大田肥水管理技术

1. 分蘖期

以浅水层为主，自然落干后适当露田，再灌水，促使根系下扎和低位、中位分蘖；在施足基面肥基础上，适量施用分蘖肥。若露田复水后，叶色仍然很淡，应及时追肥，每亩尿素 4～5kg（为总 N 量的15%～20%）。对生长不平衡的田块要及时补肥，对生育期长的晚稻应适量施用壮秆肥。达到穗数苗后注意控蘖促壮，以利于攻大穗争足穗。

2. 长穗期

在达到预定穗数苗的 90% 时即可排水，分次轻搁田，以防止苗峰过高，减少无效分蘖，改善稻体基部通风透光条件。根据品种特性、土壤肥力及苗情叶色等，在控制苗肥的情况下，穗重型品种在倒 2～3 叶时重施促花肥，以利增加穗枝梗数和颖花量；多穗型品种在倒 1～2 叶时重施促花肥，以减少颖花退化。中间品种注意促、保兼顾，用肥量为尿素 5～7kg（占总氮量的 25%～35%）缺钾的田块、每亩补施氯化钾 5~7.5kg。注意薄水施肥，自然落干，促进以水带肥深施，提高肥料利用率。达到提高群体质量、促进大蘗优势、主攻大穗、增加穗粒数和提高结实率的目的。

3. 抽穗灌浆期

抽穗扬花期保持水层，齐穗后干湿交替，常灌跑马水，达到以水调气，以气养根，以根保叶，以叶增重。要防止生育后期脱力早衰，进行根外追肥，每亩可用尿素 0.5kg 加磷酸二氢钾 100g，再加水 50kg，作叶面喷施 1~2 次，以延长功能叶寿命，强化增业优势，协调强势花与弱势花的争养分矛盾，确保减秕增重。要根据土质、气候条件等，在收割前早稻 3~5d，中、晚稻 5~7d 断水干田，切忌断水过早。

4. 病虫害防治

优质水稻病虫害防治，应采用综合防治技术，主要包括三个方面，一是以栽培技术为主的农业防治；二是以施用农药为主的化学防治；三是保护和利用自然天敌为主的生物防治。

（1）农业防治。把水稻病虫害防治技术和丰产技术协调统一起来。包括：①选用抗病虫、丰产、优质品种；②适时播种和移栽；③合理密植与施肥；④合理排灌，适时露晒田。

（2）化学防治。在水稻病虫害综合治理上，提倡采用"抓两头（秧苗期、孕穗破口期）、放中间（分蘗期）"和"治小田，保大田"、按照防治指标合理选用高效、低毒农药的施用策略。具体做法是苗期集中用药，治秧田，保大田。这一时期主要是注意防治三化螟，兼治稻蓟马，山区注意防治稻瘿蚊，注意防治烂秧和稻瘟病。中期按病情和虫情适当用药。孕穗破口期是防治的主要时期，这一时期的虫害，应以防治三化螟、稻纵卷叶螟、稻飞虱等为主；病害，主要注意防治纹枯病、稻瘟病和白叶枯病。齐穗期要注意防治穗颈瘟和纹枯病。

（3）生物防治。选用高效、低毒农药，保护和利用自然天敌来控制稻田各种虫害，禁止使用高毒、高残留、大量杀伤自然天敌的农药。

四、湖北省黄梅县绿色食品原料水稻生产技术规程

（一）范围

本标准规定了绿色食品水稻生产的一般要求、栽培技术、有害生物控治技术以及收获的要求。本标准适用于黄梅县绿色食品中稻或一季晚稻黄华占的生产。

（二）规范性引用文件

下列文件中的条款通过本标准的引用而成为本标准的条款。凡是注日期的引用文件，其随后所有的修改单（不包括勘误的内容）或修订版均不适用于本标准，然而，鼓励根据本标准达成协议的各方研究是否可使用这些文件的最新版本。凡是不注日期的引用文件，其最新版本适用于本标准。

NY/T 391 绿色食品产地环境技术条件

NY/T 393 绿色食品农药使用准则

GB/T 8321（所有部分）农药合理使用准则

NY/T 394 绿色食品肥料使用准则

GB 4404.1 粮食种子禾谷类

NY/T 419 绿色食品大米

GB/T 15791 稻纹枯病测报调查规范

GB/T 15792 水稻二化螟测报调查规范

GB/T 15793 稻纵卷叶螟测报调查规范

GB/T 15794 稻飞虱测报调查规范

GB/T 59 水稻二化螟防治标准

（三）一般要求

1. 产地环境

产地周围 5km、主导风向 20km 以内无工矿企业污染源，农田土壤、灌溉用水、大气环境质量应符合 NY/T 391 的规定；产地水源充足，排灌方便，旱涝保收；稻田耕作层深厚肥沃，通气性好，土壤中性偏酸，有机质含量高，具有较好的保水保肥能力。

2. 品种选择

选用高产、优质、抗逆性强、适应性广的黄华占。种子质量应符合 GB4404.1 的规定。

3. 肥料施用准则

（1）允许使用绿色食品生产资料肥料类产品和农家肥料中的堆肥、沤肥、厩肥、沼气肥、绿肥、作物秸秆肥、泥肥、饼肥以及商品肥料中的商品有机肥料、腐殖酸类肥料、微生物肥料、有机复合肥、无机（矿质）肥料、叶面肥料、有机无机肥、掺合肥；在上述肥料种类不能满足生产需要的情况下，允许按下文所述的要求使用化学肥料。

（2）化肥必须与有机肥配合施用，有机氮与无机氮之比不超过

1：1；化肥也可与有机肥、复合微生物肥配合施用。最后一次追肥必须在收获前30d进行。

（3）禁止使用未经国家或省级农业部门登记的化学和生物肥料；严禁使用未经发酵腐熟、未达到无害化卫生标准的农家肥料和重金属含量超标的有机肥料和矿质肥料等。

（4）安全排水期7d。

4. 农药使用准则

（1）优先使用绿色食品生产资料农药类产品；允许使用中等毒性以下植物源农药、动物源农药和微生物源农药以及矿物源农药中的硫制剂、铜制剂；有限度地使用部分低毒和中等毒性有机合成农药。

（2）禁止使用剧毒、高毒、高残留或具有三致毒性（致癌、致畸、致突变）的农药和对稻米产生异味以及对水生生物毒性大的农药（见附录A）。

（3）每种有机合成农药（含绿色食品生产资料农药类的有机合成产品）在水稻1个生长周期内只允许使用1次，并按照GB/T 8321的规定，严格控制施药量和安全间隔期，确保有机合成农药在稻米中的最终残留量符合NY/T 419的最高残留限量（MRL）要求。

（4）安全排水期5~7d。

5. 有害生物控制原则

贯彻"预防为主，综合防治"的植保方针，从稻田生态系统的稳定性出发，综合运用"农业防治、生物防治、物理防治和化学防治"等措施，控制有害生物的发生和危害。

（四）栽培技术

1. 育秧

（1）秧田选择中稻秧田应选择避风向阳、地势平坦、排灌方便、土壤肥力高的田块。秧田与大田之比为1：10。

（2）秧田耕整与施肥采用水育秧方式育苗，要求秧田肥足、田平、草净。①秧田耕整秧田实行冬耕炕田，使其冬凌泡松。播种前半个月浅耕晒垡，施足底肥，然后上水多次耕整，秧田整平后，开沟作厢。一般厢宽133~167cm，沟宽23~27cm，沟深7~10cm，四周开好围沟，即可播种。②秧田底肥秧田上水耕整前，每亩施2 000kg优质农家肥、100kg饼肥；开沟作厢前，每亩施过磷酸钙40kg。

（3）浸种催芽浸种6h捞出，用清水淘洗干净后保湿催芽，当芽长为谷种长的一半、根长与谷种相等时播种。

（4）播种。①用种量每亩栽培面积育苗移栽用种量 5~8kg。②播种期麦（油）茬适宜的播种期为 5 月上旬，最迟不迟于 5 月 15 日。③播种量每亩秧田播种 7.5~9kg。播种时做到分厢过秤，分次匀播，头遍少播，二遍补匀。播后及时塌谷，减少露籽。待秧苗 2 叶时，间密补稀。

（5）秧田管理。①管水秧苗立针现青厢沟水，厢面干了跑马水，现青就灌薄皮水，3 叶期后灌 1.27cm 水，栽前 1 周灌深水。②管肥秧苗 2 叶 1 心时每亩施尿素 2.5kg 作"断奶肥"，3 叶 1 心施尿素 4kg 作促蘖肥，移栽前 4~6d 施尿素 5kg 作"送嫁肥"。

2. 大田耕整

前茬收获后，应及时灌水耕整，达到田平、草净。

3. 移栽

5 月下旬至 6 月上旬移栽，秧龄控制在 25~30d，一般不超过 35d。移栽时，采用每蔸双粒谷种带蘖移栽，并按东西行向、宽行窄株进行栽插。一般上等肥力田块株行距 16.7cm×26.7cm，中等及以下肥力田块株行距 16.7cm×23.3cm，每亩插 1.5 万~1.7 万蔸，8 万~10 万基本苗（茎、蘖苗）。

4. 施肥

（1）吸肥特点杂交水稻每形成 100kg 籽粒，氮、磷、钾养分吸收量分别为 2.0kg、0.9kg、3.0kg，其中纯氮与五氧化二磷吸收量与常规稻基本一致，而氧化钾吸收量较常规稻高出 0.9kg。

（2）施肥原则实行测土配方施肥、平衡施肥，大田施肥总量严格控制在纯氮 12~15kg、五氧化二磷 6~7kg、氧化钾 12~15kg，做到增施有机肥，重施底肥，早施攻苗肥，巧施促花保花肥，叶面补施壮籽肥。

（3）施肥方法。①底肥大田耕整前，一般中等肥力田块每亩施腐熟清水粪 1 500kg 作底肥，通过耕整，达到全层深施。②分蘖肥插秧后 5~7d，每亩追施尿素 7.5~9kg。③穗肥晒田复水后，在幼穗分化 1~2 期施每亩追施尿素 0.5~1kg，在孕穗期（幼穗分化 6 期）再施尿素 3~4kg；对生长正常的田块在孕穗期施尿素 2~2.5kg。

5. 水分管理

带水移栽，栽后灌 4~5cm 水层护苗返青，分蘖期采取浅灌勤灌，田间保留水层 2~3cm。当茎蘖数每亩达到 16 万苗（茎蘖苗达到预期

水稻绿色高产高效技术

穗数的 80%~90%）时放水晒田，将最高苗控制在 25 万苗以内。一般植株叶色浓、长势旺、泥脚深、田冷浸、肥力水平较高的田块重晒，反之则轻晒或露田。重晒一般是以田边开大裂，中间开"鸡脚裂"，人立不陷脚为标准，轻晒则指田边开小裂，田中稍硬皮，人立有脚印为度。但无论重晒或轻晒，都要达到"新根露白、老根深扎、叶片挺直、叶色褪淡"的要求。为适时适度晒田，提高晒田质量，晒田前应开好围沟和"井"字形厢沟。晒田复水后，孕穗及扬花期浅水灌溉和湿润交替进行。灌浆成熟期间隙灌溉，干干湿湿，以湿为主。收获前5~7d 断水为宜。

（五）有害生物控治技术

1. 农业防治

（1）培育无病虫多蘖壮秧，增强植株的抗逆性。

（2）采取东西向、宽行窄株栽培，适时晒田，增加田间通风透光率，控制病害的发生与蔓延。

（3）控氮增钾，提高植株的抗（耐）病虫能力。

（4）打捞浪渣（菌核），减少纹枯病的初侵染源。

（5）水稻收割时留低茬，降低次年螟虫基数。

2. 生物防治

（1）采取稻鸭共育模式，每亩稻田放鸭 15~20 只，耘田、除草、消虫。

（2）保护和利用田间有益动物——蛙类治虫。

（3）停止或减少三唑磷农药的使用，选择对天敌杀伤力小的中、低毒化学农药，避开自然天敌对农药的敏感时期，创造适宜自然天敌繁殖的环境等措施，保护天敌，控制田间害虫。

3. 物理防治

每 100 亩稻田安装太阳能频振式杀虫灯一盏，诱杀二化螟、稻纵卷叶螟、稻飞虱等害虫。

4. 药剂防治

（1）稻纹枯病依据 GB/T 15791 的规定，在水稻破口孕穗期当蔸发病率在 30%以上时，每亩选用 5%井冈霉素可湿性粉剂 100g 对水25kg 对准稻株中下部喷雾。

（2）主要虫害的防治。①螟虫依据 GB/T 15792 及 NY/T 59 的规定，在二化螟卵盛孵期至枯鞘初期，依据 GB/T 15793 的规定，在稻纵卷叶螟 1、2 龄幼虫盛发期（稻叶初卷苞期），每亩选用 8 000IU/mg

BT 可湿性粉剂 100g 对水 50kg 进行防治。②稻飞虱依据 GB/T 15794 的规定，当百蔸虫量达 1 500~2 000 头时，每亩选用 5%吡虫啉粉剂 10g 对水 100kg，针对稻株中下部进行喷雾。

（六）收获

当稻谷籽粒90%以上变黄成熟、稻轴有 1/3 变黄、基部有很少一部分绿色籽粒存在时，应抢晴天机械收获、脱粒；如采用人工收获，要做到边收割边脱粒，避免堆放造成黄亚米，影响食味品质，一般堆垛时间以不超过 6d 为宜。稻谷脱粒后，应放在禾场上摊薄抢晒，禁止在公路、沥青路面及粉尘污染严重的地方脱粒、晒谷，以免造成污染。当水分含量晒至 13%以下时，将稻谷筛整干净后装包入库，严禁用有毒有害的包装袋包装。

附录 A

（规范性附录）

生产绿色食品水稻禁止使用的农药

种类	农药名称	禁用原因
有机氯杀虫剂	滴滴涕、六六六、林丹、甲氧滴滴涕、硫丹	高残毒
有机磷杀虫剂	甲拌磷、乙拌磷、久效磷、对硫磷、甲基对硫磷、甲胺磷、甲基异柳磷、治螟磷、氧化乐果、磷胺、地虫硫磷、灭克磷（益收宝）、水胺硫磷、氯唑磷（米乐尔）、硫线磷、杀扑磷、特丁硫磷、克线丹、苯线磷、甲基硫环磷	剧毒、高毒
氨基甲酸酯类杀虫剂	涕灭威、克百威（呋喃丹）、灭多威（万灵）、丁硫克百威、丙硫克百威	高毒、剧毒或代谢物高毒
二甲基甲脒类杀虫杀螨剂	杀虫脒	慢性毒性、致癌
拟除虫菊酯类杀虫剂	所有拟除虫菊酯类杀虫剂	对水生生物毒性大
苯基吡唑类杀虫剂	氟虫腈（锐劲特）、丁烯氟虫腈	对水生生物毒性大
卤代烷类熏蒸杀虫剂	二溴乙烷、环氧乙烷、二溴氯丙烷、溴甲烷	致癌、致畸、高毒

水稻绿色高产高效技术

种类	农药名称	禁用原因
有机砷杀菌剂	甲基胂酸锌（稻脚青）、甲基胂酸钙胂（稻宁）、甲基胂酸铁胺（田安）、福美甲胂、福美胂	高残毒
有机锡杀菌剂	三苯基醋酸锡（薯瘟锡）、三苯基氯化锡、三苯基羟基锡（毒菌锡）	高残留、慢性毒性
有机汞杀菌剂	氯化乙基汞（西力生）、醋酸苯汞（赛力散）	剧毒、高残毒
有机杂环类杀菌剂	敌枯双	致畸
有机磷杀菌剂	稻瘟净、异稻瘟净	异臭
取代苯类杀菌剂	五氯硝基苯、稻瘟醇（五氯苯甲醇）	致癌、高残留
2,4-D 类化合物	除草剂或植物生长调节剂	杂质致癌
二苯醚类除草剂	除草醚、草枯醚	慢性毒性
磺酰脲类除草剂	甲磺隆、绿磺隆	对下茬作物有影响

五、水稻"一种两收"栽培技术

再生稻是头季收获后，利用稻桩上存活的休眠芽长起来的再生蘖，加以适当的温、光、水和养分等条件，利用良好的培育管理技术，以达到出穗成熟的一季水稻。中国再生稻开发利用已有 1 700 多年的历史。再生稻在中国长江流域有相当长的栽培历史，主要在湖南、湖北、江西、安徽、福建、四川和重庆等省（市）。

（一）水稻再生的生产成效

20 世纪 70 年代，当中国杂交水稻培育成功后，杂交稻再生利用，是推动中国再生稻发展的新起点。广东省率先研究杂交水稻蓄留再生稻。20 世纪 80 年代，农业部组织成立了南方再生稻研究与应用协作组，进一步促进了再生稻的推广步伐。

进入 21 世纪，再生稻的生产水平不断提高。如福建省尤溪县2001—2009 年，每年种植再生稻 8.35 万亩，平均头季每亩收获稻谷601.8kg，再生季每亩收获稻谷 301.6kg。

超级稻品种作再生稻栽培，稻谷产量水平更高。福建省尤溪县西城镇府阳村，连续 10 年在同一片水田种植再生稻，百亩高产示范片，头季平均亩产稻谷 831.5kg，再生季平均亩产稻谷 509.96kg。

（二）水稻再生的生产优势

1. 充分利用自然资源，提高复种指数

在北纬 31°以南平原丘陵地区，种植一季中籼稻季节有余，种植两季不足，可以发展再生稻，变一季为两季，充分利用温光、水土资源，提高复种指数。

2. 节约物化技术投入，提高生产效率

再生稻是利用头季稻收割后的稻桩上的潜伏芽，萌发长成的一季稻子，与栽插的双季稻相比，不需要育秧、整田、插秧等工序，解决了双抢中劳力、畜力、机械等投入紧张的矛盾。能够节省秧田、省种子、省肥料、省农药、省投工、省灌水，是一种投入少，生产效率和经济效益高的种植模式。

3. 秋高气爽天气结实，提高稻米品质

头季稻在 8 月 10 日前后收割，再生季在 9 月中旬抽穗扬花，10 月至 11 月上旬灌浆结实，充分利用秋季充足的光照，昼夜温差大的有利天气条件，光合物质能量多，籽粒饱满，施用农药少，稻米品质优良，稻谷出米率高，大米食味好。

（三）水稻再生的生育特点

1. 再生稻的腋芽

水稻品种一般有 15~17 片叶，也就有 15~17 个茎节，其中地上部有 5~6 个伸长节，除剑叶着生节上的腋芽退化外，其余叶片着生的节上都有腋芽。腋芽有两种类型。

（1）分蘖芽。分布在地下茎秆外伸长节上的腋芽，萌发长成稻苗，称为分蘖芽苗。

（2）潜伏芽。在头季稻拔节和稻穗开始分化以后，随着营养中心的转移，分蘖也就很少发生，而最高位分蘖以上茎节上的腋芽就都成为休眠芽。当收割头季稻并给适宜肥水条件下，休眠芽萌发，发出幼苗，而后生长发育成再生稻。再生稻可利用的再生芽数与水稻品种地上伸长节间的茎节数一致，一般为 5~6 个节，除倒 1 节没有潜伏芽外，其余的潜伏芽位都可以利用，茎秆上的腋芽存活率是自上而下递减的，即高位芽存活率高，低位芽存活率低，主要是利用高位芽蓄留再生稻。

2. 再生稻的茎秆

再生稻的茎秆是由头季稻收割后留下来的稻桩（母茎），加上由潜伏芽生长而成的茎秆（再生茎）组成。再生稻茎的形态、结构与头

季稻完全一样，也由节和节间组成。再生稻茎秆的生长，一般在再生苗孕穗到抽穗期间，抽穗以后基本停止生长。再生稻的株高是指再生稻着生节位至穗顶的高度，随再生节位的下降而增高，低节位的比高节位的再生株要高。生产上习惯以地面至穗顶的距离作为再生稻的株高，即由母茎和再生茎两部分组成。因此，它随头季稻留桩高度的增加而提高，一般为头季稻株高的1/2~2/3。株高与头季稻的高度是正相关。头季稻植株越高再生季就越高，株高与产量也是正相关，株高也受环境条件和栽培条件的影响，如合理灌水、施肥等，都能明显提高再生稻的株高，提高再生季稻谷产量。

3. 再生稻的根系

再生稻的根由两部分组成，一是头季稻桩母茎上存活的老根，老根吸收的养分有近一半贮藏于老苑中。二是新根，即随着再生稻苗的生长，在头季稻桩基部的再生节位及再生蘖基部长出。新根吸收的养分大部分转移到再生芽，其中又主要有70%转移到低位芽，在头季稻收后21d内，再生稻是靠母茎摄取养分，而再生稻株产生的根，仅占再生稻根系总干重的11%~17%。因此，在再生稻的整个生长发育过程中，保持头季稻根系活力和促进再生稻新根的生长具同等重要性。一般头季稻成熟时再生根开始出现，头季收割后，稻桩中贮藏的养分一方面转移到供应茎节上腋芽生长，另外，促进母茎不定根系原基萌动生根，到再生稻孕穗期根系就基本形成。据研究，随母茎节位上升，发根数相应减少。生产上既要保持头季稻老根系后期的活力，还应争取倒5节、倒4节上长出更多的新根。头季稻根系活力高峰处于头季稻灌浆至成熟期，再生稻根系活力高峰处于再生稻灌浆期，要增强再生稻根系活力，首先要使头季稻后期根系活力保持在一定水平。在栽培上，要合理安排头季稻的栽培宽度，防止过早封行后期叶片早衰，适时晒田，改善根系生长环境，在头季收割前10d及时施芽肥，收割后1~2d施保蘖肥，促进头季稻母茎根系和再生稻根系的生长，延缓根系衰老。

4. 再生稻的叶片

再生稻叶片少，单株叶片数仅为头季稻主茎总叶数的1/5~1/3，一个母茎可长出1~4个再生穗，平均为1.5~2个，每个再生穗约有3片叶左右。再生芽苗只有具备生长3片叶，才能发育成有效穗。一般头季稻收后2~3d，即可从稻桩上部茎节长出再生苗，收获后10d左右，再生苗可长出3~4片叶，平均3d左右长出1片叶，出叶速度受品种和栽培条件的影响，不同节位的再生芽生长的叶片数不等，上位芽长出的叶片数少，下位芽长出的叶片数多，随着再生节位的下降，叶片数递增。再生稻叶型短、窄、挺，单株叶面积小，倒 2 叶为最长叶。

5. 再生稻的穗子

再生稻从休眠芽开始萌动便进入了营养生长与生殖生长并进期。从萌动到抽穗开花，经历 30d 左右。当头季稻收割后，越是着生在头季稻茎秆上部的休眠芽，幼穗分化开始越早，分化速度越快，抽穗越早，穗子也就越小；反之，生长在下部的再生芽，幼穗分化经历的时间越长，抽穗成熟越迟，穗子也就越大。由于再生稻生育期短营养器官小，穗子小，故应以多穗夺高产。据研究，在留稻桩高度 10~50cm 范围内，再生稻产量与留桩高度成正相关。

（四）水稻再生所需的环境条件

1. 温度

再生稻必须在寒露风来临之前安全齐穗，抽穗扬花期温度适宜，有利于提高结实率。再生稻的抽穗扬花期在头季稻收割后 1 个月左右，头季稻收割的时间，决定了再生稻抽穗扬花的时间和温度条件。头季稻收割早，再生稻在较高温度条件下抽穗扬花，则结实率高，籽粒饱满，产量较高。一般长江流域，以 8 月中旬收割的中稻培育再生稻比较适宜。

2. 水分

头季稻成熟之前，应保持田间湿润状态，既不要长期积水，以免休眠芽被淹死，又不要过干而导致茎叶早衰变黄，不利于休眠芽的存活。再生稻幼穗发育期，特别是花粉母细胞减数分裂期，对干旱抵抗力强，应保持供给足够的水分。

3. 光照

头季稻收割后几天内，如遇阴雨天对再生芽的萌发有利；其他时间光照充足对再生稻高产有利，光照不足，影响光合作用制造干物质，不利于夺高产。

4. 土壤养分

高位再生芽苗的养分，主要来自头季稻茎秆所贮存的营养物质，低位再生芽苗主要靠自身发出的新根从土壤中吸收养分。因此，头季稻成熟前以及再生稻生育期间，都应保持土壤中有较高的营养水平，才能夺取再生稻高产。

水稻绿色高产高效技术

（五）水稻再生高产栽培技术

头季稻是再生稻的基础，直接影响再生稻性能及产量。因此，要采取相应的栽培技术，突出抓好确定适宜的品种，适时早播早插，合理密植，及时收割，适留高桩，加强管理，夺取两季高产。

1. 选用适宜品种

再生稻能否高产，与选用品种的再生能力有直接关系。只有再生能力强的品种，才有可能获得再生稻高产，应选用头季稻生育期适中，分蘖力较强，茎秆粗壮，具有高产、优质、抗性较强的丰产性状；根系生长旺盛，后期叶色好，叶青籽黄，茎秆上的休眠芽成活率高，再生力强的品种。

据实验研究和大面积示范结果，湖北省长江流域，多选用丰两优香1号，该品种作再生稻栽培，头季4月初播种，8月10—15日成熟收获，全生育期130d左右，株高100cm左右，抗倒伏能力强，茎秆休眠芽再生力强，成穗率较高。

2. 种好头季稻

（1）适时早播早栽。适当早播一是为了延长头季稻的营养生长期，有利于形成大穗、高产；二是为了保证再生稻安全齐穗。头季稻播种期的确定一要考虑头季稻抽穗扬花期应避过高温天气的危害，连续3d日均最高温度高于35℃就有可能出现大量空秕粒；二要考虑再生季抽穗扬花期避过秋季"寒露风"低温危害，再生稻抽穗扬花的适宜日均温度为23~29℃，在秋季低温期，要求日均温度连续3d不低于23℃，日最高气温不低于25℃，才能安全齐穗。长江流域头季稻播种期，要根据气温回升和育秧方式而定，一般春季气温稳定通过12℃时，湿润育秧的适宜播种期在4月初，采用塑料薄膜覆盖旱育秧或软盘旱育秧，适宜播种期可提早至3月底。

（2）适当加大密度。插秧密度决定有效穗数，适当增加头季稻插秧密度，是争取适当有效穗数夺取两季高产的关键。为了协调个体与群体的矛盾，改善田间通风透光条件，减轻病害发生，有利于提高再生芽成活率，以宽行窄株的栽植方式为好，行距27cm左右，穴距13~14cm，每亩定植1.8万穴，每亩基本苗8万~10万苗，头季每亩成穗18万~20万穗。

（3）测土配方施肥。依据土壤普查结果，因地制宜确定氮、磷、钾和微量元素施用数量与比例。一般头季稻亩产600~650kg，每亩需施纯氮15~16kg，氮、磷、钾比例1∶0.5∶0.8。做到施足底肥、早追分蘖肥、适时适量追施穗肥。将 60% 的氮肥，70% 的钾肥和全部磷肥作底肥，缺锌土壤增施 1kg 硫酸锌肥，加施 4kg 硅肥。插秧 5~7d，秧苗返青后，施用化学除草剂，每亩追施尿素 5kg；叶龄余数达到 3.5 叶时，是枝梗分化期，决定颖花数量多少的重要时期，要看苗追施攻穗肥（促花肥），每亩施氮素 15%，钾素 30%；叶龄余数为 1 叶时，稻穗处于减数分裂期，是减少颖花退化的关键时期，应追施 10% 的氮素，每亩施尿素 3.5kg。头季齐穗后 15~20d，重施再生季促芽肥，每亩施尿素 15kg 左右。

（4）因苗科学灌水。再生稻头季前期水分管理与一季中稻相同，中后期要注意增气养根、壮秆、护芽，在有效分蘖终止期，即移栽后20d，开始晒田，晒至脚踩不陷泥，有足印，不沾泥为度。晒田后复水3~5cm 深，以后实行间歇灌溉，保持田面湿润；齐穗后 15~20d，灌水5~6cm 深，结合追施促芽肥，让其自然落干至收获，通过科学管水，增加土壤氧气，达到以水调气，以气养根，活根壮芽的目的。

（5）九成熟抢时收。头季稻适时提早收割，有利于茎秆上潜伏芽苗早生快发。若收割过迟，不但稻秆上的活芽减少，而且再生芽苗生长缓慢，产量不高；收割过早，虽然对再生季有利，但是对头季稻产量影响较大。试验研究表明，头季稻九成熟时收割比较适宜。

收获时留稻桩高度，可依据品种植株高度，尤其是倒 2 节以下茎秆长度而定。如超级稻丰两优香 1 号，头季株高在 100cm 左右，倒 3~5 节茎秆长度在 27~29cm，收割时保持倒 2 节，留稻桩高度应是35~40cm。

3. 管好再生稻

（1）追肥。一般头季稻收割后 3~4d，是再生芽苗出生长叶的旺盛时期，需要较多的养分。因此，在头季稻收割前 1~2d，每亩施尿素5~10kg，促进再生芽苗早生快发。抽穗前后，用 0.2% 的磷酸二氢钾水溶液喷施叶面 2 次；或在植株抽穗 20%~30% 时，喷施赤霉素或谷粒饱等植物生长调节剂，能减少包颈，防止卡颈，促进齐穗，延长叶片功能期，增加有效穗，提高结实率。

（2）灌溉。头季稻收割后，田间保持 3~4cm 薄水层，勤灌浅灌；抽穗扬花时段，若遇寒露风天气，可灌深水保温护苗；籽粒灌浆后期，实行间歇灌溉，保持厢沟有水，厢面湿润，养根护叶增粒重。

（3）防治病虫。注意防治好稻纵卷叶螟、稻飞虱、稻叶蝉等。

（4）适时收割。再生稻芽苗生长节位不同，成熟期也不一致，一般着生在头季稻桩茎秆上的上位芽出生早，幼穗分化时间长，下位芽出生迟，分化时间短，生育期长短不一，抽穗成熟期参差不齐，青黄谷粒相间，要获得高产，争取下位芽产量，提高整米率，在不影响秋播作物适期播种的情况，应适当推迟收割，可在全田稻穗成熟达95%左右时收割。

第三章 水稻科学施肥技术

第一节 土壤基础知识

一、土壤的概念

土壤是地球表面上能够生长繁育各种绿色植物的疏松表层。绿色植物生长的各种产品是人类的基本生活资料，而土壤资源则是生产的基础，中国古籍记载："土者，吐也，吐生万物""有土斯有财"等概念也就是这个意思。土壤之所以能够生产万物，就是因为它具有肥力。

二、土壤肥力概念

土壤是植物生长供应、协调营养条件和环境条件的动力，土壤肥力就是土壤为作物正常生长提供并协调营养物质和环境条件的能力。具体解释为水分和养分是营养因素，温度和空气是环境因素。协调则是土壤中各种肥力因素不是孤立的，而是相互联系和相互制约的，良好的作物生长不仅要求诸肥力因素同时存在，而且必须处于相互协调状态。

在植物的生长过程中，土壤能够同时、不断地供应和调节绿色植物生长发育必需的水分、养分、空气和热量的能力。可概括为水、肥、气、热四大肥力因素。

三、黄梅县土壤类型概述

黄梅县土壤类型是第二次土壤普查依据黄梅县成土母质、生物、气候、地形、水文条件和人为生产活动等不同成土条件的影响制订的土壤分类方案确定的。全县土壤划分为 6 个土类，14 个亚类，54 个土属，1 057个土种。

四、土壤保肥性能和供肥性能与施肥的关系

土壤的保肥性是指土壤对养分的吸附和保蓄能力。

土壤的供肥性是指土壤释放和供给作物养分的能力，是鉴别土壤

水稻绿色高产高效技术

肥力高低的一个重要指标。土壤保肥性能与土壤胶体吸附性有密切的关系。土壤胶体一般有三类：第一类是有机胶体，也就是腐殖质，它们带有负电荷。有机胶体的颗粒不仅很小，而且性质很活泼。第二类是无机胶体，主要是指带负电荷的极微细的黏粒。第三类是有机、无机复合胶体。有机、无机胶体形成后，往往相互结合成团，形成微团聚体。正是因为土壤胶体具有巨大的表面积和充沛的表面能，它才能吸附分子态物质；正是土壤胶体一般带有负电荷，它们才能吸附阳离子，而具有保肥性能。因此，土壤保肥性能对合理施肥的意义在于①根据保肥性能的大小，合理掌握施肥量，过量施肥不仅浪费资源，而且会造成环境污染；施肥不足则会造成减产。②应通过增施有机肥料的措施，提高土壤有机质含量，增强土壤保肥能力，使化肥施用更加高效。

好的土壤应该是保肥与供肥协调，能随时满足作物对养分的需求。土壤质地较黏重、有机质较多的土壤，保肥性能好，施入的肥料不易流失，但供肥慢，施肥后见效也慢；沙性土壤、有机质含量低的土壤，施入的硫酸铵、尿素、氯化钾等速效性肥料易随雨水和灌溉水流失，虽然供肥性好，但无后劲，结果"发小苗，不发老苗"，作物产量也较低。因此保肥、供肥能力不同的土壤，施肥上应有区别，保肥力差的沙性土壤和有机肥含量少的土壤，除基肥中多施有机肥料外，施用化肥要"少量多次"，以免一次用量过多引起"烧苗"或养分流失，并防止后期脱离肥引起早衰；对保肥性能较高的黏性土壤或有机质多的土壤，因保肥性好，化肥一次用量多一些，也不致造成"烧苗"或养分流失，但这种土壤"发老苗，不发小苗"，在作物生长前期，应施种肥或早期追肥，以促进早发，生长中和生长后期应控制氮肥用量，以免引起作物贪青或疯长，造成减产。

第二节　肥料基础知识

一、肥料的概念

肥料一般是指施入土壤中或者是施用（喷洒）在作物的地上部分，能够提高和改善作物营养状况与土壤条件的有机物和无机物。通俗地说，凡是为提高作物产量和产品品质、提高土壤肥力而施入土壤的物质都可以叫作肥料。

二、肥料的种类

肥料按来源可以分为自然肥料和工业肥料。通过收集、种植和简单加工处理的动植物残体及粪便、矿石等积制而成的肥料，叫作自然肥料，如农家肥等。通过工业加工制造而成的肥料，称为工业肥料，如化学肥料、商品有机肥料等。

肥料按作用可以分为直接肥料和间接肥料。直接供给作物必需营养的那些肥料称为直接肥料，如氮肥、磷肥、钾肥、中微量元素肥料和复合肥料。用来改善土壤物理性质、化学性质和生物性质，从而达到改善作物的生长条件的肥料称为间接肥料，如石灰、石膏和细菌肥料。有机肥料既是直接肥料，又是间接肥料。

肥料按化学成分的组合来分，可以分为单一肥料和复合（混）肥料。只含一种养分元素的肥料叫单一肥料，如尿素、过磷酸钙、氯化钾等。含有两种及两种以上养分元素的肥料叫复合（混）肥料，如磷酸氢铵、氮磷钾不同配比的二元、三元复合（混）肥等。

此外，随着肥料技术的应用发展，各种新型肥料不断出现，如控释肥等。因而根据肥效的快慢，肥料又可以分为速效肥料、缓效肥料、迟效肥料、长效肥料等。

三、复混肥料的施用技术

（一）复混肥料的施用原则

复合（混）肥料又称复混肥料。复混肥料具有养分含量高、副成分少、贮运费用省、能改进肥料的理化性状等优点，但也存在着养分比例固定、难以满足施肥技术的要求等缺点。因此，施用复混肥料要求把握住针对性，如使用不当，就不可能起到应有的作用。科学地施用复混肥料应考虑以下 3 个方面的问题。

1. 选择适宜的品种

复混肥料的施用，要根据土壤的理化特性和作物的营养特点选用合适的肥料品种。如果施用的复混肥料，其中品种特性与土壤条件和作物的营养习性不相适应，轻者造成某种养分的浪费，重则可能导致减产。科学地选择复混肥料应考虑的因素包括以下 3 点。

（1）土壤特性和复混肥料的养分形成。复混肥料中的氮包括铵态氮和硝态氮两种，它们的性质有明显区别。铵态氮易被土壤吸附，流失较少，在旱地和水田都适用；而硝态氮在水田中易淋失，或因反硝化而损失，适宜在旱地使用。复混肥料中的有效磷有水溶性和枸溶性

水稻绿色高产高效技术

两种。水溶性磷的肥效快，适宜在各种土壤上施用，而枸溶性磷适宜在中性和酸性土壤上施用，在缺磷的石灰性土壤上肥效较差。复混肥料中的钾有硫酸钾和氯化钾两种，尽管两者肥效相当，但对于某些忌氯作物（如烟草），施用含氯化钾的复混肥料有降低其品质的不良作用。

（2）作物的需肥特点。不同作物的营养特性不同，应根据作物的种类选择适宜的复混肥品种，这对于提高作物产量、改善品质都具有重要的意义。一般来说，粮食作物施肥应以提高产量为主。豆科作物则以选用磷钾复混肥料为主。施用钾肥不仅可以提高经济作物的产量，更重要的在于改善产品的品质。如烟草施钾肥可以增加叶片的厚度，改善烟草的燃烧性和香味；果树和西瓜等施钾肥可提高甜度并降低酸度；甘蔗施钾肥可以增加糖分，提高出糖率。因此，经济作物宜选用氮磷钾三元复混肥料。经济作物中的油料作物，因需磷较多，一般可选用低氮高磷的二元或低氮高磷低钾的三元复混肥料。

（3）轮作方式。因轮作制度不同，在一个轮作周期中上下茬作物适用的复混肥品种也有所不同。如在稻—稻轮作制中，在同样缺磷的土壤上磷肥的肥效是早稻好于晚稻，而钾肥的肥效则是晚稻上优于早稻。因而，早稻应施用高磷的复混肥品种，晚稻可选用高钾的复混肥品种。

2. 复混肥料与单质肥料配合使用

复混肥料的成分是固定的，不仅难以满足不同土壤、不同作物甚至同一作物不同生育期对营养元素的需求，也难以满足不同养分在施肥技术上的不同要求。在施用复混肥料的同时，应根据复混肥料的养分含量和当地土壤的养分条件以及作物营养习性，配合施用单质化肥，以保证养分的供应。

单质化肥施用量的确定，可根据复混肥的成分、养分含量以及作物对养分的要求来计算。如每亩需施入纯氮14kg、五氧化二磷7kg、氧化钾10kg，施用比例为1：0.5：0.7，若选用的复混肥品种为含纯氮14%、五氧化二磷9%、氧化钾20%的三元复合肥，50kg肥料可满足钾肥的需要，而氮、磷肥均未得到满足。因此，尚需再施用7kg的纯氮、2.5kg的五氧化二磷才能达到施肥标准，这就要通过施用单质肥料来解决。

3. 根据复混肥料的品种特性采取不同的施用方式

国内外生产的复混肥料，一般分为二元复合肥料和三元复合肥料两大类。每类肥料，又可按其生产方法及成分、养分含量分为许多复合肥品种。黄梅县大多为三元复合肥，三元复合肥料多半是混合复合肥料。

（二）复混肥料的施用方式

复混肥料有磷或磷钾成分大都呈颗粒状，比粉状单元化肥溶解慢，一般用作基肥，也可以用作种肥和追肥。

1. 基肥

又称底肥，是整地、翻耕时施用的肥料。施用复混肥料，可以满足作物苗期对多种养分的需求，有利于壮苗，所以基肥充足是获得作物高产的基础。基肥的用量与作物种类、土壤性质等关系密切。

（1）粮食作物的基肥。小麦、中稻等作物生育期较长，在140d左右，基肥占全生育期肥料用量一半以上。双季稻、晚稻以及干旱地区的早熟作物、生育期短，壮苗早发是增产的关键，这些作物应重视基肥。基肥用量的确定应考虑到作物不同生育期的营养特性。以磷为例，磷在土壤中易固定，移动性小，作物生长要避免后期缺磷，保持"旺而不衰"，必须满足磷的需求。有些作物在生长后期，对磷的反应也非常敏感，如大豆在开花结荚期、甘薯在块根膨大期均需要较多的磷素供应。如早期磷素充足，则可促进植株体内贮存更多的磷素，以转移给后期缺磷的部位。所以要将大部分的磷素作为基肥施入，在有效磷含量中等的土壤上种植一年生作物，全部的磷均应由基肥施入；在缺磷较严重的土壤上种植单季作物，可将70%的磷作为基肥。用复合肥作基肥，可根据复混肥的成分、养分含量以及对作物施肥的要求计算用量，其中不足的养分可通过单元化肥补充。

基肥的用量还要考虑土壤条件，应掌握"瘦地或黏性土多施，肥土或沙性土少施"的原则。因为瘦地苗期易缺肥，而沙性土保肥差，在水田或多雨季节易渗漏，故在复混肥施用上宜采用"少量多次"的方法。

（2）经济作物的基肥。经济作物种类很多，营养特性复杂，对基肥的要求也不同，体现在复混肥料的种类和施肥量的确定因作物种类而不同。如甘蓝型油菜、甘蔗、棉花等产量高，需肥量大，基肥用量较大，但这些作物对氮素的要求是多次施入，其肥料中氮只占全生育期用量的30%~40%，在肥料品种上应选用低氮高磷高钾的复混肥料。花生、大豆、豆科绿肥等作物在幼苗期根瘤未形成或数量很少，固氮能力弱，在选用复混肥作基肥时，应保证其氮的含量达到生育期需氮

水稻绿色高产高效技术

量的 60%以上。

2. 种肥

指播种或移栽时施用的肥料。种肥以磷钾复混肥为主，一些养分含量高而价格贵的复混肥料宜用作种肥，如磷酸二氢钾。苗期作物根系吸收能力较弱，但又是磷素营养的临界期，对土壤严重缺磷或种粒小、贮磷量少的作物，如油菜、番茄等施用磷钾复混肥作种肥，有利于苗齐苗壮。

3. 叶面肥

叶面肥作追肥用，喷施于作物的叶部。向叶面喷施肥料的方法称为叶面施肥或根外追肥。

作物叶面的表皮和气孔能吸收水溶性的矿质肥料以及某些结构简单的有机态化合物，如尿素、氨基酸和糖类等，且叶部吸收的营养元素和根部吸收的营养元素一样，能在作物体内运转和同化。同时，因其养分运转速度快，如尿素喷施于叶部 1~2d 即呈现明显效果，而施在土壤中要 4~6d。叶面施肥常可作为根部追肥的补充，在加强作物营养，特别是根部营养无法进行的情况下具有一定的意义。

叶面肥残效时间短，一般需要多次喷施。常用作叶面肥的复混肥料包括磷酸二氢钾、硝酸钾等二元复合肥料以及聚磷酸铵等液体复合肥。目前，叶面肥常与农药和作物生长调节剂等混合使用，使之具有多种功能。叶面肥的施用应根据作物的种类和肥料的养分组成及比例，选择适宜的喷施浓度与施用方法。

（三）固体复混肥料的施用技术

1. 确定适宜的施肥量

复混肥料有很多的品种和规格，盲目施用必然会造成某些营养元素的过量或不足，从而影响肥料的增产效果，增加肥料的投入，最终导致效益下降。因而，在复混肥使用时，首先应当根据不同作物确定适宜的施肥量。

在基肥不足或未施基肥时，采用复混肥作追肥也有增产效果。复混肥料作追肥时虽然能供给作物生育后期对氮素的需求，但复合肥中磷钾往往不如早施时的肥效好。所以，对于生育期较长的高产作物，用复合肥作基肥，再以单质氮素化肥作追肥，经济效益更好。对不施基肥或基肥不足的间套种作物，需要追施磷钾复混肥料时，可早追施复混肥。用复混肥料追施水稻、小麦分蘖肥，晚玉米追施攻秆肥，棉花追施蕾肥，豆类在开花前追施苗肥，都有较好的效果。

2. 复混肥料的施用位置与方法

（1）基肥。将复混肥用作水稻基肥时，面施效果与深施效果无明显差异。面施的方法是在犁田或耙田后，随即灌浅水，撒施复混肥，然后再耙1~2次，使肥料能均匀地分布在7cm深的土层里，即起面肥的作用。深施的方法是先把肥料撒在耕翻前的湿润土面上，然后再把肥料翻入土层内，经灌水、耕细耙平，使大部分的肥料在土里的深度为10cm左右。

旱地的基肥采用全耕层深施的方法，是在耕地前将复混肥料均匀地撒施于田面，随即翻耕入土，做到随撒随翻，耙细盖严。也可在耕地时撒入犁沟内，边施边由下一犁的犁垡覆盖，也称"犁沟溜施"。

（2）种肥。种肥的施用包括拌种、条施、点施、穴施和秧田肥等施用方法。①拌种。将复混肥料与1~2倍的细干腐熟有机肥或细土混匀，再与浸种阴干后的种子混匀，随拌随播。②条施、点施、穴施。条播的小麦、谷子用条施；点播的玉米、高粱、棉花用点施；穴栽的马铃薯、甘薯用穴施。具体的方法是将复混肥顺着挖好的沟、穴均匀撒施，然后播种、覆土。要求肥料施于种子下方2~8cm为宜，避免肥料与种子直接接触而影响种子的发芽率，否则作物的出苗率下降、产量减少。

3. 不同类型复混肥料的施用技术

（1）铵态型和硝态型复混肥料。铵态型复混肥和硝态型复混肥在多数旱作物上肥效相当。硝态型复混肥在稻田中氮素易流失。

（2）含氯化钾和硫酸钾的复混肥料。复混肥料中钾的成分多为氯化钾或硫酸钾或两者兼有。据国外研究报道，大部分作物，特别是谷类作物对复混中氯离子的反应属中性，在硫酸钾的价格高于氯化钾的情况下，使用含氯离子的复混肥料值得考虑。在水稻田中，施用含氯化钾的复混肥料比施用含硫酸钾复混肥料具有更高的增产趋势，可能与硫酸根的积累对水稻根系生长不利有关。因而稻田宜选用氯化钾的复混肥料，以获得更大的经济效益。但某些作物对氯反应敏感，如烟草、葡萄、马铃薯等忌氯作物，应使用含低氯或无氯复混肥料。

（3）不同粒度的复混肥料。研究证明，不同粒度的复混肥料的增产效果差异很大，粒度过大造成作物减产，与养分的溶解释放有关。粒状或球状的复混肥料在水稻田中溶解缓慢，养分流失较少，化肥利用率高，肥效稳定。但由于前期肥效较缓，有时影响水稻返青和分蘖，需配合施用速效性的单质氮肥。

水稻绿色高产高效技术

4. 复混肥料的施用期

颗粒状复混肥比单质化肥分解缓慢，一般用作基肥、种肥效果较好。

四、微量元素肥料

微量元素肥料是具有一种或几种微量元素标明量的肥料。包括硼肥、锌肥、锰肥、铁肥、钼肥、铜肥和玻璃肥料等。

微量元素肥料施用可根据本身的性质，结合土壤和植物情况，单独土施、叶面喷施、种子处理、蘸根等，或几种微量元素肥料混施，或与大量元素肥料、农药、生长调节剂等混施，以节约肥料，方便施用，但要注意离子间的相互作用，防止失去有效性。

第三节　测土配方施肥

一、测土配方施肥概念

以土壤测试和肥料田间试验为基础，根据作物需肥规律、土壤供肥性能和肥料效应，在合理施用有机肥料的基础上，提出氮、磷、钾及中、微量元素等肥料的施用数量、施肥时期和施用方法。通俗地讲，就是在农业科技人员指导下科学施用配方肥。测土配方施肥技术的核心是调节和解决作物需肥与土壤供肥之间的矛盾。同时有针对性地补充作物所需的营养元素，作物缺什么元素就补充什么元素，需要多少补多少，实现各种养分平衡供应，满足作物的需要；从而提高肥料利用率，减少肥料用量，提高作物产量，改善农产品品质，节省劳动力，达到节支增收的目的。

二、测土配方施肥应遵循的原则

测土配方施肥主要遵循三条原则。

1. 有机与无机相结合

实施配方施肥必须以有机肥料为基础。土壤有机质是土壤肥沃程度的重要指标。增施有机肥料可以增加土壤有机质含量，改变土壤理化生物性状，提升土壤保水保肥能力，增强土壤微生物的活性，提高化肥利用率。因此，必须坚持多种形式的有机肥料投入，才能够培肥地力，实现农业可持续发展。

2. 大量、中量、微量元素配合

各种营养元素的配合是配方施肥的重要内容，随着产量的不断提高，在耕地高度集约利用的情况下，必须进一步强调氮、磷、钾肥的相互配合，并补充必要的中、微量元素，才能获得高产稳产。

3. 用地与养地相结合，投入与产出相平衡

要使作物—土壤—肥料形成物质和能量的良性循环，必须坚持用养结合，投入产出相平衡。破坏或消耗了土壤肥力，就意味着降低了农业再生产的能力。

三、实施测土配方施肥的步骤

测土配方施肥技术包括测土、配方、配肥、供应、施肥指导5个核心环节，有9项重点内容。

1. 田间试验

田间试验是获得各种作物最佳施肥量、施肥时期、施肥方法的根本途径，也是筛选、验证土壤养分测试技术、建立施肥指标体系的基本环节。通过田间试验，掌握各个施肥单元不同作物优化施肥量，基、追肥分配比例施肥时期和施肥方法摸清土壤养分校正系数、土壤供肥量、农作物需肥参数和肥料利用率等基本参数；构建作物施肥模型，为施肥分区和肥料配方提供依据。

2. 土壤测试

土壤测试是制定肥料配方的重要依据之一，随着中国种植业结构的不断调整，高产作物品种不断涌现，施肥结构和数量发生很大变化，土壤养分库也发生明显改变。通过开展土壤氮、磷、钾及中、微量元素养分测试，可以了解土壤供肥能力状况。

3. 配方设计

肥料配方设计是测土配方施肥工作的核心。通过总结田间试验、土壤养分数据等，划分不同区域施肥分区；同时，根据气候、地貌、土壤耕作制度等相似性和差异性，结合专家经验，提出不同作物的施肥配方。

4. 校正试验

为保证肥料配方的准确性，最大限度地减少配方肥料批量生产和大面积应用的风险，在每个施肥分区单元设置配方施肥、农户习惯施肥、空白施肥3个处理，以当地主要作物及其主栽品种为研究对象，对比配方施肥的增产效果、校验施肥参数，验证并完善肥料配方，改进测土配方施肥技术参数。

5. 配方加工

配方落实到农户田间是提高和普及测土配方施肥技术的最关键环

水稻绿色高产高效技术

节。目前不同地区有不同的模式，其中最主要的也是最具有市场前景的运作模式就是市场化运作、工厂化加工、网络化经营。这种模式适应中国农村农民科技素质低、土地经营规模小的现状。

6. 示范推广

为促进测土配方施肥技术能够落实到田间，既要解决测土配方施肥技术市场化运作的难题，又要让广大农民亲眼看到实际效果，这是限制测土配方施肥技术的"瓶颈"。建立测土配方施肥示范区，为农民创建窗口，树立样板，全面展示测土配方施肥技术效果，是推广前要做的工作。推广"一袋子肥"模式，将测土配方施肥技术物化成产品，也有利于打破技术推广"最后一公里"的"坚冰"。

7. 宣传培训

测土配方施肥技术宣传培训是提高农民科学施肥意识，普及技术的重要手段。农民是测土配方施肥技术的最终使用者，迫切需要向农民传授科学施肥方法和模式；同时还要加强对各级技术人员、肥料生产企业、肥料经销商的系统培训，逐步建立技术人员和肥料商持证上岗制度。

8. 效果评价

农民是测土配方施肥技术最终执行者和落实者，也是最终受益者。检验测土配方施肥的实际效果，应该及时获得农民的反馈信息，不断完善管理体系技术体系和服务体系。同时，为科学地评价测土配方施肥的实际效果，必须对一定区域进行动态调查。

9. 技术创新

技术创新是保证测土配方施肥工作长效性的科技支撑。重点是在田间试验方法、土壤养分测试技术、肥料配制方法、数据处理方法等方面的创新研究工作，不断提升测土配方施肥技术水平。

四、测土配方施肥实现增产和增效

测土配方施肥是一项先进的科学技术，在生产中应用，可以实现增产增效的作用。调肥增肥增效。在不增加化肥投资的前提下，调整化肥中氮、磷、钾的比例，起到增产增收的作用。减肥增产增效。一些经济发达地区和高产地区，由于农户缺乏科学施肥的知识和技术，施肥多，可以适当减少某一肥料的用量，以取得增产或平产的效果，实现增效的目的。增肥增产增效。对化肥用量水平很低或单一施用某种养分肥料的地区和田块，合理增加肥料用量或配施某一养分肥料，可使农作物大幅度增产，从而实现增效。

五、配方肥料的概念

配方肥料是指以土壤测试和田间试验为基础，根据作物需肥规律、土壤供肥性能和肥料效应，以各种单质化肥和（或）复混肥料为原料，采用掺混或造粒工艺制造适合于特定区域、特定作物的肥料。

第四节　水稻施肥技术

一、水稻的需肥特性

（一）水稻对氮、磷、钾的吸收量

氮、磷、钾是水稻吸收量多而土壤供给量又常常不足的 3 种营养元素。生产 500kg 稻谷及相应的稻草，需吸收纯氮 7.5~9.55kg，五氧化二磷 4.05~5.1kg，氧化钾 9.15~19.1kg，三者的比例大约为 2 : 1 : 3。但也要考虑稻根亦需要一些养分和水稻未收获前由于淋洗作用和落叶已损失一些，实际上水稻吸肥总量高于此值。且上述吸肥比例也因品种、气候、土壤、施肥水平及产量高低而有一定差异。

（二）水稻各生育期的吸肥规律

水稻各生育期内的养分含量，一般是随着生育期的发展，植株干物质积累量的增加，氮、磷、钾含有率渐趋减少。但对不同营养元素、不同施肥水平和不同水稻类型，变化情况并不完全一样。研究表明，早稻在返青后、晚稻在分蘖期后稻体内的氮素含有率急剧下降，拔节以后比较平稳；早稻一般在返青期、晚稻在分蘖期为含氮高峰。但在供氮水平较高时，早、晚稻的含氮高峰期可分别延至分蘖期和拔节期。磷在水稻整个生育期内含量变化较小，在 0.4%~1% 的范围，晚稻磷含量比早稻高，但含磷高峰期均在拔节期，以后逐渐减少。钾在稻体内的含有率早稻高于晚稻，含钾量的变化幅度也是早稻大于晚稻，但含钾高峰均在拔节期。

水稻各生育阶段的养分与吸收量是不同的，且受品种、土壤、施肥、灌溉等栽培措施的影响，水稻对养分和日吸收量，双季早、晚稻对氮素的吸收形成一个突出的高峰，时间在移栽后 2~3 周，双季早稻高峰期早于晚稻。单季稻生育期长，一般存在 2 个吸肥高峰，分别相当于分蘖盛期和幼穗分化后期。水稻双季稻在拔节开始至抽穗，吸肥一般占总量的 50%~60%，拔节之前和抽穗以后各占 20%~25%（表 3-1）。

表 3-1 水稻不同生育期养分吸收特点

生育期	占全生育期养分吸收总量的百分数（%）		
	氮	磷	钾
秧苗期	0.5	0.26	0.40
分蘖期	23.16	10.58	16.95
拔节期	51.40	58.03	59.74
抽穗期	12.31	19.66	16.92
成熟期	12.63	11.47	5.99

二、施肥量与施肥期的确定

（一）施肥量

水稻施肥量，可根据水稻对养分的需要量，土壤养分的供给量以及所施肥料的养分含量和利用率进行全面考虑。水稻对土壤的依赖程度和土壤肥力关系密切，土壤肥力越高，土壤供给养分的比例越大。为了充分发挥施化肥的增产效应，不仅要氮、磷、钾配合施用，还应推行测土配方施肥。中国稻区当季化肥利用率大致范围是氮肥为30%~60%，磷肥为10%~25%，钾肥为40%~70%。

1. 有机肥用量

据研究，要使土壤有机质得到补充和更新，每亩每年至少要施用2 000kg有机肥料。因此，要重施有机肥，有机肥用量约占总施肥量的50%。一般早稻每亩施鲜绿肥1 500~2 500kg或厩肥1 000~1 500kg或商品有机肥60~80kg，晚稻每亩还田干稻草200~250kg或厩肥1 000~1 500kg或商品有机肥80~100kg。

2. 氮磷钾配比用量

水稻亩产400~500kg，共需纯氮1 012kg，五氧化二磷4.5~5.5kg，氧化钾13~16kg，氮、磷、钾配比为1:0.4:1.3。

3. 肥料品种选择

选用优质高效的尿素、碳酸氢铵、钙镁磷或过磷酸钙；硫酸钾或氯化钾等单质肥料或水稻专用肥、复合肥等。

（二）施肥期的确定

水稻高产的施肥时期一般可分为基肥、分蘖肥、穗肥、粒肥4个时期。

1. 基肥期

水稻移栽前施入土壤的肥料为基肥。秧田播种前每100m²苗床施磷酸二铵（粉碎后施用）和磷酸钾各2kg，均匀翻入5cm深土层内，做到苗床土土细、肥匀。

本田基肥40~80kg/hm²，于整地时土壤耙碎后平地前均匀撒施稻田表面，翻入7~10cm耕作层中。基肥要有机肥与无机肥相结合，达到既满足有效分蘖期内有较高的速效养分供应，又肥效稳长。氮肥作基肥，可提高肥效，减少逸失。基肥中氮的用量，因品种、栽培方法、栽培季节和土壤肥力而定。田肥宜少些，田瘦的宜多些；大田营养生长期短的基肥氮肥也宜少些。缺磷、缺钾的土壤，基肥中还应增施磷肥、钾肥。增加磷肥、钾肥的用量由对水稻育秧后与播种前床土的测定得知，秧后床土速效磷减少44.6%，速效钾减少20.3%，有机质减少8.5%。因此，在旱育秧苗床培肥过程中，要适当增加磷肥、钾肥的用量，这对促进旱秧根系生长，增强秧苗抗逆性将有较大作用。钾肥一定要施足量，这样可增加水稻的抗倒伏性、抗病性，防止颖花的退化，防止水稻早衰，充实籽粒度，增大稻穗，减少空秕粒。有机肥和磷肥全部作基肥施用，有机肥在翻耕前施入，耙田时每亩施入钙镁磷肥35~40kg和碳酸氢铵15~20kg、硫酸钾8~10kg或氯化钾6~8kg。水稻秧苗起秧前3~4d施起身肥，农民形象地称之为"送嫁肥"，一般每100m²苗床用本品3~5kg，均匀撒施苗床后，适当浇水。

2. 分蘖肥

分蘖期是增加根数的重要时期，宜在施足基肥的基础上早施分蘖肥，促进分蘖，提高成穗率，增加有效穗数。（从返青至5~8叶龄期），促使秧苗返青快，分蘖早，秧壮根多，加强肥水管理控制无效分蘖，提高有效分蘖，保证足够的穗数。秧苗返青后立即施用（4叶期追肥，盛蘖叶见到肥效，时间为6月1—5日），每公顷施肥量为全年施氮肥总量的30%左右，一般每公顷施尿素60kg，施肥后保水5~7d。若稻田肥力水平高，底肥足，不宜多施分蘖肥。"三高一稳"栽培法及质量群体栽培法，其施肥特点就是减少前期施肥用量，增加中、后期肥料的比重，使各生育阶段吸收适量的肥料，达到平稳促进。

3. 穗肥

（1）根据叶龄进程确定施肥适期。促花肥和保花肥，分别在叶龄余数为3~3.5和1~1.5时施用。在大面积生产上，要求通过定点观察和剥查的方法确定。

（2）根据品种特性决定施肥策略。水稻品种特性不同，促花肥与保花肥的施用量有所不同。源限制型品种，如汕优 63、9311 等中籼稻，颖花分化多，库容大，结实率较低，应重施保花肥，轻施或不施促花肥；库限制型品种，如武育粳 2 号、香粳 9632 等中粳稻，颖花分化少，库容小，结实率较高，应重施促花肥，轻施保花肥；库源协调型品种，应促花肥和保花肥兼顾。

（3）根据田间苗情确定施肥数量。源限制型品种，保花肥一般每亩施尿素 10kg，对前期生产不良、群体不足、拔节前落黄早落黄重的田块，每亩施尿素 4~5kg 作促花肥，以增加植株生长量，保蘖、增穗、增粒。库限制型品种，促花肥每亩施尿素 9~10kg，保花肥每亩施尿素 4~5kg。库源协调型品种，促花肥和保花肥每亩各施尿素 7kg。缺钾的土壤，在施促花肥的同时，每亩增施硫酸钾 8~14kg。最好在施肥前排尽田水，施肥后再上水，以提高肥料利用率。

（4）根据叶色进行根外施肥。在水稻孕穗至破口期，对叶色褪淡明显，有早衰趋势的水稻，结合中后期病虫总体防治，每亩喷施 2% 尿素和 0.2% 磷酸二氢钾混合液 100kg，以延长上部叶片功能期，增加粒重。

4. 粒肥

粒肥具有延长叶片功能，提高光合强度，增加粒重，减少空秕粒的作用。尤其群体偏小的稻田及穗型大、灌浆期长的品种，施用粒肥显得更有意义。

三、施肥方法

（一）前促施肥法

其特点是将全部肥料施于水稻生长前期，多采用重施基肥、早施分蘖肥的分配方式，也有集中在基肥一次全层施用的。一般基肥占总施肥量的 70%~80%，其余肥料在移栽返青后即全部施用。这种模式适用于双季早晚稻和单季中的早熟品种。以"增穗"为实现产量目标的主要途径。

（二）前促、中控、后补施肥法

其特点是施足基肥，早施分蘖肥、中期控氮、后期补施粒肥。注重稻田的早期施肥，强调中期限氮和后期氮素补给，一般基蘖肥占总肥量的 80%~90%，穗肥、粒肥占 10%~20%，适用于生育期较长，分蘖穗比重大的杂交稻。

（三）前稳、中促、后保施肥法

减少前期施氮量，中期重施穗肥，后期适当施用粒肥，一般基肥、蘖肥占总肥量的 50%~60%。穗肥、粒肥占 40%~50%。

（四）平衡施肥法

氮磷钾科学合理施肥，使水稻增强抗逆性，减少病虫害的发生，抗倒伏，抗低温，提高产量和品质。

水稻施底肥是按氮肥总用量的 40%，磷肥是 100%，钾肥是 100%（或分二次施入各 50%）在翻地前混合施入（或耙地前）达到深层施肥；追肥是氮肥 60%分三次施入（6 月 18—20 日、7 月 1~5 日、7 月末至 8 月初根据气候条件而施）钾肥分二次施用时与氮肥追肥（7 月末至 8 月初）一起混合施 50%。

（五）有机—无机复混肥施用法

目前，在水稻施肥上普遍施用氮肥或少量配合施用磷肥、钾肥，导致养分不平衡，抗逆性不强，土壤肥力逐年下降，造成水稻产量不稳不高，品质变劣。

有机—无机复混肥具有有机质含量高、养分元素全、肥料利用率高、肥效持久、常年施用于土壤可改善土壤性状、土壤无污染、应用范围广、有助于提高农产品品质、安全增产、增效等特点。施用方法是以一次性底肥为宜，在翻地前或耙地前施入，450~500kg/hm²。

此外，还有一次性全层施肥法等，在近年有了较快的发展。

四、按照水稻叶色，科学进行肥水促控

根据高产栽培下群体叶色黑、黄变化的叶龄模式，实现叶色按模式化指标发展，水稻叶龄模式，是根据水稻器官同伸规律，应用水稻主茎叶片生育进程，来确定水稻的生育时期及其相应的高产栽培技术和肥水管理促控措施。它是集国内外有关研究成果，经多年研究建立的以高光效群体为中心的一种新型栽培理论及技术体系。高产水稻主要叶龄期肥水结合，促控结合。

（一）活棵到够苗叶龄期，叶色显黑促分蘖

该阶段肥水管理的主攻方向是加速发苗，保证穗数。在插秧前结合征地施足基肥将计划总施氮肥 30%~40%进行全面层施肥或表层均匀施。栽插后以建立浅水层为主，3~5d 返青后及时适量补施分蘖肥，确保有效分蘖对养分的需要。

（二）够苗到拔节叶龄期

控制中期落黄促稳长。肥水管理的主攻方向是控制无效分蘖，提高成穗率，增强抗病、抗倒伏能力。主要措施是断水晒天，此时不仅要停止氮肥施用且要限制水稻对土壤中氮素的过量吸收，使叶色褪淡，明显落黄，控制无效分蘖发生。

（三）穗分化形成的中后期，叶色显黑促壮秆大穗的形成

该阶段是水稻吸肥最多、生长最旺盛时期。所以中期晒田后要适量追施穗肥，一般占总氮量 15%~25%，确保叶色较深，要使用适量复合肥料。以促进壮秆增粒。

（四）抽穗后正常转色，养根保叶增粒重

要保持根系具有旺盛的吸引力，叶片既不过早转黄早衰，又不恋青。措施上以间隙灌溉为主，并看苗追施少量粒肥，达到肥水结合，以气养根，以根保叶，以叶促熟。

五、合理施肥原则

（一）有机肥与化肥配合施用

配合施用不仅增加土壤中的有机质含量，而且对营养元素的循环和平衡有重要意义。有机肥富含有机质，可以培肥土壤，供应多种元素，特别是一些微量元素。同时，还能提供具有生长素和激素性质的化合物。有机肥料养分释放缓慢，而化肥是速效的，两者配合使用可使养分的供应过程较为平稳。

（二）氮磷或氮磷钾肥配合使用

单施氮肥易贪青、倒伏、发生稻瘟病、空秕率高、千粒重低而影响产量。必须使施肥配比合理才能高产。依据试验，产量 $8t/hm^2$ 的地块，施肥量应为耙地前每公顷施有机肥（优质农家肥）15t，均匀施入土中，水耙地时每公顷施磷酸二铵 100~150kg，尿素 20~30kg，钾肥 50~70kg，反复耙耢；在抽穗前 12d，追施穗肥尿素 90kg。因此，在水稻生长发育过程中要注意控制氮肥用量。

（三）施足基肥

基肥以有机肥为主，化肥为辅。有机肥属完全肥料，含有各种养分，除氮、磷、钾外，还有钠、镁、硫、钙及各种微量元素，施用有机肥，可改善土壤通气性能，提高保肥、保水性能，促进稻株稳健生长，从而有利于水稻获得高产优质。农家肥一定要选用腐熟的农家肥。

（四）重视施用磷肥、钾肥

磷、钾是水稻生长发育不宜缺少的元素，可增强植株体内活动力，促进养分合成与运转，加强光合作用，延长叶的功能期，使谷粒充实饱满，提高产量。磷肥以基肥为宜，钾肥以追施较好。

（五）适当补充中微量元素

中量元素硅、钙、镁、硫，均具有增强稻株抗逆性，改善植株抗病能力，促进水稻生长的作用。实践表明，缺硫土壤施用硫肥、缺硅土壤施用硅肥，均有显著的增产效果。微量元素如锌、硼等，能改善水稻根部氧的供应，增强稻株的抗逆性，提高植株抗病能力，促进后期根系发育，延长叶片功能期，防止早衰；能加速花的发育，增加花粉数量，促进花粒萌发，有利于提高水稻成穗率；还能促进穗大粒多，提高结实率和籽粒的充实度，从而增加稻谷产量。

六、施肥的注意事项

（1）撒施尽可能均匀，由于只施一次水稻控释肥，必须尽量撒施均匀以免影响水稻后期生长的均匀性。

（2）施用水稻控释肥前必须调好田水，施肥后 3d 内不要排水和灌水，以免影响肥料养分在田间分布的均匀性，降低肥料养分效果。

（3）沙质稻田使用水稻控释肥，一半作基肥另一半在抛秧或插秧后 5~7d 作追肥。

（4）只要根据目标产量施足控释肥，无须再施用其他肥料。

七、根外施肥方法

根外施肥通常是在齐穗期至灌浆期喷施，如果缺氮则以尿素为主，喷施浓度为 1.5%~2.0%。如果是磷、钾不足，可选择 0.5%磷酸二氢钾+1%尿素。微量元素浓度在 0.1%~0.5%。喷施时间最好在下午或傍晚无风的天气进行。

八、冷浸田施肥要点

这类稻田的特点是水分过多，空气过少，土质冷凉，影响土壤微生物活动，所以有效养分含量极低，并因常处于还原条件下，水稻根系生育不良，致使前期生长十分缓慢，分蘖少。后期则随气温的上升，有机质矿化迅速，又易促进水稻过量吸收养分，使植株猛发徒长，诱发稻瘟病，延迟出穗影响产量。

冷浸田施肥要掌握的原则是早追施返青肥，适当控制后期施肥，防止贪青晚熟及成熟度低；增磷补锌，冷凉条件下水稻吸收磷受阻，要增加磷肥的施用量，同时补充锌肥。

九、盐碱地种稻施肥要点

（一）以增施有机肥为主，适当控制化肥施用

有机肥中含有大量的有机质可增加土壤对有害阴、阳离子的缓冲能力，有机肥又是迟效肥，其肥效持久，不容易损失，有利于保苗、发根、促进生长。盐碱地施用化肥量不宜过多，一般碱性稻田可选用偏酸性肥料施用，如过磷酸钙、硫酸铵等。含盐量较高的稻田可施用生理中性肥，以避免加重土壤的次生盐渍化。盐碱地施用化肥应分次少量施用。

（二）增施磷肥，适当补锌

盐碱地磷的含量低于非盐碱地土壤。因此，盐碱地水田要增加磷的施用量。在内陆盐碱稻区缺锌比较普遍，容易产生稻缩苗，所以盐碱地水田区要适当补锌，采用底肥施用或插秧时蘸根的方法。

（三）改进施肥方法

盐碱地氮的挥发损失比中性土大，深层施肥肥效明显高于浅表施肥。因此，改进盐碱地施肥技术一是应选用颗粒较大的肥料，以减少表面积与土壤接触；二是多次表施改为80%作为基肥深层施肥或全层施肥，20%作为穗肥表施。

第五节　水稻肥害及防治

一、肥害产生的原因

肥料是植物的粮食。施肥是供给作物粮食的重要手段，施肥是大田管理的重要技术措施，施肥不当会造成肥害，主要有以下3个方面原因。

（一）肥料用量过多

大田期肥料用量过多，会导致无效分蘖增多，过早封行，抗虫、抗病、抗倒伏能力减弱，贪青晚熟，结实率、千粒重下降，影响稻谷产量、质量。

（二）肥料失衡

偏施氮肥，忽视磷肥、钾肥和农家肥的配合施用，影响植株正常生长发育。

（三）施肥时间不当

在高温的中午或露水未干及田里缺水的情况下撒施化学氮肥，往往会灼伤秧苗。

二、肥害的主要症状和原因

肥害是指化肥施用不当而引起的生理障碍。

（一）氨水（或碳酸氢铵）熏伤

被害叶片开始呈均匀的鲜黄色，后整个叶片变成黄褐色，或红褐色，受害重的枯死。氨水挥发出来的氨，随风波及，往往稻苗上部叶片熏伤。碳酸氢铵施到田面，挥发出来的氨，造成局部稻苗熏伤，且下部叶片受害较重。

（二）硫酸铵灼伤

受害稻叶呈透明的不规则白斑，有时根系也会引起变黑腐烂。主要由于施用时露水未干，肥料黏附在叶片上，导致叶片上局部浓度过高，且硫酸铵含的阴离子（SO_4^{2-}）与水化生合成硫酸，而使叶片失水灼伤，并使叶绿素漂白而呈透明不规则白斑。在水稻生育后期，如田间缺水，施用硫酸铵过多或不匀，会造成根系变黑腐烂。主要因为土壤中阴离子（SO_4^{2-}）过多，在硫酸还原细菌的作用下，变成硫化氢等有毒气体危害稻根。

（三）石灰氮烧伤

受害叶片，开始叶色变暗红，后烧成许多散生和大小不一的赤褐色或黑褐色、周缘不明显的心形斑点，不久叶尖枯死，呈赤褐色，远看像烧焦一样，严重的根部变黑，甚至枯死。石灰氮粉粒黏附叶片上，会出现褐色或暗绿色水浸状病斑，主要是由于施用石灰氮时未加处理或施用技术不当。

三、肥害防止措施

（一）施用氨水、硫酸氢铵时应注意

田里要保持浅水层，施后立即耖田，使铵被土壤吸附，这样氨就不易挥发出来，也有利于根系吸收。要避免在中午烈日下施用，

水稻绿色高产高效技术

追肥浓度以 1%~2%为宜（即氨水 1~2kg 加水 100kg）。氨水原液掺水冲稀，应在空旷场所进行，并注意风向，以免氨挥发熏伤附近稻苗。

（二）施用硫酸铵等化肥应注意

早晨露水未干或雨后叶面尚留水滴时不能施用，以免肥料黏附在叶面发生灼伤。施用时田里应保持水层，施后即耘田，以利根系吸收。

（三）施用石灰氮时应注意

用石灰氮作基肥，撒施后进行干耕，过 5~6d 再灌水耙田、耖田插秧，这样较为安全。实践表明，石灰氮采用泥浆调和泼施法，比较安全。石灰氮不能直接作追肥用，必须事先与 10 倍湿土混合堆放 10~20d，并保持湿润，使它转化消除毒性后再作追肥施用。

四、常见水稻肥害

（一）熏伤

1. 症状及诊断

氨水或固体硝酸氢铵施在田面不平或没有水层的地方或干田面上，会造成氨的大量挥发。挥发出来的氨，往往会造成局部稻苗被熏伤，这时一般下部叶片受害严重。被氨气熏伤的稻叶开始呈均匀的橙黄色，以后整个叶片变成黄褐色或红褐色，并从叶尖开始逐渐向下枯黄，受害重的甚至枯死。

施用碳酸氢铵被熏伤的稻株，叶片呈赤黄色，受伤部位大多是稻株的外围叶片和叶片耷拉向下的地方，叶尖部分受伤重，靠近叶鞘部位的叶基部受害轻，直立的心叶则没有赤黄色变。这些症状与赤枯病有些相似，但不要当成赤枯病误治。碳酸氢铵熏伤的稻叶片有些大小不平的不规则斑点，这是由于碳酸氢铵撒在叶片上沾了水珠后，直接灼伤的缘故。

另外，如果是氨水保管不善，可挥发出大量的氨气，这些氨气随风扩散，可造成大量稻苗熏伤。这时的危害特点是上部叶片受害较重，往往是成片被熏伤，严重的看上去一片枯黄，像火烧过一般。

2. 发生原因及分布规律

造成熏伤的病因是氨气。氨是一种无色气体，具有强烈的刺激性气味，能在稻株体内积累，毒害株体。氨水就是将合成氨气导入水中制成的，是氨气的水溶液。但是氨在水中很不稳定，它与水只是形成不稳定的结合状态，一部分是氨气的水合物，另一部分以氨分子状态溶于水中，只有少量氨水化合形成氢氧化铵。氨水很容易挥发，平常闻到氨水的特殊的刺激性气味，就是挥发出来的氨气。一般来说，氨水浓度越大，天气越热，放置时间越长，氨气的挥发损失就越多。挥发出来的氨气达一定浓度时，就会熏伤作物茎叶。因此，保存或使用技术不当，不仅损失了肥分，还会熏伤稻苗，特别是在碱性土壤或中午高温的情况下伤害更加严重。

碳酸氢铵也是一种不太稳定的化合物，当温度升高或者吸水受潮后，容易分解为氨气、二氧化碳和水，造成氮素损失，熏伤作物。影响碳酸氢铵分解的主要因素是温度和湿度。在20℃以下时，它基本稳定；当温度升高到30℃时，即开始大量分解，尤其是有水分存在时分解更快。因此，当气温为30℃以上时，更要注意合理使用，以避免挥发出来的氨气熏伤禾苗。

3. 防治措施

搞好化肥贮存和合理施用是防止熏伤禾苗的主要措施，同时也是减少肥分损失和提高肥料利用率所必须采取的手段。氨水和碳酸氢铵都可作基肥或追肥，但不宜作种肥。施用技术有以下四点要求。

（1）深施。现在农村施肥往往将化肥撒施于土壤表面，这不利于肥料的吸收。表层撒施碳酸氢铵，利用率只有28%，且易挥发的碳酸氢铵和氨水撒施于土表，会造成氨气的大量挥发，熏伤禾苗。要防止熏伤禾苗，提高肥料利用率，应将表层撒施改为深施。

（2）夜间追施碳酸氢铵。将碳铵拌细土，在傍晚追施，施肥时田间保持一定水层。这是一种操作简便、效果可靠的施用方法。在水稻生长的高温季节，如果白天撒施碳酸氢铵，必然要挥发大量氨气，水稻通过叶片气孔呼吸，容易被熏伤。而傍晚施碳酸氢铵，水稻叶片气孔大多已经关闭，加上田间有水层，挥发的氨气少，不会熏伤稻苗。夜间有露水，只要拌一定比例的细土，碳酸氢铵颗粒附着叶片而引起的灼伤斑点总面积小，影响也不大。

（3）施用氨水或碳酸氢铵的前后，切忌施用石灰、草木灰、钙镁磷肥等强碱性肥料。因为氨水与碱性肥料混合后，氮素损失更加严重。

（4）氨水稀释泼浇一定要掌握浓度，通常以1%~2%为宜。氨水最好用泥浆调和，可减少氨气的挥发和对稻苗的熏蒸危害。另外，氨水原液掺水稀释应在空旷的场所进行，并注意风向，以免氨气熏伤附近的稻苗和其他作物。

（二）灼伤

1. 症状及诊断

细的晶体状硫酸铵容易黏附在湿润的水稻叶面上，使局部叶片的叶绿素遭受破坏而呈现半透明的不规则白斑。当这种白斑横跨叶面时，叶片常常在被害处折断枯死。

在水稻生育后期，水稻根系生活力衰退，在田间淹水情况下，施用硫酸铵过多或者不均匀，还可以造成稻株根部变黑、腐烂，即通常说的"黑根"。

粉末状的碳酸氢铵撒施时也很容易黏附在叶片上，在叶片黏附点出现紫褐色、不规则的枯斑。受害严重的叶片枯死。有时碳酸氢铵灼伤也表现为大小不等、不规则的白斑。

氯化钾作根外追肥时，用量浓度过高或喷施的液珠因蒸发浓缩，可使叶片出现褐色枯斑，或使整个叶片呈暗绿色卷缩。稻穗受害时颖壳上出现褐斑，使穗头呈花斑状，俗称"花稻头"，严重的可使整个稻穗呈深褐色。这种灼伤的谷粒常受稻立枯病菌的侵害而成为秕谷。

2. 发生原因及分布规律

灼伤主要是因为早晨露水未干，雾气未散或者雨后稻叶上还有水滴时，施用硫酸铵、尿素、过磷酸钙等肥料造成的。肥料黏附在叶片上，并且吸水溶解，使叶片上局部地方肥溶液浓度过高，从而使叶片失水灼伤。

另外，氯化钾用作根外追肥时浓度太高，或者喷雾快结束时桶底沉淀的肥液浓度增高，也能引起肥害。尿素作根外追肥浓度过大时，同样也可以造成失水伤苗。

硫酸铵灼伤禾苗还有另外一个原因，即硫酸铵中所含的硫酸根能与叶片上的水化合生成硫酸。硫酸有强烈的吸水性，可使叶片失水灼伤。另外，硫酸铵施用过多或不均匀造成水稻黑根，则主要是因为土壤中硫酸根过多，在硫酸还原细菌的作用下被还原成硫化氢，硫化氢是一种有毒的气体，水稻根系后期呼吸能力减弱，不能有效地氧化这种有毒气体。因此，根系中毒后变黑腐烂。

3. 防治措施

早晨露水未干、雾气未散或雨后叶面还留有水滴时，不能施用硫酸铵、碳酸氢铵、氯化钾等肥料，以免它们黏附在叶面上发生灼伤。如发现田间有稻苗灼伤现象，应喷施清水进行补救，用清水冲洗黏附在稻叶及稻株上的肥料。排水露田通气，促进根系生长。适当追施速效肥料，促进稻苗快生快长，一次用量不能过多，可采取少施多次的办法分次施用。

(三) 中毒

1. 症状及诊断

中毒的秧苗移栽后迟迟不返青，或者返青后生长缓慢，秧苗植株短小直立，生长停滞、不分蘖。叶片自叶尖向下褪绿，呈现黄中透红，远看似红色，随后下部叶片出现赤褐色或暗褐色大小不等的斑点，并自叶尖向下逐渐变为红褐色而枯死。严重的由下部叶片逐渐向上部叶片发展，导致全株死亡，远看似烧焦状。扯起病株观察，根系萎缩没有弹性，新根少而细，严重时根表皮脱落，根色变淡、透明。随着病情的发展，根系大多呈黑色、腐烂。这种黑根具有类似臭鸡蛋的刺鼻气味，把这种黑根暴露在空气中，约半小时便转变为黄褐色。在黑根大量变灰白色腐烂后，往往在近地面的根节上续产生新根，形成双重根节。

2. 发生原因

水稻中毒僵苗主要发生在长期浸水、泥层过深、耕层腐烂、有机质多、土壤通透性不良、长期连作的稻田。特别是绿肥施用量过多、翻压过迟或施用未腐热的厩肥、堆肥和人畜粪，以及施用未经发酵的饼肥时发生严重。早稻田绿肥施用量超过 26 250kg/hm²、在插秧前10d 内翻沤时，往往使稻株出现中毒性"僵苗"。主要是由于绿肥在腐烂分解时消耗了土壤中的氧，土壤氧化还原电位迅速下降，还原作用增强，还原物质累积，产生大量的有机酸、亚铁、硫化氢、二氧化碳和沼气等有害物质，影响根的呼吸和养料的吸收。

3. 防治措施

引起水稻僵苗的原因很多，表现症状也多种多样。因此，在防止和补救措施上，要根据具体情况，做到因田制宜，对症下药，以防为主，综合治理。

(1) 改革耕作制度，实行水旱轮作。南方稻区长期实行双季稻—绿肥耕作制，板田过冬，土壤通透性差，还原作用强，土壤性状变劣，引起水稻僵苗。冬季改种油菜或其他作物，对防止僵苗、提高产量有较大作用。

(2) 开沟抬田，降低地下水位，改善稻田排灌条件。地下水位高的田如出现僵苗症状，则应立即排水露田，中耕除草，以改良土壤特

水稻绿色高产高效技术

性，改善土壤通气条件，减少土壤中有毒物质的积累，促进水稻根系生长，多发新根，增强吸水吸肥能力。

（3）控制绿肥用量，掌握翻压时间。绿肥施用量以 18 750~22 500kg/hm² 为宜，最多不超过 30 000kg/hm²。翻压时间，最好在插秧前 15~20d。

（4）控制粪草、秸秆等有机肥的施用量，最好不要直接下田。对于这类肥料一定要经堆沤，等其充分腐熟后再施用。一方面能发挥肥效，另一方面也可以防止僵苗的出现。

（5）加强培育管理，提高种田水平。秧苗移栽后，遇低温冷害，要灌水护苗。天气转晴时，要缓慢排水，以防稻株生理失水死苗。要早排水露田，促进根系发育，并尽早中耕除草，促进分蘖早发。

（四）氮肥施用过多

1. 症状及发生原因

氮肥施用过量，水稻受害后表现出多种多样的症状。而且不同的生育阶段表现出来的症状也不同。秧苗期施用过多的氮肥，或者氮肥过于集中在土壤表层，秧苗叶片徒长，茎叶柔嫩。分蘖期氮素过多，表现为叶片乌黑，到开始拔节时仍不落黄，并且软弱披搭，没有弹性。茎秆软弱，株型蓬散，无效分蘖多，封行过早。分蘖肥或穗肥施用氮肥过多又过迟，会引起幼穗分化及生育期推迟，特别是使晚稻贪青晚熟，使开花受精或者灌浆结实时受"寒露风"的低温影响，造成空秕粒增加，产量下降。

2. 防治措施

（1）合理施用氮肥。氮肥应优先施在中低产田，注意因土施肥。把有限的氮肥尽量用到增产潜力大的中低产田去，充分发挥氮肥的肥效。

水稻秧田需要的化学氮肥，一般作追肥分 2 次施用。一次是施用"断奶肥"。基肥少的田，从 1 叶 1 心开始施用，基肥多的田，可以在 2 叶期施用。施用尿素 30~45kg/hm²。第二次是"送嫁肥"，一般在秧苗移栽前 4~6d 施用，施用硫酸铵 75~120kg/hm²。"送嫁肥"一定要根据插秧时间分期分批施用。施肥时间最好在 15 时以后，以免化肥灼伤秧苗。秧田肥力较高，秧苗生长较好的田也可以不施"送嫁肥"。早稻生育期较短，所处的气候条件气温由低到高，所用的氮肥中有机氮，如人粪尿、猪牛粪、绿肥占一定比例。因此，施用化学氮肥应以基肥为主，基肥追肥的比例以 8：2 或 7：3 为宜。追肥以化学氮肥作为分蘖肥施用，追肥在插秧后 5~6d 施用为好，以保证足够的分蘖成穗。

晚稻所处的气温条件是由高温到低温，土壤供氮强度由高到低。因此，要求基肥追肥并重，比例一般为 7：3 或 6：4。追肥作分蘖肥和穗肥施用两次，分蘖肥在插秧后 5~6d 追施。施尿素 37.5kg/hm² 左右，拌土撒施。穗肥根据品种生育期长短而定，一般在 8 月下旬晒田复水后施用。

（2）补救措施。禾苗吸收氮素过多，已经出现疯长现象时，可以针对其程度采取适当的挽救措施，其中最有效的办法是以水调肥，即通过晒田露田的办法来控制徒长。如在分蘖期以后发生徒长的应及时晒田。通过晒田控制无效分蘖的增长和茎叶徒长。一般在分蘖后期至幼穗分化初期晒田，也就是第二次中耕以后较好，但苗数足、叶色浓绿、长势旺的田，要掌握"苗到不等时"这个原则，仍然没有到分蘖末期，而苗数已达到预定数，并且表现叶色浓，长势旺，则应适当提早晒田，并适当重晒，以防发苗过多而过早封行。如前次晒田不够，或穗肥施氮过多，禾苗到孕穗抽穗期又会出现疯长；表现为生长过旺，易倒伏，病虫害严重。

一般可在控制氮肥施用的同时，采取以露田为主的湿润灌溉办法，控制植株对氮的吸收，抑制徒长。

（五）磷肥施用不当

1. 症状

水稻正常生长发育离不开磷肥。磷肥少了，水稻僵苗不发，籽粒不饱满，容易造成减产。从全局来论，我国南方稻区缺磷的现象比较普遍。因此，增施磷肥仍然是提高水稻单产，特别是提高中低产田产量的有效措施。但是在一些并不缺磷的水稻田中，也有不少人盲目施磷肥。过多施用磷肥增加了稻株的呼吸消耗，稻株出现早衰，无效分蘖增多，影响田间通风透光，成穗率低，空秕粒增多，导致减产。过量施用磷肥，还会抑制水稻对硅的吸收。水稻缺硅后，出现细胞壁变薄，叶质变脆，茎秆不壮，容易出现倒伏等症状，使水稻的抗病、抗虫能力下降。过量施磷还能降低土壤里锌、铁、镁等微量营养元素的有效性，这是因为磷酸盐能与锌、铁、镁等微量营养元素形成难以溶于水的化合物，降低了这些元素的营养作用。作物因磷素多而引起的病症，通常以缺锌、缺铁、缺镁、缺锰等的失绿症表现出来。磷肥中常伴有许多放射性物质和稀土元素，如铀、钍等。过量施用磷肥会使这些元素在土壤中积累，当累积到一定程度时，就会通过土壤对农作物产生危害，还会通过农作物对动物和人体健康产生潜在的危害。

2. 防治措施

（1）因土施磷。磷肥应该首先施用在有效磷含量较低的土壤上，因为这些土壤是真的缺磷，施用磷肥增产效果很显著。

（2）在不同轮作制中合理使用磷肥。南方稻区常见的轮作制是稻—稻—肥、稻—稻—麦、稻—稻—油。磷肥应该施用在旱田的绿肥等作物上。因为绿肥吸收了磷肥，生长繁茂，绿肥的根瘤就能固定更多的氮，这叫"以磷增氮"。另外，由于磷在干土中难以被吸收利用，所以绿肥只是吸收了一部分磷肥，30%左右，还有60%~70%的磷素留在土壤中。土壤淹水后，这些磷素的有效性大大增强，可供水稻吸收。

（3）磷肥集中施用。磷肥集中施用就是将磷肥较集中地深施在作物根部附近。

（4）作根外追肥。一般用过磷酸钙1~2kg，放入木桶加水5kg左右，浸泡并搅拌几次。2d后，用细布过滤，将滤出的清液再加50kg水，即可喷施。在肥液中再加入0.5kg尿素，氮磷肥配合施用，效果更好。

五、防止水稻倒伏

（一）水稻倒伏类型

水稻倒伏有两种类型，一种是根倒，由于根系发育不良扎根浅而不稳，缺乏支持力，稍受风雨侵袭就发生平地倒伏；另一种为茎倒，由于茎秆不壮，负担不起上部重量，而发生不同程度的倒伏。

（二）造成水稻倒伏的原因

造成水稻倒伏的原因很多，除强风暴雨等一些客观原因外，一是品种不抗倒伏；二是一般植株矮、节间短、茎秆粗壮、叶片直立、根系生长不良，群体通风透光条件不好，也易造成倒伏，所以深耕和合理密植是防止倒伏的重要措施；三是肥水管理不当，片面重施氮肥，分蘖期发苗过旺，叶片面积过大，封行过早，茎秆基部节间徒长。

（三）防止倒伏的主要措施

选用抗倒品种、合理稀植、平稳施肥，建立合理的群体结构；合理灌溉，采用浅水灌溉，拔节期适当烤田，后期干干湿湿，提高根系活力；喷施植物生长调节剂，如矮壮素类等。

六、防止水稻贪青晚熟

水稻生育后期叶色过浓，千粒重明显下降，空秕率增加，是水稻贪青的三个基本特征。

（一）贪青主要原因

水稻贪青可分障碍型贪青和生理失调型贪青。障碍型贪青主要由于出穗后光合产物在营养器官中滞留和植株呼吸消耗量明显增大，引起穗部营养物质的严重贫缺所致。生育期间的光照不足，则贪青程度加重。

栽培管理措施不当也会造成贪青，如采用晚熟品种或插秧过晚、施用氮肥过量等。前期重施氮肥分蘖过旺，群体过大，后期氮肥用量偏多或施用时期偏迟也容易发生贪青。

（二）防止贪青晚熟的措施

选用抗冷性强品种，低温年份水稻生长前期减少施用氮肥量，多施磷肥、钾肥，采用深水护苗等。控制水稻生长过程群体过大。栽培密度过大的田块要控制施氮肥量，要适当烤田控制分蘖。选用生育期适中的品种，做到品种搭配合理，适时播种和移栽。

第六节　水稻秸秆综合利用

一、秸秆肥料化利用技术

（一）秸秆直接还田技术

1. 秸秆机械混埋还田技术

秸秆机械化混埋还田技术，就是用秸秆切碎机械将摘穗后的玉米、小麦、水稻等农作物秸秆就地粉碎，均匀地抛撒在地表，随即采用旋耕设备耕翻入土，使秸秆与表层土壤充分混匀，并在土壤中分解腐烂，达到改善土壤结构、增加有机质含量、促进农作物持续增产的一项简便、易操作的适用技术。

2. 秸秆机械翻埋还田技术

秸秆机械翻埋还田技术就是用秸秆粉碎机将摘穗后的农作物秸秆就地粉碎，均匀地抛撒在地表，随即翻耕入土，使之腐烂分解，有利于把秸秆的营养物质完全保留在土壤里，增加土壤有机质含量、培肥地力、改良土壤结构，并减少病虫危害。

3. 秸秆覆盖还田技术

秸秆覆盖还田技术指在农作物收获前，套播下茬作物，将秸秆粉碎或整秆直接均匀地覆盖在地表，或在作物收获、秸秆覆盖后，进行下茬作物免耕直播的技术，或将收获的秸秆覆盖到其他田块，从而起到调节地温、减少土壤水分蒸发、抑制杂草生长、增加土壤有机质的作用，而且能够有效缓解茬口矛盾、节省劳力和能源、减少投入。覆盖还田一般分 5 种情况，一是套播作物，在前茬作物收获前将下茬作物撒播田间，作物收获时适当留高茬秸秆覆盖于地表；二是直播作物，在播种后、出苗前，将秸秆均匀地铺盖于耕地土壤表面；三是移栽作物，如油菜、红薯、瓜类等，先将秸秆覆盖于地表，然后移栽；四是夏播宽行作物，如棉花等，最后一次中耕除草施肥后再覆盖秸秆；五是果树、茶桑等，将农作物秸秆取出，异地覆盖。

（二）秸秆腐熟还田技术

添加腐熟剂秸秆还田技术是通过接种外源有机物料腐解微生物菌剂（简称腐熟剂），充分利用腐熟剂中大量木质纤维素降解菌，快速降解秸秆木质纤维物质，最终在适宜的营养、温度、湿度、通气量和pH 值条件下，将秸秆分解矿化成为简单的有机质、腐殖质以及矿物养分。它包括 2 种方法，一是在秸秆直接还田时接种有机物料腐解微生物菌剂，促进还田秸秆快速腐解；二是将秸秆堆积或堆沤在田头路旁，接种有机物料腐解微生物菌剂，待秸秆基本腐熟（腐烂）后再还田。

（三）秸秆生物反应堆技术

秸秆通过加入微生物菌种、催化剂和净化剂，在通氧（空气）的条件下，被重新分解为二氧化碳、有机质、矿物质、非金属物质，并产生一定的热量和大量抗病虫的菌孢子，继而通过一定的农艺设施把这些生成物提供给农作物，使农作物更好地生长发育。

（四）秸秆有机肥生产技术

秸秆有机肥生产就是利用速腐剂中菌种制剂和各种酶类在一定

湿度（秸秆持水量65%）和一定温度下（50～70℃）剧烈活动，释放能量，一方面将秸秆的纤维素很快分解；另一方面形成大量菌体蛋白，为植物直接吸收或转化为腐殖质。通过创造微生物正常繁殖的良好环境条件，促进微生物代谢进程，加速有机物料分解，放出并聚集热量，提高物料温度，杀灭病原菌和寄生虫卵，获得优质的有机肥料。

二、秸秆饲料化利用技术

（一）秸秆青（黄）贮技术

秸秆青贮的就是在适宜的条件下，为有益菌（乳酸菌等厌氧菌）提供有利的环境，使嗜氧性微生物（如腐败菌等）在存留氧气被耗尽后，活动减弱，乃至活动停止，从而达到抑制和杀死多种微生物、保存饲料的目的。由于在青贮饲料中微生物发酵产生有用的代谢物，使青贮饲料带有芳香、酸、甜等味道，能大大提高饲料的适口性。

（二）秸秆碱化/氨化技术

氨化秸秆的作用机理有3个方面，一是碱化作用。可以使秸秆中的纤维素、半纤维素与木质素分离，并引起细胞壁膨胀，结构变得疏松，使反刍家畜瘤胃中的瘤胃液易于渗入，从而提高了秸秆的消化率。二是氨化作用。氨与秸秆中的有机物生成醋酸铵，这是一种非蛋白氮化合物，是反刍动物的瘤胃微生物的营养源，它能与有关元素一起进一步合成菌体蛋白质，而被动物吸收，从而提高秸秆的营养价值和消化率。三是中和作用。氨能中和秸秆中潜在的酸度，为瘤胃微生物的生长繁殖创造良好的环境。

（三）秸秆压块（颗粒）饲料加工技术

秸秆压块饲料是指将各种农作物秸秆经机械铡切或揉搓粉碎之后，根据一定的饲料配方，与其他农副产品及饲料添加剂混合搭配，经过高温高压轧制而成的高密度块状饲料。秸秆压块饲料加工可将维生素、微量元素、非蛋白氮、添加剂等成分强化进颗粒饲料中，使饲料达到各种营养元素的平衡。

（四）秸秆揉搓丝化加工技术

秸秆经过切碎或粉碎后，便于牲畜咀嚼，有利于提高采食量，减少秸秆浪费。但秸秆粉碎之后，缩短了饲料（草）在牲畜瘤胃内的停留时间，引起纤维物质消化率降低和反刍现象减少，并导致瘤胃 pH 值下降。所以，秸秆的切碎和粉碎不但会影响分离率和利用率，而且对牲畜的生理机能也有一定影响。秸秆揉搓丝化加工不仅具备秸秆切碎和粉碎处理的所有优点，而且分离了纤维素、半纤维素与木质素，同时由于秸秆丝较长，能够延长其在瘤胃内的停留时间，有利于牲畜的消化吸收，从而达到既提高秸秆采食率，又提高秸秆转化率的双重功效。

(五) 秸秆微贮技术

将经过机械加工的秸秆贮存在一定设施（水泥池、土窖、缸、塑料袋等）内，通过添加微生物菌剂进行微生物发酵处理，使秸秆变成带有酸、香、酒味，家畜喜食的粗饲料的技术称为秸秆微生物发酵贮存技术，简称秸秆微贮技术。根据贮存设施的不同，秸秆微贮的方法主要有水泥窖微贮法、土窖微贮法、塑料袋微贮法、压捆窖内微贮法四种。

三、秸秆基料化利用技术

(一) 秸秆基料食用菌种植技术

秸秆基料（基质）是指以秸秆为主要原料，加工或制备的主要为动物、植物及微生物生长提供良好条件，同时也能为动物、植物及微生物生长提供一定营养的有机固体物料。麦秸、稻草等禾本科秸秆是栽培草腐生菌类的优良原料之一，可以作为草腐生菌的碳源，通过搭配牛粪、麦麸、豆饼或米糠等氮源，在适宜的环境条件下，即可栽培出美味可口的双孢蘑菇和草菇等。

(二) 秸秆植物栽培基质技术

秸秆植物栽培基质制备技术，是以秸秆为主要原料，添加其他有机废弃物以调节碳氮比、物理性状（如孔隙度、渗透性等），同时调节水分使混合后物料含水量在 60% ~ 70%，在通风干燥防雨环境中进行有氧高温堆肥，使其腐殖化与稳定化。良好的无土栽培基质的理化性质应具有以下 6 个特点。

(1) 可满足种类较多的植物栽培，且满足植物各个时期生长需求。

(2) 有较轻的容重，操作方便，有利于基质的运输。

(3) 有较大的总孔隙度，吸水饱和后仍保持较大的通气孔隙度，可为根系提供足够的氧气。

（4）绝热性能良好，不会因夏季过热、冬季过冷而损伤植物根系。

（5）吸水量大、持水力强。

（6）本身不带土传病虫害。

四、秸秆燃料化利用技术

（一）秸秆固化成型技术

秸秆固体成型燃料就是利用木质素充当黏合剂将松散的秸秆等农林剩余物挤压成颗粒、块状和棒状等成型燃料，具有高效、洁净、点火容易、二氧化碳零排放、便于贮运和运输、易于实现产业化生产和规模应用等优点，是一种优质燃料，可为农村居民提供炊事和取暖用能，也可以作为农产品加工业（粮食烘干）、设施农业（温室）、养殖业等不同规模的区域供热燃料，还可以作为工业锅炉和电厂的燃料，替代煤等化石能源。

（二）秸秆热解气化技术

1. 秸秆气化技术

该技术是以生物质为原料，以氧气（空气、富氧或纯氧）、水蒸气或氢气等作为气化剂（或称气化介质），在高温条件下通过热化学反应将生物质中可燃的部分转化为可燃气的过程。生物质气化时产生的气体，主要有效成分为一氧化碳、氢气和甲烷等，称为生物质燃气。

2. 秸秆干馏技术

该技术是将秸秆经烘干或晒干、粉碎，在干馏釜中隔绝空气加热，制取醋酸、甲醇、木焦油抗聚剂、木馏油和木炭等产品的方法，亦称秸秆炭化多联产技术。通过秸秆干馏生产的木炭可称为机制秸秆木炭或机制木炭。根据温度的不同，干馏可分为低温干馏（温度为 $500 \sim 580℃$）、中温干馏（温度为 $660 \sim 750℃$）和高温干馏（温度为 $900 \sim 1\ 100℃$）。$100kg$ 秸秆能够生产秸秆木炭 $30kg$、秸秆醋液 $50kg$、秸秆气体 $18kg$。生物质的热裂解及气化还可产生生物炭，同时可获得生物油及混合气。

（三）秸秆沼气生产技术

1. 户用秸秆沼气生产技术

沼气是由多种成分组成的混合气体，包括甲烷、二氧化碳和少量的硫化氢、氢气、一氧化碳、氮气等气体，一般情况下，甲烷占 $50\% \sim 70\%$，二氧化碳占 $30\% \sim 40\%$，其他气体含量极少。户用秸秆沼气生产技术是一种以现有农村户用沼气池为发酵载体，以农作物秸秆为主要发酵原料的厌氧发酵沼气生产技术。

2. 大中型秸秆沼气生产技术

大中型秸秆沼气生产技术是指以农作物秸秆（玉米秸秆、小麦秸秆、水稻秸秆等）为主要发酵原料，单个厌氧发酵装置容积在 $300m^3$ 以上的沼气生产技术。

五、秸秆原料化利用技术

（一）秸秆人造板材生产技术

秸秆人造板是以麦秸或稻秸等秸秆为原料，经切断、粉碎、干燥、分选、拌以异氰酸酯胶黏剂、铺装、预压、热压、后处理（包括冷却、裁边、养生等）和砂光、检测等各道工序制成的一种板材。中国秸秆人造板已成功开发出麦秸刨花板，稻草纤维板，玉米秸秆、棉秆、葵花秆碎料板，软质秸秆复合墙体材料，秸秆塑料复合材料等多种秸秆产品。

（二）秸秆复合材料生产技术

秸秆复合材料就是以可再生秸秆纤维为主要原料，配混一定比例的高分子聚合物基料（塑料原料），通过物理、化学和生物工程等高技术手段，经特殊工艺处理后，加工成型的一种可逆性循环利用的多用途新型材料。这里所指秸秆类材料包括麦秸、稻草、麻秆、糠壳、棉秸秆、葵花秆、甘蔗渣、大豆皮、花生壳等，均为低值甚至负值的生物质资源，经过筛选、粉碎、研磨等工艺处理后，即成为木质性的工业原料，所以秸秆复合材料也称为木塑复合材料。

（三）秸秆清洁制浆技术

1. 有机溶剂制浆技术

有机溶剂法提取木质素就是充分利用有机溶剂（或和少量催化剂共同作用下）良好的溶解性和易挥发性，达到分离、水解或溶解植物中的木质素，使木质素与纤维素充分、高效分离的生产技术。生产中得到的纤维素可以直接作为造纸的纸浆；而得到的制浆废液可以通过蒸馏法来回收有机溶剂，反复循环利用，整个过程形成一个封闭的循环系统，无废水或少量废水排放，能够真正从源头上防治制浆造纸废水对环境的污染；而且通过蒸馏，可以纯化木质素，得到的高纯度有机木质素是良好的化工原料，也为木质素资源的开发利用提供了一条新途径，避免了传统造纸工业对环境的严重污染和对资源的大量浪费。

近年来，有机溶剂制浆中研究较多的、发展前景良好的有机醇和有机酸法制浆。

2. 生物制浆技术

生物制浆是利用微生物所具有的分解木素的能力，来除去制浆原料中的木素，使植物组织与纤维彼此分离成纸浆的过程。生物制浆包括生物化学制浆和生物机械制浆。生物化学法制浆是将生物催解剂与其他助剂配成一定比例的水溶液后，其中的酶开始产生活性，将麦草等草类纤维用此溶液浸泡后，溶液中的活性成分会很快渗透到纤维内部，对木素、果胶等非纤维成分进行降解，将纤维分离。

3. DMC 清洁制浆技术

在草料中加入 DMC 催化剂，使木质素状态发生改变，软化纤维，同时借助机械力的作用分离纤维；此过程中纤维和半纤维素无破坏，几乎全部保留。DMC 催化剂（制浆过程中使用）主要成分是有机物和无机盐，其主要作用是软化纤维素和半纤维素，能够提高纤维的柔韧性，改性木质素（降低污染负荷）和分离出胶体和灰分。DMC 清洁制浆法技术与传统技术工艺与设备比较具有"三不"和"四无"的特点。"三不"为不用愁"原料"（原料适用广泛）；不用碱；不用高温高压。"四无"为无蒸煮设备；无碱回收设备；无污染物排放；无二次污染。

（四）秸秆块墙体日光温室构建技术

秸秆块墙体日光温室是一种利用压缩成型的秸秆块作为日光温室墙体材料的农业设施。秸秆块是以农作物秸秆为原料，经成型装备压缩捆扎而成，秸秆块墙体是以钢结构为支撑，秸秆块为填充材料，外表面安装防护结构，内表面粉刷蓄热材料（或不粉刷）而成的复合型结构墙体。秸秆块墙体既具有保温蓄热性，还有调控温室内空气湿度、补充温室内二氧化碳等功效。

（五）秸秆容器成型技术

秸秆容器成型技术，就是利用粉碎后的小麦、水稻、玉米等农作物秸秆（或预处理）为主要原料，添加一定量的胶黏剂及其他助剂，在高速搅拌机中混合均匀，最后在秸秆容器成型机中压缩成型冷却固化的过程，形成不同形状或用途秸秆产品的技术。与塑料盆钵相当，秸秆盆钵强度远高于塑料盆钵，且具有良好的耐水性和韧性，产品环保性能达到国家室内装饰材料环保标准（E1 级）。秸秆盆钵一般可使用 2~3 年，使用期间不开裂，无霉变，废弃后数年内可完全降解，无有毒有害残留。陈旧秸秆盆钵加以回收，经破碎与堆肥处理，制成有机肥或花卉栽培基质，可以实现循环再利用。秸秆容器技术不仅提供了秸秆利用途径，还有利于循环、生态和绿色农业的发展。

第四章 水稻病虫草害绿色防控技术

第一节 植物保护基本知识

一、农作物有害生物种类

农作物有害生物主要包括病菌、害虫、杂草、鼠四大类。病虫草鼠害种类繁多，因环境条件、作物布局和栽培方式的不同发生范围也不一样。黄梅地区农作物最主要病虫草鼠害有250多种，其中主要病虫有210多种、恶性农田杂草和主要鼠害40多种。每年因病虫草鼠危害，造成严重的经济损失。

（一）病害主要种类

植物病害可分为非侵染性病害和侵染性病害，侵染性病害主要有真菌性病害、细菌性病害、病毒性病害3种，非侵染性病害俗称生理性病害，如缺素症。

1. 真菌性病害

真菌性病害是植物病害中发生程度最高、最常见的一种，可分为低等真菌性病害和高等真菌性病害，如水稻纹枯病、稻瘟病、稻曲病、棉花立枯病、炭疽病、油菜菌核病、小麦锈病、白粉病等，其主要症状就是真菌性病害的植株上一般都能产生白粉层、黑粉层、霜霉层、锈孢子堆、菌核等。

2. 细菌性病害

细菌性病害是植物病害中最少见的一种，但有许多细菌性病害对生产影响却很严重，造成大量减产或毁田。如十字花科软腐病、茄科青枯病、水稻白叶枯病等。其主要症状就是细菌通过植株的气孔、伤口等处侵入，发病后的植株一般表现为坏死、腐烂或萎蔫。

3. 病毒性病害

病毒性病害又称花叶病，发生程度仅次于真菌性病害，如十字花科、番茄、瓜类等的病毒病。主要症状就是植株发病后表现变色、坏死、畸形。

4. 生理性病害

由于农田环境污染、气候异常、田间管理措施不当等因素导致农作物不能正常生长而引起的病害，统称生理性病害，属于非侵染性的，病害之间不能相互传染。番茄田灼伤、各种作物缺素症、药害、有害气体造成的危害；由于水肥管理不当，造成农作物上旱、缺素症；温度过高过低造成低温、高温病害；光线过强造成灼伤等。

5. 黄梅地区主要农作物病害

（1）水稻。纹枯病、稻曲病、恶苗病。

（2）小麦。赤霉病、纹枯病、白粉病、锈病。

（3）油菜。菌核病、霜霉病、病毒病。

（4）棉花。苗病（立枯病、猝倒病、炭疽病）、枯黄萎病、铃病、红叶茎枯病。

（5）马铃薯。晚疫病、早疫病、病毒病。

（6）柑橘。炭疽病、疮痂病。

（二）害虫主要种类

农作物害虫的主要种类有地下害虫、咀嚼式口器害虫、刺吸式口器害虫、钻蛀性害虫4种。

1. 地下害虫

此类害虫多为咀嚼式口器，危害场所在地下，统称地下害虫，如蝼蛄、金龟子、象甲、小地老虎等，危害后形成断苗、断垄。

2. 咀嚼式口器害虫

主要种类为棉铃虫、斜纹夜蛾、菜青虫。主要以幼虫取食植物叶片造成危害。3龄前食量小、群居，3龄后分散，食量大增，进入暴食阶段，发生严重时可把茎秆都吃光。

3. 刺吸式口器害虫

主要种类为蚜虫、红蜘蛛、蓟马、飞虱。害虫利用刺吸式口器伸入叶片内部取食汁液，造成叶片上斑斑点点，影响作物光合作用，造成减产，同时这类害虫还能传播病毒。

4. 钻蛀性害虫

主要种类为玉米螟、食心虫。幼虫钻蛀茎秆、果肉的内部，造成植株早枯、瘦秕、风析、果实多孔无法食用。

5. 黄梅地区农作物主要害虫

（1）水稻。二化螟、稻纵卷叶螟、稻飞虱、稻蓟马、稻蝗。

（2）小麦。麦蚜、黏虫、麦园蜘蛛。

（3）玉米。玉米螟、蚜虫。

（4）油菜。蚜虫。

（5）棉花。棉蚜、棉红蜘蛛、棉铃虫、盲蝽象、斜纹夜蛾、烟粉虱。

（6）柑橘。红黄蜘蛛、潜叶蛾、花蕾蛆、锈壁虱、烟粉虱、矢尖蚧。

二、农药安全使用技术

1. 农药的含义与分类

农药主要是指用于防治危害农作物生产的有害生物（害虫、害螨、线虫、病原菌、杂草及鼠类）和调节植物生长的化学药品。

根据原料来源可分为无机农药（波尔多液、石流合剂、磷化铝）；植物性农药（除虫菊、鱼藤）；微生物农药（BT 乳剂、农抗 120）；有机合成农药（杀虫双、吡虫啉、多菌灵）。

根据防治对象可分为杀虫剂、杀菌剂、除草剂、杀螨剂、杀鼠剂、杀线虫剂、植物调节剂。

根据农药的作用方式可分为杀虫杀螨剂、触杀剂、胃毒剂、内吸剂、熏蒸剂、拒食剂、引诱剂、不育剂。

杀菌剂可分为保护剂、治疗剂。

除草剂可分为选择性除草剂和灭生性除草剂。

2. 农药名称

农药名称指的是农药活性成分及农药商品的称谓，包括化学名称、代号、通用名称、商品名称。

化学名称是按有效成分的化学结构，根据化学命名原则，定出化合物的名称。

通用名称是标准化机构规定的农药活性成分的名称。

商品名称是市场上以识别或称呼某一农药产品的名称。已于 2008 年 7 月 1 日起禁用。

3. 农药剂型

可分为粉剂、可湿性粉剂、乳油、水剂、颗粒剂、烟剂、胶悬剂。

4. 农药的毒性、毒力及药效

毒性是指对人、畜的危害程度。

毒力是农药对病虫、草等有害生物杀死效力的大小。

药效是农药的防治效果。

5. 农药"三证"

农药"三证"是指农药生产许可证、农药标准证和农药登记证。"三证"齐全的农药为合格农药。

6. 农药真伪的识别

农药的真假主要看包装与标识，看"三证"是否齐全，看外观及物理性能。

（1）假农药。第一是以非农药冒充或以此种农药冒充其他种农药；二是所含有效成分的种类、名称与产品标签或者说明书上注明不符。

（2）劣质农药。一是不符合农药产品质量；二是失去使用价值；三是混有导致药害的有害成分。

7. 农药安全间隔期

最后一次施药至收获农作物前的时期（天数）即自喷药到残留降至允许残留量所需的时间。一般情况下，杀虫剂为5~10d；杀菌剂为5~15d；杀螨剂为7~15d。

8. 农作物药害的处理方法

农作物药害有很多种，药害的处理要根据药物特点及药害程度进行。

（1）喷水洗药。若是叶片和植株喷洒药液引起的药害，且发现早、药液未安全渗透或吸收到植株体内时，可迅速用大量清水喷洒受害植株，反复喷洒3~4次洗药。

（2）灌水排毒。对一些撒毒土和一些除草剂引起的药害，可适当灌排水或串灌水洗药除毒，这样可减轻药害程度。

（3）追肥中耕施肥促苗。如叶面已产生药斑、叶绿焦枯或植物焦化等症状的药害，可追肥中耕，每亩施尿素5~6kg，促进植株恢复生长，减轻药害程度。

（4）激素缓解。对于抑制和干扰作物生长的调节剂、除草剂，在发生药害后，可喷洒"九二〇"。激素类植物生长调节剂，缓解药害程度。

（5）耕翻补种。药害严重，植株大都枯死，待药性降解后，犁翻土地重新再种。

第二节　水稻田主要虫害

一、二化螟

（一）发生特点

二化螟属鳞翅目螟蛾科，具有 4 种虫态即成虫、卵、幼虫、蛹，生育期为 56d 左右，以幼虫危害。1 年发生三代，一代为害早稻，二代为害中稻，三代为害晚稻。一代发生盛期在 5 月中下旬，二代发生盛期在 7 月上中旬，三代发生盛期在 9 月上旬。

二化螟的食性广、抗寒力强。本地稻桩越冬。成虫有趋光趋嫩绿性。幼虫有转株和逃散的习性，蚁螟有群集性，幼虫分五龄，三龄以前集群为害（叶鞘），三龄以后转株为害。

（二）为害状

二化螟蚁螟孵化后，先在叶鞘内侧群集为害，造成枯鞘，三龄以后分散转株为害。分蘖期造成枯心苗，孕穗期形成枯孕穗或虫伤株；抽穗期形成虫伤株或白穗。

二、稻飞虱

（一）发生特点

稻飞虱属同翅目稻虱科，主要有褐飞虱和白背飞虱，具有 3 种虫态，即成虫（长翅和短翅）、若虫、卵，生育期为 30d 左右，3 种虫态都可为害水稻。1 年发生五代，三代为害早稻，四代为害中稻，五代为害晚稻。属迁飞性害虫，外地越冬。

稻飞虱发生具有"七性"，即迁飞性、趋光性、趋嫩绿性、群集性、隐蔽性、暴发性、毁灭性。盛夏不热，晚秋不凉，有利于其发生。

（二）为害状

主要为害在水稻茎秆拔节期至乳熟末期，成虫和若虫群集在稻株下部，用刺吸式口器刺进稻株组织，吸食汁液。孕穗期受害，使叶片发黄生长低矮，甚至不能抽穗。乳熟期受害，稻谷千粒重减轻，瘪谷增加，严重时引起稻株下部变黑，齐泥瘫倒，叶片青枯，并加重纹枯病发生。为害严重时，稻株基部变褐，渐渐全株枯萎，形成"穿顶倒伏"。褐飞虱还能传播某些病毒病。

三、稻纵卷叶螟

（一）发生特点

稻纵卷叶螟属鳞翅目螟蛾科，具有4种虫态即成虫、卵、幼虫、蛹，生育期为30d左右，以幼虫危害水稻叶片，1年可发生四代，二代为害中稻和迟熟早稻，三代为害中稻，四代为害晚稻。属迁飞性害虫，外地越冬。成虫在趋光、趋嫩性和群集性，喜中温高湿天气。幼虫行动活泼，有转叶危害习性。

（二）为害状

在水稻分蘖期至抽穗期都能遭受稻纵卷叶螟为害，以幼虫啃食稻叶片叶肉（仅留下表皮）。低龄幼虫常在新长出的嫩叶尖（上部）结成小虫苞或称束叶小苞，苞中90%以上有幼虫。幼虫食叶留下表皮，远见白色。因此，当大发生时，为害后可见白叶满田。一头幼虫一生可食叶5~10片，幼虫分五龄，三龄前幼虫食叶量仅为10%，三龄后幼虫食叶量为90%。

第三节 水稻田主要病害

一、纹枯病

（一）流行规律

水稻纹枯病属真菌性病害，在早稻、中稻、晚稻均可发病。病菌主要以菌核在土壤里越冬，漂浮于水面的菌核萌发可成菌丝，侵入叶鞘可成病斑，从病斑上再长出菌丝向附近和上部蔓延，再侵入形成新病斑，落入水中的菌核可借水流传播。水稻栽插后从分蘖盛期开始发病，拔节期病情发展加快，孕穗期前后是发病高峰，乳熟期病情下降。该病喜高温高湿，夏秋气温偏高，雨水偏多，有利于病害发生发展，水稻栽插密度过大、稻田施用氮肥过多、连续灌深水、没有及时晒田、连年重茬种植都对病害发生十分有利。

（二）为害状

水稻纹枯病一般在分蘖盛期开始发生，主要为害水稻叶鞘，叶片次之，先在靠近水面的叶鞘上出现灰绿色水渍状小斑，逐渐扩大，长达数厘米。病斑可相互连接成不规则的云纹状大斑，似开水烫伤状，可导致叶鞘干枯，上部叶片也随之发黄枯死，病斑可向病株上部叶鞘、叶片发展，拔节期病情发展加快，严重时可直达剑叶、稻穗和谷粒。湿度大时可见菌丝，菌丝结团成暗褐色的菌核。

二、稻曲病

（一）流行规律

水稻稻曲病是水稻穗期的重要病害，随着优质稻推广，氮肥施用量增大，其发生呈加重趋势，稻曲病发生后，不仅影响水稻产量，降低结实率和千粒重，而且病原菌附着在稻米上污染谷粒，严重影响品质，病原菌以厚垣孢子成菌核在土壤中或病粒上越冬，次年夏秋之间，产生分生孢子与子囊孢子借气流转播，侵害花器和幼颖。水稻抽穗前后，遇适温、多雨天气会诱发并加重病害发生，偏施氮肥、水稻生长嫩绿、长期深灌也会加重发病。水稻品种间抗病性差异较大，杂交稻发病重于常规稻，两系杂交组合重于三系杂交组合，中稻、晚稻重于早稻。

（二）为害状

病菌主要在水稻抽穗扬花期侵入，灌浆后显症，为害穗部谷粒。初见颖壳合缝处露出淡黄绿色块状物，逐渐膨大，最后包裹全颖壳。病谷比健谷大 3~4 倍，呈墨绿色，表面平滑，后开裂，散出墨绿色粉末。

第四节　水稻田主要杂草

一、主要杂草类型

水稻是我国第一大粮食作物，水稻田杂草的种类很多，各地杂草发生种类不同，全国稻区约有杂草 200 余种，其中常见的发生普遍、危害严重的主要杂草约有 40 种。

（一）禾本科杂草

1. 稗

（1）形态特征。稗为一年生草本植物。叶鞘光滑；无叶舌、无叶耳；叶片条形，中脉灰白色，无毛。圆锥形总状花序；第一外稃具 5~7 脉，先端常有 0.5~3cm 长的芒。

无芒稗为稗草的变种，花序直立，外稃无芒，幼苗基部扁平，叶鞘半抱茎，紫红色。

稻稗与稗不同的是第一片真叶平展生长，有21条直出平行脉，其中5条较粗，16条较细。

（2）生物学特性。种子繁殖。种子萌发从10℃开始，最适温度为20~30℃；适宜的土层深度为1~5cm，尤以1~2cm出苗率最高，埋入土壤深层未发芽的种子可存活10年以上；对土壤含水量要求不严，特别能耐高温。

2. 千金子

（1）形态特征。幼苗第一片真叶长椭圆形，先端急尖，具7条直出平行叶脉。叶鞘甚短，边缘膜质。叶舌环状、膜质，顶端齿裂。全株光滑无毛。成株秆丛生，上部直立，基部膝曲。叶片条状披针形。叶鞘无毛，大多短于节间。圆锥花序，分枝细长，多数。种子种皮肉色至土黄色。

（2）生物学特性。夏季一年生湿生杂草。种子繁殖。一般1株可结种子上万粒。边成熟边脱落，借风力或自落向外传播。种子落地后，即进入越冬休眠。千金子最适发芽土层为0~1cm，最适发芽土壤湿度为20%左右。稻田积水或有水层条件下不利于千金子萌发。

3. 双穗雀稗

（1）形态特征。多年生草本植物，匍匐茎。幼苗第一片真叶带状披针形，先端锐尖，具12条直出平行叶脉。叶鞘一边有长毛，另一边无毛。成株茎匍匐，略可直立，可在地上或在地下生长。茎分枝，节上都可产生芽，并发育成新株。基部节上生不定根。叶带状至带状披针形，叶舌膜质，叶鞘有长柔毛。总状花序。颖果，椭圆形。种子种皮淡棕色。

（2）生物学特性。夏季多年生杂草。匍匐茎和种子繁殖。上海地区于3月下旬至4月上旬，由地下或地上匍匐茎的节上发生新芽，生出新苗。4—8月，地上、地下的匍匐茎在节上长出分枝。旱田、水田里都能繁殖，生长迅速。6月下旬至10月开花，少部分能结实，但大多数种子不饱满。

4. 假稻属

假稻属在中国形成杂草危害的有1种和2个变种，即六蕊假稻（李氏禾）、假稻和秕壳草。

（1）形态特征。六蕊假稻，又名李氏禾、稻李氏禾。多年生草本植物，具地下横走根茎和匍匐茎。秆基部倾斜或伏地。叶片披针形。花序圆锥状，分枝上不再具小枝。花序主轴较细弱，小穗两侧有微刺毛。假稻最主要区别为花序圆锥状，分枝上不再具小枝，花序主轴较粗壮，小穗两侧平滑。秕壳草（又名秘谷草）最主要区别为花序圆锥状，分枝细，粗糙，分枝上1/3~1/2以上生小枝和小穗，小穗两侧有刺毛，脉上刺毛较长。

（2）生物学特性。以根茎和种子繁殖。种子和根茎发芽，气温需要稳定至12℃。在黑龙江，5月上旬出苗，6月上旬分蘖，6月中下旬拔节，7月下旬至8月上旬抽穗、开花，8月下旬至9月上旬颖果成熟。稻李氏禾繁殖力较强，每株可生8~14个蘖，每穗可结150~250粒种子。在水稻直播田与水稻种子同时发芽出土，进入4叶期后株高迅速超过水稻，直播水稻比移栽水稻受害更重。

5. 杂草稻

杂草稻是禾本科稻属植物，既具有栽培稻的某些特性，又具有野生特性，能在水稻生产体系中自然繁殖和延续后代，与栽培稻竞争光、水分和营养，其危害性如同杂草，故被称为杂草稻。杂草稻的典型特征是植株通常高于栽培稻、早熟、落粒性强、有芒或无芒、种皮红色或白色。

（二）双子叶杂草（阔叶杂草）

随着水稻田化学除草剂的大量使用，特别是酰胺类除草剂的使用，使稻田杂草种群发生了很大改变，阔叶杂草的数量逐年上升。阔叶杂草又称双子叶杂草，胚有两片子叶，草本或木本，叶脉网状，叶片宽，有叶柄。常见的阔叶杂草有如下15种。

1. 泽泻

（1）形态特征。多年生草本植物，高15~100cm。根须状，具短缩根头。叶基生，具长柄，基部鞘状；叶片长圆形至宽卵形，全缘。花葶直立；花序大型圆锥状伞形复出，分枝轮生，通常3~8轮；花两性；萼片3枚，阔卵形，宿存；花瓣3枚，白色，倒卵形，扁平，背部有1~2个沟槽。幼苗1~3叶为条状披针形，无柄，下部具肥厚的短叶鞘，边缘膜质；4~6叶为卵状披针形，羽脉明显，具长柄。

（2）生物学特性。种子和根芽繁殖。在我国北方，种子于5—6月发芽出土，当年只进行营养生长，8—9月从根颈处产生越冬芽。越冬芽翌年5月上旬出苗形成叶丛，6—7月抽出花茎，8月种子渐次成熟落地或漂浮于水面传播，经越冬休眠后萌发。

2. 矮慈姑

（1）形态特征。多年生草本植物。地下横走根茎，先端膨大成球

水稻绿色高产高效技术

状块茎。叶基生，条形或条状披针形，顶端钝，基部渐狭，稍厚，网脉明显。花葶直立。花序圆锥状伞形。瘦果宽倒卵形，扁平，两侧具狭翅，翅缘有不整齐锯齿。

（2）生物学特性。块茎和种子繁殖。在长江中下游地区，越冬块茎于5月上旬发芽出苗；6月中旬至8月下旬在地下部大量形成横走茎，并从8月上旬至9月上旬，横走茎先端陆续膨大成球状块茎，早期块茎当年可以萌发出苗。块茎苗于6月上旬开始抽葶、显蕾，7—8月开花，8—9月种子渐熟渐落。

矮慈姑有极强的无性繁殖力，1株块茎苗1年可繁殖300株以上。但有性繁殖力较弱，在田间雌花受粉率约为6%；在0.5cm以上表土层的种子出苗占总出苗量的58%，3cm以上深度土层不能出苗。

3. 野慈姑

（1）形态特征。地下根状茎横走，先端膨大成球茎。茎极短，生有多数互生叶。叶形通常为三角箭形。总状花序，3~5朵轮生轴上，单性，下部为雌花，具短柄，上部为雄花，具细长花梗。聚合果圆头状，直径约1cm。瘦果斜倒卵形，长3~5mm，扁平。子叶出土，针状。初生叶1片，互生，线状披针形。

（2）生物学特性。多年生水生草本植物。苗期4—6月，花期夏秋季，果期秋季。块茎或种子繁殖。分布于全国南北各省稻区。

4. 鸭舌草

（1）形态特征。一年生草本植物。全体光滑无毛。茎直立或斜上。基生叶具长柄，茎生叶具短柄，基部成鞘；叶形及大小多变，通常为卵形或卵状披针形。花序总状腋生。蒴果长圆形。幼苗初生叶片呈披针形，先端渐尖，全缘；露出水面后，叶逐渐变成卵形。

（2）生物学特性。种子繁殖。种子发芽温度为20~40℃，最适温度为30℃左右；适宜土层深度为0~1cm。在长江流域，5月出苗，5—6月形成高峰，而后蔓延成群；8月开花；9月蒴果渐次成熟、开裂，种子落地入土，经越冬休眠后萌发。

5. 雨久花

雨久花与鸭舌草近似。雨久花株高20~40cm；叶片卵状心形，较大；花序顶生，花多数，花梗较长。集中分布于东北及河北、山西、陕西、河南、江苏、安徽等地。

6. 耳叶水苋

（1）形态特征。一年生湿生草本植物。种子繁殖。茎有四棱，常多分枝。叶对生，无柄，狭披针形，叶基戟状耳形。腋生聚伞花序，花瓣四片，淡紫色。蒴果球形，种子极小，呈三角形。幼苗胚轴淡红色，子叶梨形，先端圆形，有一条明显中脉，具柄。初生叶2片，对生，卵状椭圆形。幼苗全株光滑无毛。

（2）生物学特性。由于近年来免（少）耕水稻栽培技术发展迅速，加之单一磺酰脲类除草剂的长期使用，使耳叶水苋在稻田的危害逐年加重，在上海稻区已经上升为继稗草和千金子之后的第三大优势杂草。在上海稻区，水稻于6月中旬播种后耳叶水苋即开始萌发，至7月中旬达到高峰期，密度高达2 352株/m²。

7. 眼子菜

（1）形态特征。多年生草本植物。具地下横走根茎。茎细长。浮水叶互生，而花序下的叶对生，叶柄较大，叶片宽披针形至卵状椭圆形，有光泽，全缘，叶脉弧形；沉水叶亦互生，叶片披针形或条状披针形，叶柄较短；托叶膜质，早落。花序穗状圆柱形，生于浮水叶的叶腋；花黄绿色。小坚果宽卵形，背面具3脊，基部有2突起。幼苗下胚轴较发达；初生叶1片，呈条状披针形，先端急尖，全缘，托叶成鞘。

（2）生物学特性。根茎和种子繁殖。根茎发芽的最低温度为15℃左右，最适20~25℃。种子发芽的最低温度为20℃，土层、水层宜浅不宜深。生长适温与发芽同，达30℃受抑，40℃致死。在中国北方，根茎5月发芽，4~5叶始长根茎，同时叶片由红转绿，6月速长，7—8月抽穗开花，8—9月种子成熟，同时在根茎顶端产生向一边弯曲的鸡爪状越冬芽。种子熟后可随水流传播，经越冬休眠后于翌年5—6月萌发出苗。

8. 陌上菜

（1）形态特征。一年生草本植物。全体光滑无毛。茎自基部分枝，直立或斜上。叶对生，无柄；叶片椭圆形至长圆形，全缘，叶面稍有光泽。花单生于叶腋，花梗细长。蒴果卵圆形，与萼等长或略过之。种子长圆形，淡黄色。幼苗子叶狭椭圆形；初生叶2片，椭圆形。

（2）生物学特性。种子繁殖。在中国北方，5—8月陆续出苗，7—10月开花结果，自8月开始蒴果渐次成熟、裂开，种子脱落。

9. 节节菜

（1）形态特征。一年生草本植物。茎披散或近直立，有或无分枝，略显四棱形，无毛，有时下部伏地生根。叶对生，近无柄；叶片

水稻绿色高产高效技术

倒卵形或椭圆形，全缘，背脉突出，无毛。花序通常排列成长 6～12mm 的穗状，腋生，较少单生。蒴果椭圆形；种子狭长卵形或呈棒状。幼苗子叶匙状椭圆形，初生叶 2 片，匙状长椭圆形。

（2）生物学特性。匍匐茎和种子繁殖。种子越冬后，春季萌发出苗，8—10 月开花结果。果实边熟边裂。

10. 圆叶节节菜

圆叶节节菜与节节菜相似。其主要区别在于圆叶节节菜的水上叶片近圆形，沉水叶片为条形，花序穗状 1～5 个顶生。分布于长江以南地区。

11. 空心莲子草

（1）形态特征。多年生草本植物。茎基部匍匐，上部上升，或全株偃卧，着地或水面生根，有分枝，中空。叶对生，具短柄；叶片长椭圆形或倒卵状披针形，先端圆钝，有尖头，基部渐狭，全缘，有睫毛。花序头状。胞果；种子卵圆形，黑褐色。幼苗上、下胚轴发达；子叶椭圆形；初生叶 2 片，椭圆状披针形，全缘。

（2）生物学特性。有的地区不结籽，主要靠茎芽繁殖。早春发芽生长，5—7 月现蕾开花，7—9 月结果。

12. 丁香蓼

（1）形态特征。幼苗子叶 1 对，阔卵形。初生叶对生，近菱形，叶尖钝尖，叶基楔形，全缘。第一对后生叶出现羽状叶脉。成株茎直立，下部叶对生，上部叶互生。叶片披针形。秋后茎叶呈紫红色。花小，单生于叶腋，无柄。蒴果长柱状，具 4 棱。种子多而细，纺锤形至长圆形，褐色。

（2）生物学特性。夏季一年生水田杂草。种子繁殖。1 株可结籽数万粒。上海地区 5 月中下旬出苗，6—7 月大量发生，7—8 月迅速生长，9—10 月开花结果，11 月受霜冻后死亡。

13. 鳢肠

（1）形态特征。幼苗子叶 1 对，阔卵形。初生叶对生，卵形。后生叶和初生叶相似。第三对真叶开始叶背有白绒毛。成株茎直立，多分枝。单叶对生，阔披针形至长菱形。头状花序。瘦果（种子）三角形，黑色。

（2）生物学特性。夏季一年生湿生杂草。种子繁殖。1 株可结籽数千粒至上万粒。种子发芽温度以 15～20℃ 最为适宜，发芽土层深度为 0～3cm，有光照才能萌发。上海地区 5 月初开始出苗，5—6 月达发生高峰，8—10 月开花结果。成熟后自然落地。11 月枯死。

14. 四叶萍

（1）形态特征。成株根状茎细长，横走，分枝顶端有淡棕色毛。根茎上有节，节上生不定根和叶。叶片成十字形排列，似田字形。叶脉网状，表面有较厚蜡质层。叶柄基部生出有柄的孢子果，2~3 个丛生，黄绿色，长椭圆形。果囊内分别产生大小孢子，多数。

（2）生物学特性。夏季多年生水生杂草。根茎和孢子繁殖。上海地区 3 月下旬至 4 月上旬从根茎发生新芽新叶，5—9 月大量进行无性繁殖。9—10 月从茎上生出若干孢子囊，孢子囊成熟后释放大量孢子。冬天地上部分枯死。

15. 水竹叶

（1）形态特征。一年生草本植物，全株无毛，分枝，匍匐生根，枝梢上升，茎和叶都较柔软。叶互生无柄，狭披针形。花为 1~3 朵而有时常为 1 朵的小聚散花序，腋生和顶生；花瓣蓝紫色或粉红色，倒卵形。蒴果膜质卵形至卵圆形，两端急尖，短粗，3 室，各具 2 个种子，种子黑褐色，表面有沟纹。

（2）生物学特性。在浙江省金华稻区，水竹叶在 2 月底至 3 月上旬开始出苗，3 月中旬齐苗。4 月中旬开始分枝，5 月中下旬进入分枝盛发期，在第一级分枝上可产生第二级分枝。9 月中旬始花，下旬盛花。10 月中旬种子陆续成熟，10 月下旬部分成熟的蒴果自然开裂，种子落入田间，进入越冬期。11 月下旬植株大多枯死。

（三）莎草科杂草

莎草科杂草是危害水稻作物较重的一类杂草。胚有一个子叶（种子叶），通常叶片窄、长、叶脉平行，无叶柄，叶鞘包卷，无叶舌，茎三棱，通常空心、无节。主要发生在水稻田。种类多，数量多，农业和化学药剂难以防除。

1. 异型莎草

（1）形态特征。一年生草本植物。秆丛生，扁三棱形。叶基生，条形，短于秆。叶鞘稍长，淡褐色，有时带紫色。花序长侧枝聚伞形简单，少有复出；小穗多数，集成球形，有 3 棱，淡黄色，与鳞片近等长。幼苗淡绿色至黄绿色，基部略带紫色，全体光滑无毛。

（2）生物学特性。种子繁殖。种子发芽适宜的温度为 30~40℃，适宜的土层深度为 2~3cm。北方地区，在 5—6 月出苗，8—9 月种子成熟落地或随风力和水流向外传播，经越冬休眠后萌发；长江中下游地区，5月上旬出苗，6月下旬开花结实，种子成熟后经2~3个月的休眠期即又萌发，1年可发生两代；热带地区，周年均可生长、繁殖。

异型莎草的种子繁殖量大，1株可结籽5.9万粒，可发芽60%。因而在集中发生的田块，数量可高达480~1 200株/m²。又因其种子小而轻，故可随风散落，随水流移动。

2. 水莎草

（1）形态特征。幼苗第一片真叶线状披针形，具5条平行叶脉，叶鞘膜质，透明。第二片真叶有7条平行叶脉。成株根状茎细长，白色，横走，其顶端数节膨大呈藕状，像藕节，可3~4节连在一起，末端1节有顶芽，能产生幼苗。秆扁三棱形，散生，直立，较粗壮。叶线状，叶表蜡质层具光泽。长侧枝聚伞花序。小坚果（种子）倒圆形，褐紫色。

（2）生物学特性。夏季多年生水田杂草。以块茎（藕状茎）繁殖为主。块茎休眠不明显。发芽温度为4~45℃，以20~30℃为最适。地下块茎能在0~15cm土层内出苗，并通过地下走茎向四周增生蔓延，至8—9月形成一个稠密交错的地下走茎网。一藕状茎可增生几十株至上百株成苗。9月上旬至10月上中旬开花结果。同时，走茎膨大形成繁殖力极强的块茎——藕状茎。

3. 萤蔺

（1）形态特征。幼苗第一片真叶针状。成株具短缩的根状茎。秆丛生，圆柱状，实心，坚挺，光滑无毛。具2~7个小穗聚成头状，假侧生，卵形或长圆卵形，淡棕色。小坚果（种子）宽倒卵形，黑褐色。

（2）生物学特性。夏季多年生水田杂草。根茎和种子繁殖。上海地区4月上旬开始从地下根茎处抽芽生长。种子5月上中旬发芽出苗，6—7月为发生高峰，8—10月开花结果，边成熟边脱落。

4. 野荸荠

（1）形态特征。多年生杂草。秆丛生，圆柱状，有横隔，灰绿色，光滑无毛，具纵条纹；基部根状茎上生匍匐枝，枝端生球茎，似食用之荸荠，亦可成新株。

（2）生物学特性。小穗直立，圆柱状。小坚果宽倒卵形，双凸状（如发育不良可为平凸状），顶端收狭成颈，并呈明显的领环状，成熟时棕色，有光泽。显微镜下，可见表面具六角形网纹，网眼下陷。成果常在上部或顶部，因而，上部或顶部之鳞片冲开。

5. 扁秆蔗草

（1）形态特征。多年生杂草，具地下横走根茎。根茎顶端膨大成块茎。秆直立而较细，三棱形，平滑。叶基生和秆生，条形，与秆近等长，基部具长叶鞘。花序聚伞形短缩成头状，假侧生，有时具少数短辐射枝。小坚果倒卵形，扁而稍凹或稍凸，灰白色至褐色。幼苗第一叶呈锥形，叶鞘具有膜质缘。

（2）生物学特性。块茎和种子繁殖。块茎发芽最低温度为 10℃，最适 20~25℃；土层深度 0~20cm，最适 5~8cm。种子发芽最低温度 16℃，最适温度 25℃左右；出土深度 0~5cm，最适 1~3cm。块茎和种子无休眠期或无明显休眠期。扁秆蔗草适应性强。块茎和种子冬季在稻田土壤中经 -36℃ 的低温，翌年仍有生命力；块茎夏季在于燥条件下，暴晒 45d 后再置于保持浅水的土壤中，仍可恢复生机。而且，只要有 3mm 大的小块茎遗留下来，就能发芽出苗。

6. 日照飘拂草

（1）形态特征。一年生草本植物。秆丛生，直立或斜上，扁四棱形。叶片狭条形，边缘粗糙；叶鞘侧扁，背部呈龙骨状；花序长侧枝聚伞形复出或多次复出，具辐射枝。小坚果倒卵形，有 3 钝棱，具疣状突起和横长圆形网纹。幼苗第一叶条状。

（2）生物学特性。种子繁殖。春季出苗，并常形成密集株丛；夏季开花；秋季结果。种子微小，极多，边熟边落。

7. 碎米莎草

（1）形态特征。一年生草本植物。秆丛生，直立，扁三棱形，叶基生，短于秆；叶鞘红褐色。花序长侧枝聚伞形复出。小坚果三棱状倒卵形，黑褐色，约与鳞片近等长。幼苗第一叶条状披针形，横断面呈 "U" 形。

（2）生物学特性。种子繁殖。5—8 月陆续都有小苗出土，6—10 份抽穗、开花、结果。成熟后全株枯死。

二、杂草发生规律

（一）水稻旱育秧田杂草发生规律

旱育秧田属于旱作环境，由于土壤湿度较大，导致旱生杂草和湿生杂草并存。

在湖北，水稻旱育秧田杂草出苗高峰出现在播种后 7~10d，主要杂草有稗草、马唐、牛筋草、狗尾草、异型莎草、碎米莎草、空心莲子草、酢浆草、野苋菜和繁缕等。

（二）水稻湿润育秧田的杂草发生规律

水稻湿润育秧田的主要杂草有稗草、异型莎草、牛毛毡、节节菜、陌上菜和矮慈姑等。

稗草出苗最早，在秧苗立针期同时发芽出苗，出苗高峰在秧苗1叶至1叶1心期。异型莎草、节节菜出苗高峰在秧苗1~2叶期。陌上菜、矮慈姑和牛毛毡出苗最迟，出苗高峰通常比节节菜迟4~5d，一般在秧苗3叶期。

主要杂草消长规律。随着秧苗的不断生长和秧苗素质的不断提高，杂草受到秧苗的自然抑制，各种杂草总量在出苗高峰后出现自然消亡。稗草在秧苗3叶期达到田间自然总量高峰，以后株数平稳下降，到起秧苗时自然抑制率为44%。节节菜田间自然总量高峰在秧苗2叶期，以后株数速降，自然抑制率达50%。异型莎草的田间自然总量高峰也在秧苗3叶期，但自然下降速度较前稗草和节节菜慢，自然抑制率为27%。陌上菜的田间自然总量高峰在秧苗2~3叶期，株数下降率大于异型莎草，自然抑制率最高达到58%。杂草总量高峰出现在秧苗1~2叶期，在秧苗2叶期后发生自然消亡。所以，在制定防控策略时，应着重考虑防除秧苗2叶期前发生的杂草。

（三）直播稻田杂草发生规律

1. 翻耕水（湿润）直播稻田杂草发生规律

根据上海嘉定对水（湿润）直播稻田杂草消长规律的观察，在水稻播后5~7d，出现第一个出草高峰，以稗草、千金子和鳢肠为主；播后15~20d，出现第二个出草高峰，以异型莎草、陌上菜和节节菜为主；部分田块在播后20~30d，出现第三个出草高峰，主要有萤蔺、水莎草和眼子菜等多年生莎草科杂草和阔叶类杂草。

在浙江嘉兴早稻翻耕湿润直播田，播后3~4d杂草开始出苗，播后7~21d出现第一个出苗高峰，主要有稗草、千金子、丁香蓼、节节菜、陌上菜和通泉草等。有些年份除第一个出草高峰以外，还会在播后35~50d出现第二个出草高峰，主要有节节菜、陌上菜、异型莎草和水芹等。

综合浙江嘉兴、金华、温州地区早稻田杂草出苗动态，第一个杂草出苗高峰在播后10~20d，主要杂草有稗草、千金子、丁香蓼和鳢肠等。第二个出草高峰在播种后35~50d，主要杂草有异型莎草、鸭舌草、矮慈姑、节节菜和陌上菜等。局部还有水竹叶、李氏禾和双穗雀稗等。

在安徽沿江稻区，水（湿润）直播稻田主要杂草种群有千金子、稗草、异型莎草、扁秆藨草、野荸荠、鸭舌草、节节菜和鳢肠等。局部有双穗雀稗和空心莲子草等。在安徽潜山稻区，直播稻田主要杂草有稗草、千金子、异型莎草、日照飘拂草、水竹叶、鸭舌草、矮慈姑和节节菜等。

在广东翻耕湿润直播稻田，主要杂草有稗草、千金子、异型莎草、日照飘拂草、萤蔺、鸭舌草、矮慈姑、眼子菜、圆叶节节菜、尖瓣花、碎米莎草、草龙、水龙、泥花草、空心莲子草、鳢肠和鸭跖草。在雷州直播稻田还有杂草稻严重危害。

在新疆水直播稻田，杂草的出苗有 3 个高峰期，第一个高峰期出现在灌水后播种前，即 4 月 30 日前，以稗草为主，出苗总数占全生育期稗草出苗总数的 26.1%；第二个出苗高峰期出现在水稻播种后，稗草和扁秆藨草往往与水稻同时萌发出苗，即在 5 月上旬，以稗草出苗为主，出苗总数占全生育期稗草出苗总数的 71.8%；第三个出苗高峰期在水稻分蘖末期，以扁秆藨草为主，同时伴生有泽泻、香蒲等。

在新疆旱直播稻田，杂草的出苗有 2 个高峰期，与水直播的第二和第三个出苗高峰期相同，即第一个出苗高峰期出现在水稻播种后，在 5 月上旬，以稗草出苗为主，出苗总数占全生育期稗草出苗总数的 71.8%；第二个出苗高峰期在水稻分蘖末期，以扁秆藨草为主，同时伴生有泽泻、香蒲等。

2. 免耕旱（湿润）直播稻田杂草发生规律

在上海嘉定免耕湿润直播稻田第一个出草高峰出现在水稻灌"跑马水"至播种前，以稗草为主；上水播种以后开始继续出草，播后 7~10d 出现第二个出草高峰，以稗草、千金子为主；播后 14~30d 为第三个出草高峰，以异型莎草、碎米莎草、鸭舌草和陌上菜等一年生莎草科杂草和阔叶类杂草为主。

在江苏免耕旱直播稻田整个生长期内杂草的发生有 3 个高峰期。第一个出草高峰期出现在水稻播后 3~4d，主要是千金子、稗草和节节菜，局部有杂草稻；第二个出草高峰期出现在播后 12~15d，主要是稗草、千金子和眼子菜等，局部有蔺草、牛筋草等；第三个出草高峰期出现在播后 25~35d，主要是鸭舌草和莎草科杂草等。

在江苏沿江稻区，免耕旱（湿润）直播稻田若为冬、春休闲类型的，主要杂草有稗草、千金子、杂草稻、异型莎草、碎米莎草、萤蔺、野荸荠、鸭舌草、矮慈姑、鳢肠、耳叶水苋、陌上菜、马唐、狗尾草、日本看麦娘和硬草等。若前茬为油菜和小麦类型的，主要杂草有稗草、千金子、杂草稻、马唐、异型莎草、碎米莎草、萤蔺、野荸荠、鸭舌草、矮慈姑、鳢肠、耳叶水苋和陌上菜等，局部还有牛筋草和蔺草等。

在江苏淮安稻区，免耕直播稻除了千金子和稗草等一年生禾本科杂草外，多年生莎草科杂草扁秆藨草、野荸荠以及多年生阔叶类杂草矮慈姑、野慈姑等发生密度不断上升，危害呈逐年加重趋势。

在浙江北部稻区，免耕旱（湿润）直播稻田的主要杂草有稗草、千金子、田菁、双穗雀稗、假稻、空心莲子草、狗牙根、节节菜、马唐、扁穗莎草、异型莎草、水莎草、牛筋草、矮慈姑、丁香蓼、野荸荠、日照飘拂草、牛毛毡、鸭舌草、雨久花、碎米莎草、陌上菜、水苋菜、四叶萍和眼子菜等。

第五节　水稻主要病虫害绿色防控技术

为贯彻落实"公共植保、绿色植保"理念，减少化学农药使用，保护生态环境，实行病虫害可持续治理，保障农业增效，农民增收和农产品质量安全。水稻"三虫两病"的防治重点抓以农业防治为基础，积极推广物理防治和生物防治技术，科学开展化学防治的水稻病虫害绿色防控技术，病虫害得到有效控制，达到"优质、高产、低农残、低成本"的"四赢"目标。

一、推广健身栽培技术，开展农业防治

（1）推广抗（耐）病虫的水稻品种。

（2）合理配方施肥。注意氮、磷、钾合理搭配，控制氮肥（特别是后期），增施有机肥料，施足基肥，重施钾肥，巧施追肥。

（3）科学管水。实行浅水勤灌，干湿交替，适时晒田，晒田适度的管理方法。

二、推广生物防治和物理防治技术

通过推广生物防治和物理防治技术，控制化学农药用量，减少环境污染，保护和利用天敌，促进稻田生态平衡。

1. 物理防治

运用频振式杀虫灯和太阳能杀虫灯扑杀害虫，保障农产品质量安全。

2. 生物防治

应用生物高科技产品性诱剂诱杀害虫，确保农田生态的和谐与安全。

三、科学开展化学防治

水稻病虫害防治好坏关键是否能做到"四准一足两防治"，即防治药剂要准，防治时间要准，防治药液量要准，防治部位要准，对水量要足，专业防治（机防队），统防统治。

1. 防治药剂要准

防治药剂选准是基本。就是要虫药对口，杀虫剂杀虫、杀菌剂防病。

（1）二化螟。康宽、福戈、稻腾。

（2）稻纵卷叶螟。凯恩、阿维菌素。

（3）稻飞虱。飞电、神约。

（4）纹枯病。升势、好力克、爱苗。

（5）稻曲病。升势、好力克、爱苗。

2. 防治时间要准

防治适期用药是关键。在病虫害防治适期用药可起到事半功倍的效果。

（1）二化螟防治适期。卵孵盛期或枯梢形成初期。

（2）稻纵卷叶螟防治适期。二龄幼虫高峰期或绿色束叶小苞形成期。

（3）稻飞虱防治适期。低龄若虫高峰期。

（4）纹枯病防治适期。苋病率 30%。

（5）稻曲病防治适期。破口露穗前 7d 或水稻孕穗大肚期。

3. 防治药液量要准

防治药液量对准是科学，每亩对药量多少要讲科学、要合理，对多是浪费，增加成本，对少起不了作用，影响效果。

4. 防治部位要准

防治部位打准是必须的。根据病虫发生危害部位不同，而应采取不同喷雾方法，叶面危害应采取叶面喷雾（如防治稻纵卷叶螟），如在稻株中下部危害的应采取喷头朝植物中下部喷雾（如防治稻飞虱）。

5. 对水量要足

对水量要足是病虫防治效果的保证。每亩农药对水量多少与病虫防治效果成正比，手动喷雾器每亩用水量不低于 2 桶，机动喷雾器每亩用水量不低于1桶。稻飞虱防治时更要加大水量，以保证防治效果。

6. 专业防治和统防统治

机防和统防统治是病虫害大发生甚至暴发时所采取重点措施。在"两迁"害虫大发生甚至暴发时就必须采取机防和统防统治，只有这样，才能在短期内控制其危害，防治效果就能保证。

第六节　稻田杂草综合防治

一、秧田杂草的化学防治技术

（一）直播稻田化除

1. 播前或播后苗前

每亩用26%噁草酮乳油100~120mL，在整田结束后，泥浆还未沉淀的浑水状态下，趁浑水甩施，施药后保持水层3~5d，落干后播种。或在播种后1~3d内，每亩用40%苄嘧·丙草胺可湿性粉剂60g，或30%苄嘧·丙草胺可湿性粉剂80g，对水40~50kg均匀喷雾土壤。

播后施药时，田块要保持湿润，田沟内要有浅水，施药后3d内田坂保持湿润状态，以后恢复正常田间管理；施药后当天或第二天遇高温，造成畦面较干，第二天放"跑马水"。播种谷种必须先催芽，要求根长一粒谷、芽长半粒谷。做到随整地，随播种。

2. 出苗后

在水稻2叶1心期（约播种后15~20d），选用53%苄嘧·苯噻酰可湿性粉剂药剂每亩用60~70g拌细泥或化肥撒施，施药时田间有薄水层，施药后保持浅水层3d以上。

（二）移栽稻田化除

1. 移栽前

夏熟田耕翻平整后，灌足水层（以不露高墩为准），杂草未出苗时，每亩用26%噁草酮乳油100~120mL，趁泥水混浊时甩滴全田，施药后保持水层3~4d后插秧；或每亩用30%苄嘧·丙草胺可湿性粉剂80g，或40%苄嘧·丙草胺可湿性粉剂60g对水30~40kg喷施后1d插秧。

2. 移栽后

在机插后5~7d内，选用53%苄嘧·苯噻酰可湿性粉剂药剂（抛秧星）每亩用60~70g拌细泥或化肥撒施，施药时田间有薄水层，保水 3~5d 后恢复正常管理。

（三）杂草茎叶期补除

1. 以稗草为主的田块

在稗草 2~3 叶期，每亩用 25% 五氟磺草胺油悬浮剂（稻杰）60~80mL，对水喷雾。施药前排干田水，药后 1d 复水并保水 3~5d。25% 五氟磺草胺油悬浮剂对高龄稗草效果好，但对大豆较敏感，施药时避免药液飘移。

2. 以千金子为主的田块

在千金子 2~3 叶期，每亩用 10% 氰氟草酯乳油（千金）50~60mL，对水喷雾。施药前排干田水，药后 1d 复水并保水 3~5d。

3. 兼有千金子、稗草等禾本科杂草的田块

在千金子、稗草 2~3 叶期，每亩用 10% 噁唑酰草胺乳油（韩秋好）100~120mL，或 60g/L 五氟·氰氟草（稻喜）可分散油悬浮剂 100~133mL，对水 30kg 茎叶喷雾。施药前排干田水，药后 1d 复水并保水 3~5d。

4. 以莎草和阔叶杂草为主的田块

在播后 30d 左右，每亩用 10% 吡嘧磺隆可湿性粉剂 20g，对水 30~40kg 喷雾或用毒土。施药时应保证田坂湿润或有薄层水，施药后应保水 5d 以上。若莎草和阔叶草龄较高，每亩选用 48% 苯达松水剂 100mL 加 20% 二甲四氯水剂 100mL 混用，对水 30~40kg 杂草茎叶喷雾。施药前排干田水，药后 1d 复水并保水 3~5d。应严格控制用药量，以防药害发生。

（四）旱播水管稻田化学除草技术

1. 播后土壤封闭技术

旱播水管田的化学除草的好坏关键在于田间土壤情况和施药技术。在封闭除草的过程中一定要进行观察，使用科学的应用技术和优良药剂，才能起到良好的效果，并减轻后期草害的发生数量。

（1）干旱条件。播种后，最好能上水洇沟，泡田浸种后 2d 再施药，每亩用 50% 速杰（苄·丁·异丙隆）可湿性粉剂 120g，或每亩用 42% 野新（噁草酮·丁草胺乳油）130~150mL，对水 50~60kg 喷粗雾。如果不能做到上水泡田，用速杰的药量要增加到 150g/亩，用水量要增加到 80~100kg/亩大机器淋喷，也能起到非常好的封闭效果。

（2）湿润条件或连续阴雨。田间土壤湿润情况下，每亩用 50% 速杰（苄·丁·异丙隆）可湿性粉剂 100g 或 42% 野新（噁草酮·丁草

胺乳油）110mL，常规用水量，均匀地粗喷雾即可。

如果连续阴雨，田间土壤湿度比较大，则不能用噁草酮·丁草胺乳油；可以用50%速杰（苄·丁·异丙隆）可湿性粉剂100g喷雾。

注意事项为：①田间整地要平整，不能出现低洼；沟渠要畅通，便于及时排灌。②施药后田面不要有积水。积水会造成不出苗现象或烧苗现象。注意及时排干地表积水。③施药后2~4d能上阴沟水可以提高防效。④用药后如长期缺水干旱，除草效果会下降，一些湿生、旱生杂草（如马唐、牛筋草、鸭跖草、扁秆藨草等）将会严重发生。就需要进行苗期的茎叶除草。

2. 苗期茎叶处理技术

苗期化学除草的好坏关键在于安全高效的药剂选择、及时合理的用药时间、均匀周到的施药技术。在茎叶除草的过程中一定要进行观察田间草相、大小和天气状况，应用最佳的剂量才能起到最佳的效果。

（1）如果田间以千金子、低龄稗草为主。于杂草2~4叶期，每亩用10%千鑫（氰氟草酯微乳剂）80~120mL，对水20kg细喷雾；或用千鑫+旺除组合（氰氟草酯微乳剂100mL和氰氟·精噁唑乳油10mL）。不宜与防治阔叶杂草的除草剂混用，对大龄稗草效果不太理想。

（2）如果田间以马唐、千金子、低龄稗草为主。在水稻2.5~3.5叶期，用千鑫+旺除（氰氟草酯微乳剂100mL和氰氟·精噁唑乳油10mL）1~1.5个组合；3.5~4.5叶期用1.5~2个组合。如果水稻叶龄较大可以增加一包5mL旺除乳油，水稻6叶期后，可以单用50mL旺除。

（3）如果田间以抗性稗草马唐、千金子为主。可用稻杰+千鑫+旺除（2.5%五氟磺草胺1 000 mL/瓶+10%氰氟草酯微乳剂1 500mL/瓶+10%氰氟·精噁唑乳油150mL/瓶组成，喷施15亩地），本组合专门针对种田大户和家庭农场使用，降低用工和用药成本，适用于各种栽培方式的稻田作苗后茎叶喷雾，防除抗性稗草、马唐、千金子等杂草，在田间大多数杂草1~4叶期使用效果最佳，持效期可达30~60d。在水稻3~4叶期，每组合防治15亩水稻，加水300~450kg均匀喷雾。在水稻4~5叶期，每组合防治10亩水稻，加水300~450kg均匀喷雾。

（4）如果田间以双子叶及莎草科杂草为主。在杂草2~4叶期每亩用48%苯达松300mL（或10%吡嘧磺隆20g），对水30~40kg喷雾。如杂草较大时（秧苗5叶期后），每亩用48%苯达松300mL加56%二甲四氯粉 30~40g 混用。

3. 注意事项

（1）面要平整，沟系要健全。要认真地盖好籽，尽可能地减少露籽，防止用药以后影响出苗。

（2）要及时搞好药后管理。速捷使用后要保持畦面湿润，遇干旱天气，要灌跑马水，以保证除草效果。

（3）茎叶处理除草剂，要排干水用药，禁止重复喷雾；用药后24h上水，保水7d。

（4）用过含二氯喹林酸成分除草剂的稻田，水不能浇灌其他作物，下茬不能种植蔬菜、棉花等旱作物，以防产生药害。二氯喹林酸对水稻易产生葱管状药害，一般不提倡使用。

（5）不得使用机动弥雾机喷施除草剂，否则易产生药害。

（五）如何缓解药害

解除除草剂对作物的抑制可使用促进型的植物生长调节剂，如赤霉素、生长素等，但不能用抑制型的植株生长调节剂，如多效唑、烯效唑等，否则，会加重药害。人工合成的外源激素与作物没有亲和性，用量不好掌握，用量过大会加重药害；植物调节剂中的内源激素与作物有亲和性，使用过量作物吸收后能自身调节，对作物安全。

（1）益微。本田 $450 \sim 600 mL/hm^2$（$30 \sim 40 mL/$亩），对水 7~10L 人工喷雾。

（2）水稻苗床。0.13%康凯 10g+益微 $200 mL/100 m^2$，对水 1~2L 人工喷雾。

（3）水稻本田。0.13%康凯 2~3g+益微 20~30mL/亩对水 7~10L 人工喷雾。

（4）调节剂。0.13%康凯 3~5g/亩对水 7~10L 人工喷雾。

（5）微生物肥。丰业生物肥、圣丹生物肥、天然芸苔素、世绿生物肥等，按说明书使用。

二、稻田杂草的人工防治技术

1. 秧苗期
在化除基础上，可在起秧前手工拔除残存杂草。

2. 大田
在分蘖中后期浅水层中行间耘耥中耕，或手扒松土匀浆一次。

3. 生长后期

人工拔除漏网之草，以免新一代杂草种子侵染田间。

三、稻田杂草的农业防治技术

（1）合理轮作，改麦茬稻为油菜茬稻、瓜后稻、豆后稻，草害可减少 50% 左右。

（2）施用经腐熟后的秸秆肥与厩肥。

（3）清理水源，避免杂草繁殖体再度入侵。

四、稻田杂草的其他防治技术

（1）杂草检疫与种子精选。

（2）稻田杂草的生物防治，如稗草叶枯菌防除稗草，罗得曼尼尾孢防除凤眼莲，象甲虫防除槐叶萍；稻田放鸭、养鱼等。

第五章 水稻周年绿色高产高效栽培模式

第一节 高效种植业模式

一、麦稻周年轻简化栽培技术

小麦是湖北省主要的粮食作物，小麦播种面积和总产量在全省粮食作物中仅次于水稻，居第二位。全省小麦常年播种面积约107 万 hm²，总产量 420 万 t，其中稻茬小麦占全省小麦总面积的 45%左右。湖北省稻茬麦单产水平总体低于旱茬小麦，其中鄂中丘陵和鄂北岗地麦区稻茬麦较旱茬麦低 9.4%，江汉平原麦区低 11.9%，在产量构成三因子中，稻茬麦与旱茬麦产量的差异主要来源于单位面积的有效穗数。通过对湖北省农业科学院粮食作物研究所近年来生产调研的结果分析，湖北省稻茬小麦生产的制约因素主要有以下 4 个方面，①机械化作业水平低、整地播种质量不高；②稻茬小麦渍害重；③小麦病害和草害较重；④后期早衰。

随着小麦种植技术的改进，单产水平不断提高，要想进一步增产，"种"的位置越来越突出，提倡"七分种，三分管"，确保小麦播全苗，苗齐、苗匀、苗壮，是小麦高产最为关键的一步。为了更好地指导湖北省小麦生产，提高湖北省稻茬麦的生产技术水平，实现湖北稻茬小麦优质高产的目标，在多年试验示范的基础上，总结提出了湖北省稻茬麦规范化播种技术。

（一）稻茬麦规范化播种技术主要内容

1. 品种选择

根据湖北省稻茬小麦的生态条件和生产条件，鄂北地区稻茬小麦一般应选择半冬性品种，如鄂麦 170、襄麦 35，适当搭配春性品种如郑麦 9023；鄂中南地区稻茬小麦一般应选择春性品种如襄麦 25。

此外，由于鄂北地区是小麦条锈病的重发区，因此适合该区域种植的品种对小麦条锈病应具有较好的抗性；鄂中南地区赤霉病发生较重，部分年份收获前常发生穗发芽，故适合该区域种植的品种对小麦赤霉病和穗发芽应具有较好的抗（耐）性。

2. 药剂拌种

提倡选用包衣种子。未经包衣的种子，播前可采用药剂拌种方法处理，地下害虫危害严重的地方，每50kg麦种用50%辛硫磷乳油50mL或40%甲基异柳磷乳油50mL加20%三唑酮乳油50mL或2%戊唑醇湿拌剂75g放入喷雾器内，加水3kg搅匀边喷边拌。拌后堆闷3~4h，待麦种晾干即可播种。也可以单独使用粉锈宁拌种，每千克麦种用药量为15%粉锈宁2g，但必须干拌，随拌随用。

3. 秸秆还田

稻茬小麦前作水稻收获时应选择半喂入式收割机或者加装秸秆粉碎装置的全喂入式收割机收割，切割后的稻草抛撒均匀，选择适宜的旋耕机在宜耕期旋耕，旋耕深度在15cm以上，使粉碎后的秸秆能均匀地混于表层土壤中。也可采用2BYM-8型播种机，在前茬水稻留茬30~50cm的情况下，一次性完成旋耕、灭茬、施肥、播种作业。

4. 耕作整地

（1）正常气候条件下采用机械播种方式时，播前用机械旋耕后直接播种或采用能一次性完成旋耕、施肥、播种、镇压等工序的旋耕播种机播种。

（2）采用人工或机械撒播方式时，播前用机械旋耕后人工撒播或机械撒播，播后用开沟机开沟，利用开沟机撒土盖子，再进行一次浅耙或镇压作业。

（3）在播种期前后遇长期连阴雨天气时，由于田间土壤湿度过大，机械无法下地作业，为保证适期播种出苗，可采取免耕露地人工撒播，播后用开沟机开沟，利用开沟机撒土盖子。

（4）造墒与开沟降湿。湖北省稻茬小麦在绝大多数年份不需要造墒播种，极少数年份播种前后长期干旱，小麦无法正常出苗时，一般采用播后浇水，待厢沟里的水沁湿整个厢面时，立即排水。

一般情况下，前茬作物水稻收获前7~10d要及时放水晒田，降低稻茬田湿度，以利于水稻机械收割和收获后的秸秆还田作业。开好麦田三沟，提高麦田排水和渗漏能力，培育分布深广、活力旺盛根系，是稻茬小麦高产稳产的重要技术环节。稻茬麦田开沟要做到三沟配套，厢沟、腰沟、围沟逐级加深，沟沟相通。一般厢沟深宽25cm，腰沟深宽30cm，围沟深宽35cm。

5. 施肥

根据湖北省稻茬麦田土壤的肥力水平和小麦产量水平，一般情况下，小麦全生育期每公顷总施肥量分别为纯氮 180~210kg、五氧化二磷 90~120kg 和氧化钾 90~120kg。对微量元素缺乏的土壤，应补施微肥。

一般情况下，稻茬小麦氮肥的基肥和追肥的比例为 6：4，若秸秆全量还田，氮肥的基肥和追肥的比例可调整为 7：3。目标产量 5 250~6 000kg/hm^2 的中高产地区，一般播种前施 600kg/hm^2 左右的复合肥（纯氮、五氧化二磷、氧化钾总有效含量为 45%）或同等氮量的其他复合肥作底肥，同时施用 75kg 尿素作种肥。

磷肥、钾肥可作为底肥在播前一次性施用。另外，提倡施用有机肥。在有条件地区，播种前每公顷可施 30 000~45 000kg 有机肥，以改善土壤结构，培肥地力。

6. 播种期

湖北省稻茬小麦适合播种期的确定依据是保证小麦能够实现壮苗越冬。在基本苗每公顷 300 万株左右的基础上，合适的小麦叶龄 4 叶 1 心至 5 叶 1 心，冬前每公顷总茎数为 750 万~975 万穗。考虑到不同地区的品种特性和生态条件，鄂北地区稻茬麦的适宜播期为 10 月 20 日—11 月 5 日，在适宜期内，半冬性品种适当早播，春性品种适当晚播；中南部稻茬麦的适宜播期为 10 月 25 日—11 月 10 日。

7. 基本苗（播种量）

在适宜播期内，湖北省稻茬小麦每公顷的适宜基本苗为 300 万~375 万株，考虑到稻茬麦田的田间出苗率受整地质量影响较大，因此，在种子质量达到国家标准的前提下，每公顷适宜的播种量为 150~187.5kg。在此范围内，要根据整地质量、土壤墒情、播种方式、品种特性、土壤肥力水平和播种时间等因素综合考虑，确定合适的播量。在土壤墒情不足、人工撒播和整地质量不高的情况下，要注意适当加大播量，确保每公顷基本苗达到 300 万株以上。

但也要避免盲目加大播量，造成群体过大、叶部病害加重和中后期发生倒伏。

8. 机播及播种质量

近年来，湖北省加大力度示范推广稻茬小麦机械播种技术。目前，稻茬小麦的机播率在 30%左右。稻茬小麦实行机条播，具有播量精确、播种均匀、出苗率高、田间通风透光条件好、小麦病害和草害轻、节省劳力、播种进度快等优势，但由于受到"湿"（土壤湿度大）和"草"（前茬作物秸秆缠绕机械）两大问题的困扰，普遍存在机具类型偏少、机具适应性不强、播种质量有待进一步提高等问题。提倡选用能一次性完成旋耕、灭茬、施肥、播种、开沟作业的 2BYM-8 型或同类型播种机，示范推广小麦宽幅精量播种机播种。播种行距以 16～18cm 为宜；播种深度为 3～5cm。另外，必须重视播种机机手的培训，提高机播质量。

9. 播后镇压

播后镇压不仅具有保墒、提高小麦出苗率的作用，还能显著增强小麦越冬期间抗干旱和低温冻害的能力。特别是稻茬小麦在秸秆还田条件下旋耕播种，由于没有镇压或镇压效果不好，容易造成失墒、出苗不整齐的问题。要选用带镇压器的播种机播种，随播随镇压，注意镇压质量；没有带镇压器的播种机播种后，要用镇压器镇压。

（二）稻茬麦规范化播种技术在生产中应注意的问题

1. 关于品种选择

本研究涉及的品种均为湖北省近年通过审定的小麦品种。在生产实际中，各地可根据实际情况，在多年试验示范的基础上，选择农业技术部门推荐的适合当地种植的品种。

2. 关于秸秆还田

湖北省已颁布了禁止秸秆焚烧的法律条例，农业农村部也提出了在"十三五"期间实现农作物秸秆基本还田的指导思想，秸秆还田是一个必然的发展趋势。秸秆还田技术是目前在全国稻茬麦产区推荐使用并取得较好效果的技术，但由于前茬作物水稻的秸秆数量较大，秸秆还田的方式和方法以及对土壤肥力、后茬作物播种质量及生长发育的影响还需要进行深入的试验研究和示范。

3. 关于播种期和播种量

推荐的稻茬小麦的播种期和播种量适合在正常年景即小麦播种阶段气候正常的情况下使用。湖北省稻茬麦产区特别是中南部稻茬麦产区，小麦播种阶段易遇连续阴雨天气，常造成不能适时耕翻整地，小麦播期推迟，播种机械不能下田播种等情形。

因此，在非正常年景，要根据灾害性天气的影响程度，适当调整播种期和播种量。

4. 关于播种方式

长期以来，湖北省稻茬麦的播种方式主要是撒播。近年来，机械旋耕播种和少免耕播种正在大面积推广应用。但机械播种受田间土壤湿度影响较大，如播种阶段降雨量大、前茬作物熟期推迟常导致土壤过湿，机械播种的质量难以保证。在这种情况下，常规撒播甚至免耕撒播作为一种应变措施在局部地区常被采用。播种方式不同，播种量和其他播种技术也应进行适当调整。

二、油稻绿色周年高效栽培技术

（一）油稻两熟免耕直播高产栽培技术

1. 免耕直播油菜高产栽培技术要点

免耕直播油菜是指晚稻收获后土壤不翻耕，封杀老杂草和简单平整后，直接播种油菜种子的一种油菜栽培方式。

（1）品种选择。免耕直播油菜扎根较浅，后期易出现倒伏，生产上应选择中双系列、华双系列等产量高、株高适中、抗倒性较好的"双低"油菜品种作免耕直播栽培。

（2）适期早播。晚稻收获后应抢时早播，一般 10 月中下旬播种，最迟不超过 10 月底。在田土潮湿和适期早播时，每亩播种量为 0.15~0.2kg；在田土干燥或迟播时，每亩播种量为 0.2~0.3kg。为使播种均匀，可用 0.5~0.75kg 炒熟的油菜籽与种子拌匀后再播。播种方式以条直播、撒直播为主，提倡机械条直播，提高田间作业效率。

（3）机械开沟。播种后，及时用开沟机开沟覆土，沟宽 20cm、沟深 15cm，畦宽 120~140cm，畦面覆土厚度为 2~3cm。机开沟结束后，开挖田角的排水沟，做到沟沟相通。每亩畦面均匀覆盖稻草 150~200kg，既能遮阳保湿促全苗，又能培肥土壤。

（4）间苗定苗。秧苗 2 叶 1 心时间苗，间密补稀。3~4 叶期定苗，对早播的田块，每亩留苗 1.2 万~1.8 万株；对迟播的田块，每亩留苗 1.8 万~2.5 万株。

（5）化学除草。播前处理对播种前杂草较重的田块在播种前 3~5d，每亩用 10%草甘膦 500mL 对水 40kg 喷雾扑杀免耕稻田老杂草。播后苗前处理播种覆土后，每亩用 50%乙草胺 50~75mL，或 60%丁草胺 100mL 对水 40kg 喷施，做土壤处理，防止杂草萌发。茎叶处理以禾本科杂草为主的田块，在杂草 3~4 叶期，每亩用 5%精禾草克 50mL 或 10.8%高效盖草能 20~25mL，对水 40kg 喷雾防除。对阔叶草为主的田块，在杂草 2~3 叶期每亩用 50%高特克 30mL，对水 40kg 喷雾防除。

（6）科学施肥直播油菜肥料运筹上采用前促施肥法，即基肥足，

水稻绿色高产高效技术

苗肥早，蔓肥稳，促使冬春双发。一般每亩总施肥量掌握在氮肥折纯氮 15~16kg，过磷酸钙 25kg，氯化钾 7.5kg，硼肥 1kg。一般磷肥、钾肥、硼肥作基肥一次性施用，氮肥施用比例为基肥 30%、苗肥 35%、腊肥 15%、蔓肥 20%。

（7）病虫害防治。直播油菜前中期蚜虫发生重，每亩用 10%吡虫啉 20g 对水 40kg 喷雾防治。在初花、盛花期，每亩用 50%速克灵 100g 或 25%使百克 20~40mL，对水 40kg 喷雾防治菌核病。

（8）适时收获。角果呈枇杷黄时，及时人工拔收，打堆后熟，晴天脱粒。若采用机械收割，待油菜成熟率达 90%以上时，抢晴收获。

2. 免耕直播晚稻高产栽培技术要点

免耕直播晚稻是指在油菜等作物收获后未经翻耕犁耙的稻田，使用灭生性除草剂灭除杂草，灌深水沤田，待水层自然落干后，将催芽露白的水稻种子直接播种到大田生长的一种水稻栽培方式。

（1）品种选择。要选择矮秆、茎秆粗壮、分蘖中等的高产一季晚稻或二季晚稻品种，如黄华占等。

（2）确保全苗。油菜收获后，保留原有畦、沟，先用齿耙平整原有畦面，达到土细面平，再灌水浸泡 1~2d。播前进行选种、晒种后，用 18%稻种清 4.5g 对水 10kg，浸种子 7.5kg，浸种时间 48h。播前每亩用 18%吡噻 10g 拌芽谷。适宜播种期为 5 月 20 日—6 月 5 日，每亩用种量常规晚稻品种为 2~3kg，杂交晚稻品种为 1.0~1.2kg。

（3）杂草防治。播种前 3d，每亩用 20%百草枯 200mL 或 10%草甘膦 500mL 对水 40kg 喷雾，防除老杂草。在播种后 2~3d，每亩用 40%直播净或 35%新禾葆 60g 对水 40kg 均匀喷雾。秧苗 2 叶 1 心时，在保持田间湿润条件下，每亩用 53%田草灵 40g 对水 40kg 喷雾，喷后第二天复水。也可结合田间管理进行人工拔除杂草。

（4）合理施肥。一般每亩氮肥用量折纯氮 13~15kg，氮肥施用比例为"断奶肥"30%、分蘖肥 30%、长粗肥 20%、穗肥 20%。

（5）水浆管理。播种前 1~2d，灌水浸泡土壤。播后苗前保持畦面湿润。出苗后除施肥、治虫按要求灌水上畦面，搁田时排干沟水外，其余时间均保持平沟水。收获前 5~7d 断水。

（6）防倒伏。当每亩苗数达到 25 万~30 万株时，及时排水搁田，抑制无效分蘖发生。在拔节初期，每亩喷施 $1×10^{-4}$ 多效唑药液，控制植株高度。根据病虫预测，适时防治病虫害。

（二）中稻—再生稻—油菜（绿肥）周年高效栽培技术

中稻—再生稻—油菜（绿肥）周年高效栽培技术是包括选用生育期适宜的中稻和油菜品种、合理安排播插期、科学运筹肥水管理、机收减损等关键技术，是一项"两种三收"的周年高产高效模式。主要在湖北省光照温度"一季有余，二季不足"的中稻生产区推广。

1. 中稻栽培技术

（1）适时播种。中稻品种选择生育期 135d 左右，稻米品质达到国标三级以上、抗性优、丰产性好和再生力强的品种，如丰两优 1号、天两优 616、两优 6326 等。适宜播种期为 3 月中下旬，适当早播。

（2）培育壮秧。播前晒种，浸种消毒催芽，旱育秧适时追施"断奶肥"和"送嫁肥"。

（3）适时移栽。机插秧秧龄 25d 以内，株距调整到 13.3cm 左右，每亩插足基本苗 6 万~8 万株左右。

（4）科学管水。头季稻除返青期、孕穗期和抽穗扬花期田间保持一定的水层外，其他阶段均以间歇灌溉、湿润为主。适时晒田，收获前切忌断水过早。

（5）合理施肥。施足底肥，机插秧稻田在移栽后 5~7d 追施返青肥。晒田复水后，每亩追施尿素 5kg。重施促芽肥，头季稻收割前 10d内每亩施用尿素 7.5~10kg 和氯化钾 5~7.5kg。

（6）病虫防治。重点防治好螟虫、稻飞虱、稻纵卷叶螟和稻瘟病、稻曲病、纹枯病等病虫害。

（7）及时收获，合理留茬。头季水稻黄熟末期收获，机收时应注意尽量减少碾压毁蔸。根据头季稻的高度和收割时间确定适宜的留茬高度，留茬高度与倒 2 叶叶枕平齐为宜。

2. 再生稻栽培技术

（1）科学管水。头季稻收割后，及时灌水护苗，提高倒 2、倒 3节位芽的成苗率。再生季齐苗后保持干干湿湿。

（2）适时追肥。头季稻收割后 2~3d 施用提苗肥，每亩施尿素 3~5kg。再生稻始穗期用"920"促进再生季抽穗整齐和灌浆。

（3）病虫防治。主要注意防治稻飞虱、叶蝉等危害，重点注意防治纹枯病和稻瘟病。

（4）再生季收获。黄熟期择晴天收割。

3. 油菜（绿肥）栽培技术

（1）适时播种。选用早熟、双低、丰产稳产、抗性强、适合机械播种的优良品种，再生稻收割后及时播种或移栽。

（2）病虫防治。冬前重点防治蚜虫、菜青虫，花期重点防治菌核病。

（3）适时机收。茬口紧张的田块，可采用机械两段收割，早熟油菜可用机械联合收获，不能适期成熟的油菜直接机械粉碎还田。

三、早籼晚粳双季稻机插高产高效模式

（一）基本情况

早籼晚粳双季稻机插栽培高效模式是一种粮食生产高效模式，即头季种植一季生育期适中的优质早籼稻，早稻收割后种植一季优质晚粳稻，并实现从耕地、插秧到收割全程机械化。该模式利用机插稻秧龄短和晚粳稻后期较耐低温的特点，减轻了劳动强度，提高了水稻复种指数，促进了农民增产增收。

（二）产量效益

早籼晚粳双季稻机插高产高效模式产量效益见表5-1。

表5-1　产量效益

作物	产量 （kg/亩）	投入 （元/亩）	产值 （元/亩）	收益 （元/亩）
早籼	454	690	1 210	520
晚粳	557	770	1 620	850
合计	1 011	1 460	2 830	1 370

注：2016年孝南区示范情况。

（三）茬口安排

早籼晚粳双季稻机插高产高效模式茬口安排见表5-2。

表5-2　茬口安排

作物	播种期	移栽期	收获期
早籼	3月下旬	4月中下旬	7月中下旬
晚粳	7月上中旬	7月下旬至8月上旬	10月下旬至11月上旬

（四）关键技术

1. 早籼

（1）品种选择。选择优质、高产、生育期适中、适应性好的杂交或常规早籼稻品种，如两优287、两优358、鄂早18等。

（2）适期播种。播种前做好晒种、药剂浸种消毒和催芽处理，一般于3月下旬播种，先将拌有壮秧剂的底土装入软盘内，厚2~2.5cm，喷足水分后使用播种机或人工将炼过芽的种苗均匀播至育秧盘，播后再覆薄层盖籽土，厚3~5mm。调节好播种量，常规早稻每盘播干谷125g，杂交早稻每盘播干谷100g，湿芽谷按1.3倍换算。

（3）温室集中育秧。将播好种的秧盘送入温室大棚或中棚，堆码10~20层，暗化约24h，齐苗后送入温室秧架上或中棚秧床上育苗。齐苗前盖好膜，高温高湿促齐苗，2叶1心全天通风，降温炼苗，温度20~25℃为宜。阴雨天开窗炼苗，日平均温度低于12℃时不宜揭膜，雨天盖膜防雨淋。齐苗后喷一次"移栽灵"防治立枯病。日常做好补水补肥。

（4）适时移栽。早稻秧龄20~22d，叶龄3叶1心，株高15~20cm时及时使用插秧机移栽，移栽时调节株行距为11.5cm×26.4cm或11.5cm×30cm，每穴插4~5苗，每亩插基本苗8万~10万株。

（5）大田肥水管理。氮磷钾配合，提倡减少化肥，增施有机肥，一般每亩施纯氮12kg，其中60%~70%作底肥，插秧后7~10d亩施尿素7~8kg。前期浅水勤灌，当每亩苗数为24万株左右时排水晒田，抽穗扬花期保持适宜水层，后期湿润管理至成熟。

（6）病虫防治。大田主要防治二化螟、蓟马、稻瘟病、纹枯病等。

（7）适时收割。当80%谷粒成熟时使用收割机及时收割。

2. 晚粳

（1）品种选择。选择优质、高产、生育期适中、适应性好的杂交或常规晚粳稻品种，如晚粳505、鄂晚17等。

（2）适期播种。晚粳播期根据头季早稻预计收获时间提前15~20d确定，播种机操作参照早籼，播种量参考早籼用量并根据千粒重适当调节。

（3）秧盘集中育秧。育秧期间做好温度、湿度、水分的调节，防止高温烧苗，晴天温度过高时使用遮阳网，温度保持在20~25℃。平时做好补水补肥。

（4）适时移栽。晚稻秧龄15~17d，叶龄3叶1心，株高15~20cm时及时使用插秧机移栽，移栽密度参考早籼。

（5）大田肥水管理。参考早籼，但需根据养分在土壤里的移动特性，增施钾肥，减施或不施磷肥。

（6）病虫防治。大田主要防治二化螟、三化螟、稻纵卷叶螟、稻飞虱、稻瘟病、纹枯病等、稻曲病等病虫害，根据病虫监测预报及时进行防治。

（7）适时收割。当80%谷粒成熟时使用收割机及时收割。

四、粳稻—小麦全程机械化高效模式

（一）基本情况

稻麦两熟是湖北省主要的耕作制度之一，近几年随着"籼改粳"工程的推进，粳稻面积日益扩大，粳稻—小麦高效技术模式得到广泛应用。

（二）产量效益

粳稻—小麦全程机械化高效模式产量效益见表5-3。

表5-3　产量效益

作物	产量 （kg/亩）	投入 （元/亩）	产值 （元/亩）	净利润 （元/亩）
粳稻	722	585	1 805	1 220
小麦	401.5	410	843.15	433.15
合计	1 123.5	995	2 648.15	1 653.15

注：2016年枣阳市示范情况。

（三）茬口安排

小麦播种期在10月中旬，收获期在5月下旬。水稻播种期在5月上旬，移栽期在6月上旬，收获期在9月中下旬至10月上旬，见表5-4。

表5-4　茬口安排

作物	播种期	移栽期	收获期
粳稻	5月10日	6月1日	10月3日
小麦	10月17日	—	5月22日

（四）关键技术

1. 小麦

（1）确保播种质量。适时播种，10月20日—11月5日间为适宜播期，根据品种特性确定播期，春性强的品种，适当延迟播期，在适宜播期内，抢墒播种；合理播量，根据土壤墒情和种子发芽率，确保每亩基本苗20万株左右；播后长期干旱不能出苗，需要抗旱，保证出苗期在11月10日前；出苗不整齐时，需要及时补种。

（2）播后镇压。如土壤墒情合适，播后一定镇压；土壤湿度大时，不宜镇压。

（3）保证沟厢质量。播后用开沟机开厢沟和围沟，厢长超过80m以上的田块，要有腰沟，确保不受渍害。

（4）肥料用量及用法。根据土壤肥力情况，氮肥用量在14kg左右，其中70%用作底肥，30%用作追肥。年前分蘖期若苗情不理想，及早追施10%的氮肥，若苗情正常，不需追肥。其余肥料用作拔节肥。拔节肥需根据苗情确定施肥时间，苗情较差时提前施用；苗情过旺时延期施用。因长期干旱不能及时施用拔节肥时，可抗旱后施用。磷钾肥按每亩8kg左右一次性作为底肥施用。

（5）化学除草。年前趁土壤表墒合适、气温较高时及时化学除草，保证除草效果。

（6）防治病虫害。及时防治病虫害，特别注意在扬花初期赤霉病的防治。

（7）一喷三防。抽穗至成熟期结合病虫害防治，进行两次"一喷三防"；苗情偏弱有早衰迹象时，适当增加叶面肥中氮肥的用量。

2. 粳稻

（1）科学播种，培育壮苗。4月下旬至5月中旬播种。人工移栽每亩大田用种量1kg左右，机械插秧每亩大田用种量2~2.5kg，稀播壮秧。

（2）适时移栽，合理密植。秧龄25d左右。插植规格13.3cm×30cm，人工移栽要浅插，分蘖节入土2~3cm，每穴2粒谷苗，每亩基本苗8万~10万株；机插秧每穴3~4苗，每亩基本苗4万~6万株。

（3）施足底肥，早施追肥。每亩15~18kg纯氮，氮肥施用的前后比例为基蘖肥：穗肥=6：4，氮、磷、钾的比例为1：0.6：1.1；底肥每亩45%的复合肥40kg；分蘖肥每亩尿素7~10kg；穗肥每亩尿素5~10kg，氯化钾7.5kg，穗肥施用的前提是群体叶色必须落黄，否则，应减量并延后施用，叶色提前褪色的多施，苗数偏少的多施；抽穗 90%后喷施叶面肥。

（4）科学管水，及时晒田。移栽后灌浅水；返青活棵到有效分蘖临界期间歇灌溉，即灌水 1~2cm，自然落干 3~4d 后再灌水 1~2cm，周而复始；每亩苗数达到 15 万株左右时，排水晒田，多次轻晒，晒到群体叶色落黄；灌浆成熟期采用间歇灌溉，干湿交替，前期以湿为主，后期以干为主，以确保根系活力，防止早衰，提高结实率和充实度。

（5）综合防治，减少危害。病虫害实行以防为主，防治结合。重点防治秧田期稻蓟马、大田期二化螟、稻纵卷叶螟、稻飞虱、稻瘟病、纹枯病等。

（6）机械收获，秸秆还田。采用联合收割机一次完成切割、脱粒、分离、清选、秸秆粉碎等工作，粉碎的秸秆长度 7~8cm，均匀地撒施，以利于小麦播种。增施腐熟剂灌深水促进麦秆腐熟，水整后大田需要沉实，沉实 2d 左右。

3. 秸秆还田

（1）充分切碎。翻耕要使 80% 以上的麦秸埋入土壤中并严防碎草成堆，在机械收割小麦时，将收割机的切草刀片间距调整在 5~8cm，使 90% 的麦秸长度小于 10cm。

（2）均匀布草。机械收割时均匀喷草，或者事后人工均匀布草，切忌碎草成堆、成条。

（3）完全灭茬。灭茬程度不能低于 80%。移栽稻、机插稻建议采用"大中拖旱旋灭茬+水旋整地"或者"大中拖水旋灭茬+小机水旋整地"两次作业，直播稻建议采用"大中拖旱旋灭茬+小机旱旋整地"，保证完全灭茬。

（4）增施腐熟剂。每亩用 2kg 秸秆腐熟剂加 4~5kg 尿素加正常基肥。

（5）增氮补锌。每亩还田 400kg 秸秆时，基苗肥增施尿素 4~5kg，锌肥 2kg，促进秧苗早发。

（6）控水调气。栽插后 5~7d 浅水活棵，迅速放水顿田 2~3d，通气散毒，以后采用干湿交替的模式，浅水 1~2d，通气 2~3d，切忌深水长沤，通气不畅，影响水稻生长。直播稻播种至 3 叶前，湿润灌溉，3 叶后干湿交替，浅水 1~2d，通气 2~3d，切忌深水长沤。

五、早稻—荸荠高效模式

(一) 基本情况

早稻—荸荠高效模式探索起始于 1990 年，由于高产优质品种的缺乏，严重阻碍了技术的推广和应用，随着优质品种的更替，种植技术的探索和推广，该模式得到了快速发展。目前主要分布在黄梅县停前镇、五祖镇、苦竹乡等北部乡镇。

(二) 产量效益

早稻—荸荠高效模式产量效益见表 5-5。

水稻绿色高产高效技术

表 5-5　产量效益

作物	产量 （kg/亩）	投入 （元/亩）	产值 （元/亩）	净利润 （元/亩）
早稻	562	1 090	1 438	348
荸荠	2 422	1 628	5 813	4 185
合计	—	2 718	7 251	4 533

注：2016 年沙洋县示范情况。

(三) 茬口安排

早稻—荸荠高效模式茬口安排见表 5-6。

表 5-6　茬口安排

作物	播种期	移栽期	收获期
早稻	3 月下旬至 4 月上旬	5 月上旬	7 月下旬
荸荠	3 月下旬	7 月下旬至 8 月上旬	12 月中旬至翌年 2 月

(四) 关键技术

1. 早稻

(1) 品种选择。示范区选用早熟、优质、抗倒品种两优 287。

(2) 大棚育苗。4 月上旬大棚保温育苗，亩均用种 2.5kg，做好苗床管理。

(3) 整地移栽。示范区田块机械精细耕整，亩均施用 30%复合肥 50kg 作底肥，机械移栽，每亩 1.8 万穴。

(4) 田间管理。一是适时追施返青分蘖肥，化学除草，每亩追施尿素 7kg。二是病虫害防治，5 月中旬做好一代二化螟防治，6 月上旬做好纹枯病监管防治。三是水肥管理，分蘖晒田。

（5）适时收割。

2. 荸荠

（1）品种选择。荸荠种植选用农户自留品种"矮荠"，挑选顶芽饱满、无破损、无病虫害、大小一致的荸荠球茎做种子。

（2）二次育苗。一是旱地育苗荸荠育苗要适当增加旱地育苗时间，预防前期水田低温僵苗，3月下旬旱地育苗，每亩用种量球茎200个，保持苗圃土壤湿润。二是水田育苗，5月下旬将旱地荸荠幼苗移植到水田再次育苗。

（3）整地移栽。示范区田块机械精细耕整，亩均施用50kg30%复合肥、18kg碳酸氢铵、0.4kg锌肥和0.6kg硼肥做底肥，于8月上旬早稻收割完后单株移栽定植，每亩2 800穴。

（4）田间管理。一是适时追施，移栽后7~10d追施尿素5kg/亩，9月8日左右追施氯化钾7~8kg、过磷酸钙10~13kg做籽肥，后期结合病虫防治喷施98%磷酸二氢钾20g。二是病虫害防治，做好枯萎病、杆枯病、白叶螟等病虫害防治。三是草害防治，及时做好草害人工清除。四是水肥管理，移栽后保持5~8cm深水，以利于活苗，8月中旬保持2~3cm浅水层利于分蘖，9月10日适度晒田，抑制过多分株，促进早结实，之后保持浅水层至10月底，11月20日排水干田，准备收获。

（5）适时收获。待霜降后，清除干枯茎叶，12月中旬开始大面积人工收获。

六、水稻—油菜+红菜薹高产高效模式

（一）基本情况

水稻—油菜+红菜薹种植模式，在合理利用茬口、季节的基础上，对作物种植进行科学搭配、有效衔接，充分利用耕地资源，提高经济效益。该模式为一年两熟的轻简栽培的绿色高产高效模式，在低山丘陵稻田种植多年。

（二）产量效益

水稻—油菜+红菜薹高产高效模式产量效益见表5-7。

表5-7 产量效益

作物	产量 （kg/亩）	投入 （元/亩）	产值 （元/亩）	净利润 （元/亩）
中稻	600	580	1 560	980

作物	产量 （kg/亩）	投入 （元/亩）	产值 （元/亩）	净利润 （元/亩）
油菜	180	300	650	350
红菜薹	1 000	380	1 800	1 420

注：2016 年夷陵区示范情况。

（三）茬口安排

水稻—油菜+红菜薹高产高效模式茬口安排见表 5-8。

表 5-8　茬口安排

作物	播种期	移栽期	收获期
中稻	4 月中下旬	5 月中下旬	9 月上旬
油菜	9 月中下旬	10 月中下旬	5 月上旬
红菜薹	8 月下旬	9 月下旬	12 月下旬至 2 月下旬

（四）关键技术

1. 中稻

（1）品种选择。选用分蘖力强、生长旺盛、抗病抗倒性强、增产潜力较大的优质一季杂交中稻品种。如"深两优 5814"、扬两优 6 号、黄华占等。

（2）稻田整地。油菜收获脱粒后，把油菜梗和荚壳均匀地撒在田间，灌水泡田、整田，确保稻田"平""净"。

（3）适期播种。农户可根据茬口、水利条件、土壤肥力水平、育秧方式等情况，在本区域水稻播种时段内，合理安排品种、播期。一般在 4 月中下旬播种，5 月中下旬抛栽。

（4）培育壮秧。播种前要做好种子处理工作，包括选种、晒种、催芽等。每亩播种量控制在 1~1.25kg。抛秧密度控制在每亩 1.5 万蔸左右。

（5）施肥管理。在施足农家肥的情况下，亩施适量复合肥，秧苗返青后施分蘖肥。晒田复水后根据苗情和底肥情况适量适时追肥。

（6）科学管水。总要求是前少后多，前期多露田，后期勤灌溉，以湿润灌溉为主，干湿交替。秧田期保持秧盘湿润，分蘖期浅水勤灌，拔节孕穗期干湿交替，抽穗扬花期短期深水，灌浆结实期干湿交替，

水稻绿色高产高效技术

收割前一周断水。

（7）综合防治。提早准备、提早预防，特别注意对"两迁"害虫的防治。中后期喷施井冈霉素重点防治稻瘟病、纹枯病、稻飞虱、稻纵卷叶螟等。

2. 油菜

（1）品种选择。应选用早熟耐迟播、种子发芽势强、春发抗倒、主花序长、株型紧凑、抗病抗倒性及耐渍性强的双低油菜品种。如"中杂油 7819"等。

（2）稻田整地。水稻收获后，抓住晴天及时翻耕坑垡，耕整后开沟作畦、田平土细。在土壤黏重、地势低、排水困难的田块，宜采用深沟窄畦。直播油菜应在土壤干湿适宜时进行播种，要求种子定量下田，确保播种均匀。

（3）适时播栽。油菜育苗，在 9 月 15 日左右播种，10 月中下旬移栽，移栽密度控制在每亩 7 000 株；油菜直播，在 9 月下旬播种，每亩留苗 2 万~4 万株。

（4）科学施肥。每亩施纯氮 15~18kg、五氧化二磷 8~10kg、氧化钾 8~12kg、硼砂 1~1.5kg。磷钾肥及硼肥在施底肥时一次施入。直播油菜的 50% 氮肥作基苗肥，腊肥在 30% 左右，薹肥占 20%；移栽油菜的 60% 氮肥作基苗肥，腊肥 20% 左右，薹肥占 20%。

（5）大田管理。如叶色变黄，要结合墒情每亩追施尿素 3~5kg 提苗；及时做好抗旱防渍及病虫草害防治工作。

（6）适时收获。收获时间以全田 2/3 的角果呈黄绿色、主轴中部角果呈枇杷色、全株绿色角果低于 1/3 为宜。

3. 红菜薹

（1）品种选择。选择根系再生力强的品种，如洪山菜薹。

（2）培育壮苗。采用 72 穴盘营养基质育苗，可减短大田移栽后缓苗时间，迅速进入营养生长阶段，有利于高产。以苗龄不超过 35d 为最佳。

（3）合理定植。当幼苗 5~6 叶时定植，在晴天下午或者阴天进行，定植后及时浇定根水，保持土壤湿润。开厢栽植，每厢栽两行，每亩栽 5 000 株左右。定植后若遇高温干旱，需加强田间浇水量和次数。

（4）田间管理。总体要求基肥足、苗肥轻、薹肥重。封行前或薹期注意增施磷肥、钾肥；成活后可以施腐熟的清粪水作提苗肥；薹肥要重施，每采收 2~3 次，追施 1 次肥，施肥量较抽薹期略少。大田生产时要做好软腐病、霜霉病、黑斑病等主要病害的防治工作，可选用杜邦克露 600 倍液、农用链霉素、杀毒矾 600 倍液等。

（5）及时采收。"头薹不掐，侧薹不发"，菜薹薹茎应及时采收，一般以花蕾绿色未变黄时进行，头薹要早采，以利分蘖发侧薹。采收时从薹茎基部斜掐，留下腋芽，最好用特制掐薹刀朝基部斜口切薹，薹茎基部留 1~2 片叶以便萌发侧薹。采收不宜早上进行，需露水干后或植株打霜恢复直立后的下午进行。

七、大棚西瓜水稻连作

（一）大棚西瓜与水稻连作栽培技术

1. 西瓜

（1）整地作畦。6m 大棚中间开一条沟，沟两边作 2 个畦，畦宽在 2.5m 左右，畦面作成平畦，畦高在 20cm 左右，每畦种一行西瓜，株距 30cm 左右。作畦前施足腐熟有机肥，畦面覆盖宽 1m 左右地膜。

（2）定植。应选择在晴天气温较高时进行定植，通常在 3 月中旬，苗龄在 30d 左右，3~4 片真叶时定植。一般每亩栽 600 株。定植后应立即浇水，使其尽快恢复正常生长。如果气温情况较低可在大棚内搭小环棚覆盖保温。活棵后视气温情况进行通风透气，温度高时通风透气时间可长些；温度低时通风透气时间可短些或不通风，通风一般在中午较好。

（3）定植后的田间管理。定植后 7~10d 棚温保持在 30~32℃，以加快发根活。缓苗后控制棚温在 25~28℃，促进植株稳长。在株蔓长到 80cm 长时应进行整枝，采取三蔓整枝，及时摘除主蔓和侧蔓上的分枝，坐瓜后不再整枝。开花时进行人工辅助授粉，以提高坐果率，在上午 7~10 时进行。辅助授粉的方法是摘雄花剥去花瓣后轻轻地碰在雌花柱头上。通常第一朵雌花离根部太近不宜留瓜，从第二朵雌花开始留瓜。留的第一个果一般离根部在 80cm 以上。否则，容易成僵瓜、畸形瓜、厚皮瓜等。坐果后可对瓜蔓进行摘心。果型较大的早熟西瓜一般每株留 1~2 个瓜；果型小的一般每株留 2~4 个瓜。瓜膨大期昼夜温差掌握在 10℃左右，早熟西瓜一般从开花到采收在 30d，5 月上旬采收头茬瓜上市，6 月中下旬二茬瓜采收结束。

（4）肥水管理和病虫害防治。①肥水管理。大棚内气温较高，植株生长旺盛，需水、需肥量大。因此，必须根据棚内土壤湿度和植株

水稻绿色高产高效技术

生长情况合理施肥、浇水。在定植前要施足腐熟的有机肥和复合肥料。每亩施过磷酸钙 40~50kg，施腐熟有机肥 2 000kg 或饼肥 50kg、尿素 10kg、硫酸钾 15kg。在植株生长期间，结合浇水施一些追肥，坐瓜后 1 周结合灌水每亩施尿素、硫酸钾各 10~15kg，大棚内水分的蒸发和蒸腾量大，伸蔓后根据土壤湿度浇 1~2 次水；瓜进入膨大期要浇 1 次水，一般 5~7d 浇 1 次。②病虫害防治。主要病害有枯萎病、炭疽病、白粉病、疫病等。一般在定植前喷 1 次农药，在生长期发现病害可用百菌清、多菌灵、代森锌等防治。一旦在茎秆上发现枯萎病、疫病严重时，可用百菌清、多菌灵、瑞多霉素等加水调成糊状，用毛笔直接涂在茎部患处，每天 1 次，连续涂 2~3 次即可治愈。虫害主要有蚜虫、红蜘蛛等，蚜虫可用菊酯类杀虫剂、乐果等喷施，红蜘蛛可用克螨特、杀螨特等喷施，但在果实收获前 20d 停止使用。

2. 水稻

（1）水稻品种选择。水稻选用中熟中稻如黄华占等品种，5 月中旬用肥床旱育技术育秧或 6 月中下旬水田直播。秧田应选用地势高爽、疏松肥沃、灌排水条件较好的大块菜地，杜绝选用老秧田培育。一般要求肥壮旱育秧苗床与大田比 1∶12~1∶15。肥床旱育苗床在冬春及早施用农家肥或人畜粪等有机肥，于播前 1 周每亩再施用 100kg 肥床旱育专用肥，全层耕苗；苗床要按照畦宽 120~140cm，沟深 20cm 左右，沟宽 20cm 的标准整平，及早备好盖籽土。秧龄 30~35d，株高 15cm、带 1 个以上来分蘖的健壮秧苗。

（2）田间管理。二茬西瓜采收后撤棚耕翻，结合耕翻整地，深施、施足基肥，一般每亩施用尿素 20~25kg、过磷酸钙 50kg、氯化钾 8~10kg；或者每亩施腐熟有机肥 2 500kg、45%复合肥 30kg、尿素 10~15kg，全部旋耕基施入表土层，以利于水稻根系吸收利用。6 月下旬移栽水稻秧苗，每亩栽 2 万穴左右，每亩基本苗 8 万~9 万株。坚持一栽就管，促进栽后早发快发。水稻插秧后，由于根系吸收水肥能力较弱，此时，外界气温高、风大，叶片的蒸腾作用比较大。因此，插秧后应立即建立水层，清水护苗。一般水深 2~5cm，以不淹没秧心为好。这样不但可以防止叶片的蒸腾失水造成干枯，而且也可防止低温秧苗受冻，起到以水护苗的作用。水稻返青后，应把水层控制在 3~5cm，有利于提高水温、地温，促进秧苗多发根、早分蘖、快分蘖。

栽插后 7d 每亩施尿素 15kg 作分蘖肥。当田间总茎蘖数达到预期穗数的 80%时，也就是水稻接近有效分蘖终止时，适时适度分次轻晒田，晒田程度为田面发白、地面龟裂、池面见白根、叶色褪淡挺直，控上促下，促进壮秆。晒田后施准施好穗肥，对前期投肥足群体适中、叶色正常偏深的田块，促花肥可少施或推迟到 2 叶时（8 月 10 日前后）1 次施用，促保兼顾，一般每亩施尿素 10~15kg。对前期投肥不足、群体偏小、已脱力落黄的母块，于 8 月初施好促花肥，每亩施尿素 10~15kg，第 2 次于叶龄余数 1.5 叶时（8 月中旬）施好保花肥，每亩用尿素 5~7.5kg，必须做到叶色不褪不施，落黄严重多施，正常落黄轻施。确保水稻破口期正常落黄，以提高结实率和千粒重。同时，每亩增施 5~7.5kg 氯化钾，并叶面喷施矮壮丰等抗倒剂，以壮大茎秆，增强抗倒能力。后期干湿交替，成熟前 1 周断水。重点做好水稻纹枯病、稻瘟病和螟虫、稻飞虱等病虫害的防治工作。10 月下旬收割水稻，水稻收割后耕翻土地冻晒养田，翌年 3 月中旬再移栽西瓜。

（二）大棚甜瓜—机插稻连作栽培技术

1. 大棚甜瓜栽培技术

（1）茬口安排。甜瓜播种期在 1 月下旬至 2 月上旬，定植期在 2 月底至 3 月初，4 月初前后开花，5 月上旬采收上市。

（2）品种选择。选择外形美观、口感好、含糖量高、商品产量稳，且具有早熟、抗病、优质、耐低温、耐弱光性等特性的品种，如中熟类型品种新景甜一号、圣菇，早熟类型品种京玉 268、伊丽莎白等。

（3）育苗。采用甜瓜专用基质穴盘育苗。播前对种子进行晒种、浸种、催芽等处理；适时进行播种；合理控制床温，防止高脚苗；同时注意湿度调控，预防猝倒病，培育无病壮苗。

（4）整地作畦。甜瓜根系发达，要求土壤深厚、肥沃、疏松，棚内采用高畦定植，利于浇水。定植土地冬前深翻 30~40cm，施农家肥 52.5~60.0t/hm^2；翌年春耕靶地时施过磷酸钙 750kg/hm^2、复合肥 1 500kg/hm^2，将地整平，然后作宽 1.1m、高 0.3m，沟宽 0.4m 的定植畦。盖膜前一次性浇足底水，定植前 1 周盖好地膜，以提高地温。

（5）定植。定植时甜瓜苗龄 35~45d，要求瓜苗粗壮，子叶完整，具有真叶 3~4 片，苗高 10~12cm。采用双行定植，大行距为 90cm，小行距为 60cm，株距为 50cm。选无风晴天上午定植，浇足定植水，及时覆盖培土。

（6）温度管理。定植后，为促进活棵和发根，应提高温度，白天保持 25~30℃，夜间不低于 15℃。缓苗后至开花结果前温度白天为

水稻绿色高产高效技术

22~30℃，夜间为16~18℃。坐果后，为促进果实膨大和糖分积累，应增大昼夜温差，保持13℃以上，即白天为28~32℃，夜间保持15~18℃。当夜间温度低于2℃时注意防冻。

（7）湿度管理。棚内相对湿度过高易诱发病害。调控棚内湿度，要严格控制浇水、减少地面蒸发、及时进行通风换气等。厚皮甜瓜比较耐旱，在浇透底水的前提下原则上不浇水、少浇水，切忌大水漫灌。

（8）立架整枝绑蔓。大棚甜瓜，采用单蔓整枝立式栽培法，以增加株数，提高产量。当瓜蔓长至7~8片叶时，搭架或拉绳助爬，绑蔓采用"8"字形扣法，将主蔓8节以下侧蔓全部摘除，留第9~12节侧蔓开花坐果，侧蔓2叶开花，3叶打顶。当主蔓长至25片叶，单株坐果3~4个时，摘除主蔓生长点，抹去12节以上所有侧蔓。

（9）人工授粉与留果。大棚甜瓜采取人工授粉。将坐瓜灵5mL对水800~1 000mL稀释并加入少许红色颜料，以防重复蘸花出现畸形瓜。9—15时，选择当天开放的雌花瓜胎，用稀释好的药液蘸瓜胎的2/3部分，蘸后轻弹一下瓜柄使药液分布均匀。授粉后1周果实有鸡蛋大小时，在主蔓两侧节位靠近的部位各留1个果形圆整的幼果，其余小果、劣果摘除。当幼瓜长到0.5kg时，开始吊瓜。用塑料绳拴住果柄靠近果部位，把吊绳绑在棚顶铁丝上。注意要同行的瓜基本调整在同一高度以便于管理，有的品种在吊瓜时还要套网袋。

（10）肥水管理。定植后伸蔓前，甜瓜植株生长比较缓慢，需水量少，此阶段应严格控制浇水。定植后3~4d可浇1次缓苗小水，然后控水。膨瓜期是植株需肥水最多的时期。当80%的瓜长到鸡蛋大小时结合追肥灌水1次，后期切忌灌水，通常施用硫酸钾150kg/hm^2，磷酸二铵300kg/hm^2。在基肥充足的情况下，生长期不用追肥，若基肥不足，则可追施1~2次速效磷钾肥。生长后期结合防病喷药喷施磷酸二氢钾叶面肥，以增加甜瓜的糖分，采收前7~10d严禁浇水，以确保甜瓜甜度和口感风味。

（11）病虫害防治。甜瓜病害较多，主要有白粉病、炭疽病，霜霉病、疫病、枯萎病。白粉病可用25%粉锈宁可湿性粉剂2 000~3 000倍液喷洒；炭疽病可用75%百菌清可湿性粉剂600倍液加50%甲基托布津可湿性粉剂800倍液喷洒；霜霉病除采用控制湿度进行生态防治外，还用75%百菌清可湿性粉剂600倍液或40%乙磷铝可湿性粉剂300~400倍液或25%瑞毒霉可湿性粉剂600倍液喷洒防治；枯萎病除了选用抗病品种和采用嫁接换根外，在雌花开花至采收前10d，用

50%多菌灵可湿性粉剂 500~1 000 倍液或 50% 甲基托布津可湿性粉剂 500 倍液灌根，有一定效果。虫害主要有蚜虫，防治上除了应用黄色诱蚜板诱杀外，也可用蚜虫净烟雾剂和喷洒 10% 吡虫啉可湿性粉剂 1 000 倍液。

（12）适时采收。甜瓜成熟的标志主要根据授粉日期和不同品种的果实发育天数来判断，一般在开花后 25~30d 即可成熟；一般应以适熟早收为好，供长途外运的瓜以 8~9 成熟为宜，就地近距离销售的以 9 成熟以上为好，采收一般以早晨较好。采收标准为香味浓郁，呈固有色泽。若需长途运输则要提前 1~2d 采收。

2. 机插稻栽培技术

（1）品种选择。选用优质、高产、抗病等综合性状突出的中熟中稻或一季晚稻品种。

（2）播种育苗。进行适期定量播种，根据甜瓜采收期及插秧期，按照水稻秧龄 18~20d，倒推具体播种期，一般在 6 月初播种。每盘播干种 130~140g，不同品种要根据粒重、芽率、成苗率做适当调整。

在秧田管理上，一是湿润管水，以水调气、调肥、调温、护苗，促进盘根。严防盘土缺水影响出苗或死苗。出苗后保持盘面湿润，若盘土发白，应及时灌平沟水，自然落干后再上水，如此反复。移栽前 4~5d 揭开无纺布炼苗，增强秧苗抗逆力。二是防治病虫，在无纺布揭后，防治 1 次苗瘟、纹枯病、灰飞虱、螟虫等病虫，以免将病虫害带到大田。三是化学调控，根据苗情用 15% 多效唑可湿性粉剂 2 000 倍液喷雾，延缓秧苗生长。

（3）精细整地。大田要耙透整平，插秧后寸水棵棵到；田面整洁；泥土为上细下粗，上软下实；移栽前泥浆要沉实不板结，插秧时表土软硬适中、不陷机，薄水机插。

（4）适期抢插。当秧苗 3 叶 1 心（不超 4 叶），苗高 15~18cm 时抢时机插。插秧前调整好插秧深度、穴距和取秧量；插秧时保持匀速、直行、足苗、浅栽，栽插深度控制在 2~2.5cm，机插稻栽深在 2cm 左右有利于高产。插足基本苗，密度为 27 万穴/hm²，每穴 3~4 苗，空穴率控制在 5% 以内。

（5）精确定量施肥。适当降低基肥比例，增加分蘖肥，综合考虑品质与产量确定施肥量。施总氮量 315kg/hm² 左右，纯氮∶五氧化二磷∶氧化钾为 1.0∶0.5∶0.7。基肥以施入 25%~30% 的氮肥为宜。本田分蘖期长，返青分蘖肥分 2 次追施，栽后 5~7d 追 10% 氮肥作为返青肥；7d 后再追 20%氮肥作分蘖肥；栽后约 20d 施长粗肥氯化钾（视苗长势可酌情补施 5%~10%的氮肥）。穗肥则促花肥与保花肥的比例为 6：4，施入氮肥的 40%，依苗情适当增减。

（6）精确节水灌溉。插秧返青分蘖期要坚持薄水栽插、浅水返青、露田增气，促进秧苗早生快发，以形成强大根系。分蘖末期适时搁田，当群体茎蘖数达到预计穗数的 80%左右（70%~90%）时开始自然落干搁田，将高峰苗数控制在适宜穗数的 1.4~1.5 倍，搁田遵循"早、轻、多"的原则。孕穗、抽穗期建立浅水层，以利颖花分化和抽穗扬花。灌浆结实期间歇灌溉，以利养根保叶，防早衰。

（7）综合防治病虫草害。病虫害防治按照无公害优质稻米生产要求，综合运用农业、生物和化学防治，尽量减少农药使用。优先使用井冈霉素、阿维菌素、宁南霉素等生物农药，有选择地使用高效低毒无机农药，在水稻拔节、孕穗、抽穗病虫高发期集中用药。7 月下旬注意防治纹枯病、灰飞虱、一代二化螟；8 月中旬防治稻瘟病、纹枯病、稻纵卷叶螟、二代二化螟、稻飞虱；8 月底至 9 月初于水稻破口至抽穗期防治穗颈瘟、稻曲病、纹枯病；9 月上旬注意防治卷叶螟、褐飞虱。

防除杂草采取"两封一拔"的方法。"一封"即在水整平后结合沉实，用 60%丁草胺乳油 2 250mL/hm² 拌细土等撒施，药后保水 3d 左右；"二封"即在栽后 10~12d，用 60%丁草胺乳油 1 875g/hm² 加 10%农得时（丁·苄合剂）300g/hm² 结合施肥撒施，药后保水 3~5d；"一拔"即栽后 30d 左右，人工拔除零星杂草。

第二节　种养结合模式

一、再生稻+鸭高产高效模式

（一）基本情况

稻（再生）鸭共育模式是一种绿色高效模式，是在再生稻生产过程中放养役鸭的共育模式。它的特点是利用役鸭起到除草、灭虫、健苗、活泥、增肥、保水的作用，同时辅助太阳能杀虫灯、性诱剂、生物导弹（携带昆虫病毒的赤眼蜂）等控制再生稻病虫害的发生，全程不施用化学农药，也减少了化肥的施用量，生产出的稻谷和役鸭均可达到绿色食品标准。这种模式有效地提升了产品质量和减少了农业生态环境污染。

(二) 产量效益

再生稻+鸭高产高效模式产量效益见表5-9。

表5-9 产量效益

作物	头季 （kg/亩）	再生季 （kg/亩）	投入 （元/亩）	产值 （元/亩）	收益 （元/亩）
再生稻	547.1	277.8	735	2 643	1 908
役鸭	24	—	192	384	192
合计	—	—	927	3 027	2 100

注：2016年石首市示范情况。

(三) 种养安排

再生稻+鸭高产高效模式种养安排见表5-10。

表5-10 种养安排

	播种期/孵化期	移栽期/放养期	头季采收	收获期
再生稻	3月中下旬	4月中下旬	8月上中旬	10下旬至 11月上旬
役鸭	4月上旬	5月上旬	7月中旬	—

(四) 关键技术

（1）培肥地力。4月上旬翻压，施用秸秆腐熟剂，增加土壤有机质，培肥地力。

（2）选择良种。选用生育期适中、再生能力强、抗性好、米质优、产量高的中稻品种，如丰两优香1号等。

（3）适时播种。3月中、下旬播种，每亩用种量2kg左右。利用钢架大棚育秧基地，采用硬盘基质或营养土培育机插秧苗，每亩22盘左右。

（4）适时机插。小苗早插，秧龄控制在25d左右，叶龄3~4叶。机插秧每亩插1.6万蔸、每蔸插3苗左右，保证5万株以上基本苗。

（5）肥水管理。头季底肥以绿肥为主，辅助少量复合肥。早施分蘖肥、看苗补施穗肥。头季稻收割前10d左右促芽肥亩施尿素7.5~10kg、钾肥5~7.5kg；头季稻收割后提苗肥每亩施尿素7.5kg左右。头季坚持寸水活蔸，浅水分蘖，提早晒田，深水孕穗，湿润灌浆的管水办法，头季收割后及时复水，确保再生芽正常生长。

（6）病虫草害防控。每亩放养 13 只左右役鸭；每 20~30 亩安装一盏风吸式太阳能杀虫灯；每 2~3 亩放一个诱捕器（生物杀虫平台），二化螟或稻纵卷叶螟始蛾期内置性诱剂诱芯 1 枚，产卵始期每亩投放生物导弹卵卡 6 枚，每枚卵卡不少于 1 800 头赤眼蜂，间隔 5~7d 投放第二批；当出现稻叶瘟急性病斑或有中心病株时，用春雷霉素水剂或枯草芽孢杆菌可湿性粉剂防治；全程不使用化学杀虫剂。

（7）适当高留稻桩。头季机收尽量减少碾压毁蔸；留茬高度保留倒 2 叶叶枕，即 40cm 左右（依品种和长势确定）。

（五）稻鸭共育

（1）饲前准备。以 20~30 亩为单位，用高 50~60cm、密度以刚放养的雏鸭不能通过为度的铁丝网作围栏，将稻田四周围起来，防止鸭外逃。在稻田一角修建简易环保棚舍，供鸭子栖息和补料。

（2）役鸭品种选择。选用早熟、生活力和抗逆性较强的优良鸭种，如江南 1 号、青稞 1 号等。

（3）培育健壮鸭苗。4 月上中旬孵化育雏，刚出壳的鸭苗应防寒保温、精心饲养，鸭苗出壳 10~15d 后，可短时放水。适当加喂动物饲料；20~25d 后，可延长放水时间，直至全天放水，进行鸭瘟免疫接种，注意疾病防控。

（4）适龄放鸭进田。头季稻活蔸后，将 20~25 日龄、重约 150~200g 的雏鸭，按每亩 13 只左右密度标准放养。

（5）饲养管理。初入田的雏鸭，在傍晚用食饵引鸭回棚舍栖息。加强田边巡视，注意检查围栏，稻田可适当投放萍种，早晚少量补喂饵料。

（6）成鸭回收。头季稻抽穗灌浆期及时收回田中成鸭，上市出售或"转田"饲养，防止鸭吃谷穗。

二、水稻泥鳅共作生态种养高效模式

（一）基本情况

泥鳅营养价值高，素有"水中人参"的美誉，在稻田中可以代谢熟化土壤中有机物、无机盐等，将其转化为植物可以利用的肥料，疏松土壤，吞食害虫，为水稻提供良好的生长环境。该模式有效地节约了种养成本，既修复了稻田生态，改良了稻田土壤，促进了耕地可持续利用；又节约了资源，促进了农业产业化发展，增加了农民收入，取得较好社会效益、经济效益、生态效益。

（二）产量效益

在种植稻谷的同时，在稻田里养殖泥鳅，将水稻种植和水产养殖有机结合，稻田可为泥鳅提供天然饵料，泥鳅可为稻田提供有机肥料，节约种养成本，实现稻鳅共生、互补、双赢，提高农业综合生产能力，达到"一地多用、一举多得、一季多收"的目的。

水稻泥鳅共作生态种养高效模式产量效益见表5-11。

表5-11　产量效益

作物	产量 （kg/亩）	投入 （元/亩）	产值 （元/亩）	净利润 （元/亩）
水稻	600	800	1 800	1 000
泥鳅	50	800	1 800	1 000
合计	650	1 600	3 600	2 000

注：2016年天门市示范情况。

（三）茬口安排

水稻泥鳅共作生态种养高效模式茬口安排见表5-12。

表5-12　茬口安排

作物	播种期	移栽期	收获期
水稻	5月上旬	6月中下旬	10月上旬
泥鳅	秧苗移栽一周后	—	10月

（四）关键技术

1. 水稻种植

（1）适时播种。4月底至5月10日，选择矮秆、耐肥力强、抗倒伏的水稻品种进行软盘育秧，每亩用种量1.5kg。

（2）机械插秧。6月中下旬，采用8行机，株距16cm机械插秧。

（3）合理施肥。每亩施用专用有机肥100~150kg/亩作底肥，孕穗期追施尿素8~10kg/亩。

（4）病虫防治。采取综合防控的策略。一是每50亩使用一盏频振灯诱虫蛾；二是大水灭蛹，二化螟蛹期灌深水；三是施好四遍药。药剂选择氯虫苯甲酰胺、阿维菌素、四霉素等绿色生态、对泥鳅无毒的产品。

2. 泥鳅养殖

（1）挖沟。在每年4月底前，在稻田四周开挖宽1.2m、深1m的U形鱼沟，鱼沟总面积不超过稻田总面积的10%。

（2）消毒。鱼沟少量进水，用生石灰15~20kg/亩消毒。

（3）放苗。秧苗栽插完一周后即可投放鳅苗，鳅苗可以选择人工繁育苗或野生苗种，每亩投放8cm以上或3g以上的鳅苗20~40kg左右，投苗前，用3%~5%的食盐水浸洗鱼体10min左右。

（4）收捕。每年10月开始收捕泥鳅，既可在稻谷收割前几天收捕，也可在稻谷收割后稻田加满水后收捕。

3. 注意事项

（1）慎用农药，严禁使用化学除草剂、菊酯类和有机磷等农药。

（2）少施化肥，以施农家肥、有机肥为主，尿素和复合肥为辅。严禁施用氯化钾和碳酸氢铵等铵制肥料，

（3）"五防"。①防逃。进排水口、池埂、汛期暴雨要勤检查，防止泥鳅随水或钻洞逃逸。②防盗。谨防用地笼、抄网、电瓶在沟溜中盗捕。③防敌害。防蛇、鸟、鸭子、鲶鱼、才鱼进入田中。④防病。不单投动物性饲料，不投腐臭变质饲料，防肠"胀气"死亡和肠炎病发生。⑤防毒。严防有毒有害的污染水流入稻田。

三、水稻+泥鳅—油菜生态种养高效模式

（一）基本情况

稻田套养泥鳅种植油菜模式的意义表现在6个方面。①稻田可为泥鳅提供天然饵料，节约养殖成本；②泥鳅排泄物可为稻田提供肥料，还能翻松土壤，促进水稻根系生长；③不与粮争地、不与人争水，扩大了水产养殖面积；④禁用高毒、高残农药和少施化肥，稻鳅品质好，经济效益高；⑤稻鳅共生互补，生态效益明显；⑥水稻、泥鳅收获后排水撒播适宜食用油菜苗、油菜薹品种，翌年3—4月再将油菜翻压做绿肥，既提高稻田收益，又可培肥地力，实现用地与养地相结合。

（二）产量效益

水稻+泥鳅—油菜生态种养高效模式产量效益见表5-13。

表 5-13 产量效益

作物	产量 （kg/亩）	投入 （元/亩）	产值 （元/亩）	净利润 （元/亩）
水稻	400	260	1 440	1 180
泥鳅	160	1 950	4 800	2 850
油菜	200	490	3 800	3 310
合计	1 120	2 700	10 040	7 340

注：2016 年利川市示范情况。

（三）茬口安排

水稻+泥鳅—油菜生态种养高效模式茬口安排见表 5-14。

表 5-14　茬口安排

作物	播种期	移栽期	收获期
水稻	4 月上旬	5 月上旬	9 月下旬
泥鳅	5 月中旬	—	9 月中下旬
油菜	10 月上旬	11 月上旬	1—3 月采油菜薹 4—5 月翻压做绿肥

（四）关键技术

1. 品种选择

选择株型紧凑、抗倒性好、抗病力强、产量高、米质优、生育期适中的品种。

2. 稻田耕整

加高加固田埂，栽插围网，田宽以 15m 为宜。开挖 U 形鱼沟，宽1.2m、深 0.7m；出水口挖鱼溜，宽 2m、深 1m。

3. 消毒

在鱼沟鱼溜中用生石灰 50kg/亩消毒。

4. 秧苗移栽

秧苗一般在 5 月上旬栽插，密度 1.2 万~1.5 万穴/亩，基本苗2 万~4 万株。秧苗栽插完 7~10d 后投放鳅苗，每亩投放 8cm 以上的鳅苗 50kg 左右，投苗前，用 3%~5% 的食盐水浸洗鱼体 10min左右。

5. 施肥喂食

施足底肥，以农家肥或有机肥为主每亩施有机肥 500kg，每亩施纯氮 10~12kg、五氧化二磷 4~6kg、氧化钾 6~8kg，纯锌 0.5kg，禁止使用碳酸氢铵与氨水。需施足底肥、早施分蘖肥、补施穗肥、后期叶面喷肥。鳅苗下田后，可投喂植物性粉碎饲料和动物性磨碎饲料，投量为鱼体重的 3%左右。

6. 水分管理

前期薄水栽插，浅水分蘖，够苗晒田；晒田期间，保持围沟水位 60cm 左右。中期浅水勤灌，足水孕穗；抽穗后干湿交替，养根保叶，活熟到老；收获前一周断水。

7. 病虫草防治

优先采用农业防治、物理防治和生物防治。不得使用有机磷、菊酯类高毒、高残留的杀虫剂和对泥鳅有毒的氰氟草酯、噁草酮等除草剂。

8. 及时收获

水稻黄熟末期（稻谷成熟度达 90%左右）收获，留桩高度 30cm 左右，秸秆全部还田。收捕泥鳅的时间：既可以在稻谷收割前几天收捕，也可以在稻谷收割后收捕。水稻、泥鳅收获后及时清沟，撒播或条播油菜，每亩播种量 1kg，品种选择以半冬性、油菜苗、油菜薹适口性好，产量高的品种。

9. 注意事项

"四防"。①防逃。进排水口、池埂、汛期暴雨要勤检查，防止泥鳅随水或钻洞逃逸。②防敌害。防蛇、鸟、鸭子、鲶鱼、才鱼进入田中。③防病。不投腐臭变质饲料，防肠"胀气"死亡和肠炎病发。④防毒。严防有毒有害的污染水流入稻田。

四、水稻甲鱼共作生态种养高效模式

(一) 产量效益

水稻甲鱼共作生态种养高效模式产量效益见表 5-15。

表 5-15　产量效益

作物	产量 （kg/亩）	投入 （元/亩）	产值 （元/亩）	净利润 （元/亩）
水稻	400	500	4 800	4 300

作物	产量 （kg/亩）	投入 （元/亩）	产值 （元/亩）	净利润 （元/亩）
甲鱼	120	6 235	12 000	5 765
合计	520	6 735	16 800	10 065

注：2016 年钟祥市示范情况。

（二）茬口安排

水稻甲鱼共作生态种养高效模式茬口安排见表 5-16。

表 5-16　茬口安排

作物	播种期	移栽期	收获期
水稻	4 月下旬	5 月下旬	9 月中旬
红花草子	9 月上旬	—	—

（三）关键技术

1. 稻田准备

（1）条件。应选择便于看护、地面开阔、地势平坦、避风向阳、安静的稻田，要求水源充足、水质优良、稻田附近水体无污染、旱不干雨不涝、能排灌自如。稻田的底质以壤土为好，田底肥而不淤，田埂坚固结实不漏水。

（2）开挖田间沟。沿稻田田埂内侧四周开挖环形沟，沟面积占稻田总面积的 8%~10%，沟宽 2~4m，沟深 1~1.5m。面积为 20~30 亩的稻田还需加挖"十"字形沟，面积超过 40 亩需加挖"#"形沟。

（3）加高加宽田埂。利用挖环沟的泥土加宽、加高、加固田埂，打紧夯实。改造后的田埂，要求高度在 0.5m 以上，埂面宽不少于 1.5m，池堤坡度比为 1:1.5~1:2。

（4）建立防逃设施。可使用网片、石棉瓦和硬质钙塑板等材料建造，其设置方法为将石棉瓦或硬质钙塑板埋入田埂泥土中 20~30cm，露出地面高 50~60cm，然后每隔 80~100cm 用一木桩固定。稻田四角转弯处的防逃墙要做成弧形，以防止甲鱼沿夹角攀爬外逃。在防逃墙外侧 50cm 左右用高 1.5~1.8m 的密眼网布围住稻田四周。

（5）完善进排水系统。进水口和排水口必须成对角设置。进水口建在田埂上，排水口建在沟渠最低处，由 PVC 弯管控制水位。与此同时，进水口和排水口要用铁丝网或栅栏围住。

（6）晒台、饵料台设置。晒台和饵料台尽量合二为一，在田间沟中每隔 10m 左右设一个饵料台，台宽 0.5m，长 2m，饵料台长边一端搁置在埂上，另一端没入水中 10cm 左右。饵料投在露出水面的饵料槽中。

（7）杀（诱）虫灯安装。在围沟上按照每 5 亩一盏、距离水面 0.8m 的高度均匀设置。

（8）田间沟消毒。在苗种投放前 10~15d，每亩沟用生石灰 100kg 带水进行消毒。

（9）移栽水生植物。田间沟消毒 3~5d 后，在沟内移栽水生植物，如轮叶黑藻、水花生等，栽植面积控制在沟面积的 25%左右。

（10）投放有益生物。在虾种投放前后，田间沟内需投放一些如螺蛳、水蚯蚓等有益生物。螺蛳每亩田间沟投放 100~200kg。有条件的还可适量投放水蚯蚓。

2. 水稻栽培

（1）品种选择。养鳖稻田一般选择中稻田，水稻品种要选择抗病虫害、抗倒伏、耐肥性强、可深灌的优质稻品种，目前常用的品种有扬两优 6 号、黄华占等。

（2）栽培。秧苗一般在 6 月中旬前后开始栽插。利用好边坡优势，做到控制苗数、增大穗。采取浅水栽插、宽窄行模式，栽插密度以 30cm×15cm 为宜。在栽培方面要控水控肥，整个生长期不施肥；稻飞虱高发期要加高水位 0.2m，让甲鱼进田除虫，防止倒伏。为了方便机械收割，一定要做好后期晒田处理。

3. 苗种投放

（1）鳖种投放。宜选择规格整齐，体健无伤，不带病原的纯正中华鳖。放养时需经消毒处理。鳖种规格建议为 0.5kg/只左右，放养密度在 100 只/亩左右。鳖种必须雌雄分开养殖。有条件的地方建议投放全雄鳖种。鳖种一般在秧苗移栽返青后投放。

（2）虾种投放。在稻田工程完工后投放虾苗。虾苗一方面可以作为鳖的鲜活饵料，另一方面可以将养成的成虾进行市场销售，增加收入。虾苗放养时间一般在 3—4 月，规格一般为 200~400 只/kg，投放量为 50~75kg/亩。

4. 饵料投喂

鳖饲料应以低价的鲜活鱼或加工厂、屠宰场下脚料为主。温室鳖种要进行 10~15d 的饵料驯食，驯食完成后不再投喂人工配合饲料。鳖种入池后即可开始投喂，日投喂量为鳖体总重的 5%~10%，每天投喂 1~2 次，一般以 1.5h 左右吃完为宜，具体的投喂量视水温、天气、活饵（螺蛳、小龙虾）等情况而定。

5. 日常管理

（1）水位控制。进入 3 月时，沟内水位控制在 30cm 左右，以利提高水温。当进入 4 月中旬以后，水温稳定在 20℃ 以上时，应将水位逐渐提高至 50~60cm。5 月，可将稻田裸露出水面进行耕作，插秧时田面水位保持在 10cm 左右；6—9 月适当提高水位。小龙虾越冬前（即 10~11 月）的稻田水位应控制在 30cm 左右，这样可使稻蔸露出水面 10cm 左右。12 月至翌年 2 月小龙虾在越冬期间，水位应控制在 40~50cm。

（2）科学晒田。晒田时，使田块中间不陷脚，田边表土以见水稻浮根泛白为适度。田晒好后，及时恢复原水位，不要晒得太久。

（3）坚持巡田。经常检查鳖虾鱼的吃食情况、防逃设施、水质等，做好生产记录。有条件的可以安装远程视频监控系统加强管护。

（4）水质调控。根据水稻不同生长期，控制好稻田水位，并做好田间沟的水质调控。适时加注新水，每次注水前后水的温差不能超过 4℃，以免鳖感冒、患病、死亡。

（5）虫害防治。每年 9 月 20 日后是褐稻虱生长的高峰期，稻田里有了鳖、虾，只要将水稻田的水位提高十几厘米，鳖、虾就会把褐稻虱幼虫吃掉。

6. 鳖、虾捕捞

11 月中旬以后，鳖可捕捞上市。收获鳖时，可先将稻田的水排干，等到夜间稻田里的鳖自动爬上淤泥，用灯光照捕。3—4 月放养幼虾后，2 个月后，将达到商品规格的小龙虾捕捞上市出售，未达到规格的继续留在稻田内养殖，降低密度，促进小规格的小龙虾快速生长。在 5 月下旬至 7 月中旬，采用虾笼、地笼网起捕，效果较好。

五、稻虾共作生态种养高效模式

（一）基本情况

稻虾共作是一种绿色高效的稻田综合种养模式。即在稻田中养殖克氏原螯虾并种植一季中稻，在水稻种植期间，克氏原螯虾与水稻在稻田中同生共长，全程不施用化学农药，不施或少施化肥，产出的稻米和小龙虾生态环保、品质高。这种模式可以有效地提高稻田的综合利用率，既保证水稻的产量，又提高稻米和小龙虾的品质，促进农民增产增收。

（二）产量效益

虾稻共作平均亩产小龙虾200kg、稻谷626kg，每亩平均纯收入4 000元以上，比单一种植中稻每亩平均增收3 000元以上。

稻虾共作生态种养高效模式产量效益见表5-17。

表5-17 产量效益

作物	产量 （kg/亩）	投入 （元/亩）	产值 （元/亩）	净利润 （元/亩）
水稻	626	667	1 753	1 086
小龙虾	200	4 350	8 400	4 050
合计	826	5 017	1 0153	5 136

注：2016年潜江市示范情况。

（三）茬口安排

稻虾共作生态种养高效模式茬口安排见表5-18。

表5-18 茬口安排

作物	播种期	移栽期	收获期
水稻	5月上旬	6月上中旬	9月下旬至10月上旬
小龙虾	9—10月	—	4月中旬至6月上旬； 8月上旬至9月底

（四）关键技术

1. 水稻种植

（1）品种选择。选择株型紧凑、抗倒性好、抗病力强、产量高、米质优、生育期适中的中稻品种。如丰两优香一号、广两优476，或甬优4949等粳稻品种。

（2）稻田耕整。稻田四周围埂，将环形沟和稻田分隔开，小耕小整，耕整时间尽量缩短，减轻对龙虾的影响。

（3）秧苗移栽。秧苗一般在6月中旬栽插，每亩平均密度1.3万~1.6万穴，基本苗4万~6万株。

（4）施肥管理。施足底肥，以农家肥或有机肥为主，每亩施纯氮

10~12kg、五氧化二磷 4~6kg、氧化钾 6~8kg，纯锌 0.12kg，禁止使用碳酸氢铵与氨水。需施足底肥、早施分蘖肥、补施穗肥、后期叶面喷肥。

（5）水分管理。前期薄水栽插，浅水分蘖，够苗晒田；中期浅水勤灌，足水孕穗；抽穗后干湿交替，养根保叶，活熟到老；收获前一周断水。

（6）病虫草害防治。优先采用农业防治、物理防治和生物防治。不得使用有机磷、菊酯类高毒、高残留的杀虫剂和对龙虾有毒的氰氟草酯、噁草酮等除草剂。

（7）及时收获。水稻黄熟末期（稻谷成熟度为 90% 左右）收获，留桩高度 30cm 左右，秸秆全部还田。

2. 龙虾养殖

（1）稻田改造。中稻收割以后，以 30~50 亩为一方进行改造为宜，沿稻田田埂外缘开挖环形沟，沟宽 3~4m、深 1~1.5m，坡比为 1∶1.5。利用开挖环形沟挖出的泥土加固、加高、加宽田埂。田埂高 0.6~0.8m、宽 2~3m。稻田面积达到 50 亩以上时，加开宽 1~2m、深 0.8m 的田间沟。在环形沟开挖时选择稻田一角建 4m 宽的机耕道。

（2）防逃设施。进水口、排水口分别位于稻田两端，进水渠道建在稻田一端的田埂上，排水口建在稻田另一端环形沟的低处。进排水口安装 8 孔/cm^2 的防逃网，同时防止有害生物随水流进入。田埂上用水泥瓦作防逃材料，瓦高 40cm。

（3）移植生物。虾沟消毒 3~5d 后，移植伊乐藻。在 10—12 月，每亩用 20kg 的伊乐藻种株，20 株为一束，按 3m×6m 插入泥中，待草成活，逐渐加水。

（4）投放种苗。一是投放虾苗养殖模式。9—10 月，中稻收割后，选择优良克氏原螯虾苗，每亩投放 2~4cm 的幼虾 1.5 万~3 万尾。翌年 4—5 月，若虾子群体偏小，可适当补投 3~4cm 的虾苗。二是投放亲虾养殖模式。8 月底至 9 月初，初次养殖田块，中稻收割前 15d 往稻田的环形沟和田间沟中投放亲虾，每亩投放 20~30kg，亲虾雌、雄性比为 3∶1。已养稻田，根据虾子群体量适当补投亲虾，雌、雄性比为 2∶1~3∶1。同一池塘放养的虾苗虾种规格要一致，一次放足。

（5）饲养管理。8 月底投放的亲虾宜少量投喂动物性饲料，每日投喂量为亲虾总重的 1%。12 月前每月每亩施 100~150kg 腐熟农家肥，每周投喂一次虾总重 2%~5% 的动物性饲料。当水温低于 12℃ 时，不再投喂。翌年3月水温高于16℃时，每日傍晚投喂存虾量1%~4%的小麦、麸皮等人工饲料或等量配合饲料。每周每亩补投0.5~1kg动物性饲料。

（6）控制水位。水位控制按浅—深—浅—深原则。10月至11月中旬水位控制在20cm左右，11月中旬至翌年2月底水位控制在40~60cm，3—4月水位控制在20~30cm左右，4月中旬至5月底水位逐渐提高至40~60cm。整田插秧前，缓慢排水让虾苗进入围沟，适量投饵。

（7）防止敌害。在进水过程中用密网拦滤肉食性鱼类；在稻田埂上设鼠夹、鼠笼防鼠害；采用人工夜间驱逐方式防蛙类危害；采用人工驱赶方式防鸟类、水禽危害。

（8）捕捞上市。第一季捕捞时间在4月中旬至6月上旬，第二季捕捞时间在8月上旬至9月下旬，地笼网眼规格应为2.5~3cm，捕捞成虾规格在25g/尾以上，遵循捕大留小的原则。

六、水稻+小龙虾+鸭复合种养高效模式

（一）基本情况

稻+虾+鸭复合种养模式是在虾稻共作模式基础上试验成功一种新模式，该模式利用虾、鸭、灯控制水稻病虫草害，减少农药化肥使用量；鸭与虾粪便排入土壤，培肥了土壤；同时提高了稻米品质，增加了鸭、虾的收入，是一项效益高、品质优、生态环保的全新种养模式。

（二）产量效益

水稻+小龙虾+鸭复合种养高效模式产量效益见表5-19。

表5-19 产量效益

作物	产量 （kg/亩）	投入 （元/亩）	产值 （元/亩）	净利润 （元/亩）
水稻	620	690	1 860	1 170
龙虾	200	1 400	6 000	4 600
鸭	14（只/亩）	80	280	200
合计	—	2 170	8 140	5 970

注：2016年潜江市示范情况。

（三）茬口安排

水稻+小龙虾+鸭复合种养高效模式茬口安排见表5-20。

表 5-20　茬口安排

作物	播种期	移栽期	收获期
水稻	5 月中旬	6 月上中旬	10 月上旬
小龙虾	8 月下旬	—	4—8 月
鸭	6 月下旬	—	10 月

（四）关键技术

1. 选用良种

水稻选用黄华占、丰两优一号等高产优质抗逆性强的品种，鸭选用适于稻田放养的江南一号、金定麻鸭等中小个体品种，小龙虾选用克氏原螯虾。

2. 绿色防控

每 30 亩安装一台频振式杀虫灯；严格按照《绿色食品农药使用准则》（NY/T393）防治病虫害，大田禁止使用有机磷、菊酯类和高毒、高残留杀虫剂；以鸭控草，不进行化学除草。

3. 机械生产

水稻育秧、插秧、植保、收获实行全程机械化生产。

4. 配方施肥

抓好配方施肥，肥料选择符合《绿色食品肥料使用准则》（NY/T394）规定，但禁止使用碳酸氢铵与氨水。

5. 设施配套

一般每 40 亩稻田适宜放养鸭 560 只，需配套建设 100m² 鸭棚 2 个左右，进出水口及田埂四周安装好小龙虾防逃网，插秧后稻田四周安装好鸭防逃网。

第六章　中低产稻田种植技术

第一节　中低产田基础知识

一、长江中游地区中低产稻田的形成原因及分布规律

长江中游地区稻田土壤成土条件复杂，土壤类型繁多，中低产稻田形成不仅受地形部位、水分状况、成土母质、气候条件、植被覆盖等自然生态环境条件的影响，而且受人类活动，耕作熟化的影响更大。高、中、低产田是复合生态系统的产物。由于处于不同地理位置、地形部位的稻田，受社会经济、科学技术、人类劳动、耕作熟化的影响不同，分别形成了高、中、低产田。人类活动影响弱，且耕作熟化程度低，不良自然环境条件的障碍大，是形成中低产稻田的主要原因。

据调查，长江中游地区的中低产田主要分布在离城镇、农村居民点较远的山丘区的高岸田、高排田、冲垄田的首、尾部，以及河湖平原的河头、溃口及内湖洼地，其分布分别呈枝状、扇形、盆形、带状组合；其中山丘区多呈台式梯田——冲垄田组合，河湖平原以居民点为中心呈同心圆状分布。

在一个地区或一个县的范围内，从平原、低丘到丘陵、山区，从城郊到远郊和边远乡村，随着农业发展水平和稻田熟化程度的降低，中低产田的面积也是逐渐增加的。

同时，稻田微域地形部位的不同，母质的质地不同，土体中有无沙漏层，黏土层，以及有无矿毒污染影响，也使中低产稻田的分布有着明显的地域性。

二、中低产稻田的主要类型及障碍因素

长江中游地区高、中产田与低产稻田的划分，主要是以土壤有无障碍因素为依据。凡无明显的障碍，产量一般的稻田为中产田。因其土壤肥力比高产田要低，面积较大，又称为培肥型稻田。依据低产稻田不同的障碍因子和改良方向划分为浅旱型、黏瘦型、沙漏型、冷潜

型及矿毒型五大类。

(一) 浅旱型低产稻田

多分布在丘陵岗地中上部或顶部的高岸田、高排田及山区冲垅尾部稻田、坡地望天田。

主要问题是：水源缺乏，易遭干旱。这类田水利条件差，多靠雨水灌溉。由于长江中游地区受欧亚大陆干旱气流影响，常有春旱、伏旱、秋旱出现，此类田春旱不能及时耕田常延误插秧季节，伏旱时水稻常遭干旱严重减产等。耕层浅薄，熟化度低。水耕熟化时间短，土层浅，剖面层次发育差，耕作层、犁底层都较浅，约 $10 \sim 14cm$，保水肥性能差，心土层铁、锰淋溶淀积不明显，有的还保留母质的特性。养分缺乏，肥力较低。耕作不便，施肥少，管理差，土壤肥力较低。据测定，土壤有机质含量 $11.1 \sim 36.4g/kg$，且多在 $25g/kg$ 以下；全氮 $1.1 \sim 1.9g/kg$，速效氮 $75 \sim 163mg/kg$，有效磷 $2.3 \sim 13.4mg/kg$，速效钾 $58 \sim 135mg/kg$，土壤供肥不持久，作物生育后期容易出现早衰。质地不良，结构较差。土壤质地从沙壤到黏壤都有，物理性状不良，容重为 $0.71 \sim 1.58g/cm$，孔隙度为 $40\% \sim 55.3\%$，结构为粒状或块状结构。

(二) 黏瘦型低产稻田

多分布在山丘区的低岸田，高排田上。主要问题土质黏重，结构不良。黏瘦低产田多发育在黏质母质上，土壤 $<0.1mm$ 物理黏粒含量 $45.9\% \sim 69.8\%$，粉/黏比值为 $0.74 \sim 1.55$，且多数 >1，质地黏壤至黏土，结构不良。容重 $1.08 \sim 1.32g/cm$，孔隙度 $48.7\% \sim 60.1\%$。土壤胀缩性大，俗称"天晴一把刀，落雨一团糟"。泥团多，养分释放少，根系不易插入，生长困难，耕作费力，劳动效率较低；熟化度低，养分缺乏。黏瘦低产田远离村庄，施肥少，管理差，耕作粗放，土壤熟化度低，储育化程度中等以下，土壤有机质含量 $18.6 \sim 33.3g/kg$，多数 $<30g/kg$；全氮 $1.0 \sim 1.7g/kg$，速效氮 $75 \sim 167mg/kg$；有效磷 $2.8 \sim 16.3mg/kg$，多数在 $7mg/kg$ 以下，速效钾 $8.7 \sim 116mg/kg$，阳离子交换量为 $10.41 \sim 12.76cmol/kg$，微量元素钾、硼、钼也常缺乏。

(三) 沙漏型低产稻田

主要分布在离河近的河头、沙洲、溃口附近及山丘区的冲积扇、洪积、坡积体上，山丘区沙性岩母质上发育的岸排田及冲垅尾部高田等。主要问题是土壤沙漏，容易板结。土壤质地沙壤至黏壤 $>0.01mm$ 物理黏粒含量 $42.5\% \sim 76\%$，粉/黏比值 $0.73 \sim 2.94$，多数 >1；耕层厚

10~22cm，多数<15cm，土壤容重 0.83~1.50g/cm³，多数>1g/cm³。土壤沙性重，水耕后，泥沙分离，淀浆板结，要随犁随耙插秧。土壤熟化度低，土壤剖面层次发育也较差；保肥性差，养分缺乏。土壤通透好，水温泥温容易升高，微生物活动旺盛，有机肥料分解快，保肥力弱。土壤阳离子交换量只有 5~8.8cmol/kg，对养分的吸持能力低，易流失，耕层土壤有机质含量 19.4~41.9g/kg，多数<20g/kg；全氮 0.88~2.45g/kg，速效氮 76~159mg/kg，磷、钾含量多数处在缺乏或严重缺乏范围，其中有效磷 2.4~26.1mg/kg，速效钾 58~125mg/kg。土层浅，土壤养分容量较低，作物后期易脱肥早衰；结构不良，渗漏量大。土壤结构差，多为粒状及碎块状结构。土壤孔隙度 48%~61.9%，且大孔隙多，水分、养分渗漏流失大，日渗漏量常大于 5mm，如遇到天旱，灌 4cm 深度水，只能维持 1d 左右。

(四) 冷潜型低产稻田

广泛分布于山区和丘陵区的冲垅谷地，塘库沟渠坡脚、平原和湖区的低洼地带。主要问题是土壤渍水，还原性强。因土壤长期受地表、地下水浸渍或漂洗，Fe^{2+}、Mn^{2+} 等还原有毒物质积累或淋失，土体中有深厚的潜育层或漂白层；水温泥温低，水稻生长差。长江中游地区春季 4—5 月易受寒潮低温影响，加之井泉水及溶洞水灌溉的影响，水温和泥温低，土壤微生物活动弱，有机肥料分解慢，养分供应强度小，早稻前期常常出现僵苗不发，后期贪青迟熟空壳多，造成低产。有机质积累，速效养分少。土壤有机质含量高，一般在 31.7~54.8g/kg，但腐殖质品质差和速效养分含量较低，紧结合态腐殖质含量占 60%~80%，速效氮 75~175mg/kg，有效磷 1.4~9.6mg/kg，速效钾 19~102mg/kg，有效锌 0.21~1.0mg/kg，多数<1.0mg/kg，在缺乏的范围内；物理性状差，熟化程度低。质地中壤至轻黏，土壤容重 0.9~1.40g/cm³，孔隙度 47.17%~65%，青泥层厚度和出现部位与地势低洼程度和排水难易有关。土壤无结构成糊状，泥烂泥深，不利耕作和栽培管理，土壤熟化程度低。

(五) 矿毒型低产稻田

多分布于工厂、矿山附近的稻田。这类稻田含有多种金属、非金属、化学有毒物质，对水稻产生毒害，造成严重减产，甚至不能种植水稻。

重金属矿毒田。由于铅、锌、汞、铜等有毒重金属随尾矿废水侵入稻田，使土壤板结，容重增加，土壤理化性质恶化，有效养分低下。

一般土壤容重 $1.29g/cm^3$，孔隙度 42.63%，有效磷含量常低于 $5mg/kg$，部分铅、锌矿毒田的有效磷含量只有 $1.3mg/kg$；特别是混合型重金属矿毒田，砷的含量很高，淹水种稻，几乎没有收成，要水稻旱种或改种旱上经济作物才有一些收成。非金属矿毒田。主要是受硫黄、煤矿毒和砷矿毒物质的污染；土壤含硫、砷毒性物质多，酸性强，pH 值为 3.8～4.6，有效磷含量 2.6～13.4mg/kg，速效钾含量为 40～49mg/kg，土壤缺钼，水稻不仅产量低，而且米质被污染，容易对人体健康产生毒害；废水污染田。有碱性、酸性废水污染田，废油及农药废水污染田等，土壤碱性过强或酸性很强，阻碍土壤通气，根系活力降低，造成黑根死苗，影响根系对养分的吸收，导致水稻严重减产或失收。

（六）培肥型中产稻田

多分布在山丘区的低排田，冲垄中部稻田，河湖平原的阶地，坪田、烷田。主要问题是土壤熟化较久，土壤肥力中等。土体潴育层发育明显，耕层厚，约 14～18cm，犁底层厚 15～25cm，保水保肥性能较好，作物生长稳健，属中产稻田。心土层铁锰淋溶淀积明显，土层厚度 40～100cm，质地沙壤至壤土、黏土都有，粉/黏比值为 0.70～2.69，多数 ＞1，＜0.01mm 物理黏粒为 36%～79%，土壤容重 0.96～1.51g/cm³，孔隙度 38.95%～62.3%，粒状或块状结构，较疏松，耕性较好，阳离子交换量 8～19.74cmol/kg。耕层有机质含量 20.3～38.4mg/kg，多数 ＜30mg/kg，碳氮比为 8.86～19.84；成土母质不同，还有障碍因素：由于成土母质不同，存在一定障碍因素，如速效磷钾含量、微量元素钾、硼、锰含量较低，土壤养分供应不均衡；第四纪红土，板页岩，石灰岩母质发育的红黄泥、黄泥田、灰泥田、马肝泥，土质较黏重，结构不良，耕层紧实，不利耕作，影响土壤熟化度的进一步提高；青塥田和黏塥田犁底层潜育化、黏化、爽水性差，对土壤通透性能，养分供应和水稻植株生长发育都有不良的影响。

三、中低产稻田的土体层次和肥力特性

1. 土体层次不良

中低产稻田土体构造中常有多种不良层次。浅耕层型低产田具有明显的浅耕层；沙漏型低产田有沙漏耕层（As）或沙漏犁底层、沙漏心土层（Was）；黏瘦型低产田有明显的黏瘦耕层（At）；冷浸型低产田有冷潜层。一些培肥型中产稻田，也常有青塥层，黏塥层和黏瘦耕

层等。这些不良剖面层次是鉴别不同中低产田的特有形态标志，可以看成是不同中低产稻田的诊断层（Diagnostic Horizon），是中低产稻田熟化程度较低，是长期受不良自然环境因素综合影响的结果，是用来监测土壤肥力的重要外部表征。

2. 土壤质地过黏过沙

冷潜型低产田<0.001mm 的黏粒比地势较高的高产田明显增加，0.05~0.01mm 粉沙含量比高产田一般低 8%~10%。这说明冷潜型低产田质地过黏，通透性能差。此外，沙漏田、黏瘦田土壤剖面中不同土层的机械组成差别很大，对土壤耕性、保水保肥性和土壤供肥特性的影响也很大。

3. 土壤孔隙状况不良

在同一母质发育的稻田中，冷潜型低产田的毛管孔隙含量为50.6%~61.4%，比高产稻田高 0.9%~6.0%，而非毛管孔隙多数在 5%以下，比高产稻田低得多。这一类型的稻田土壤通气通常不良，容易积水，土壤环境更新慢，不利于土壤养分的活化和水稻生长。沙漏型低产田和培肥型中产田总孔隙和毛管孔隙较低，非毛管孔隙高于冷潜型低产田，低于高产田，说明中低产稻田的改良中，改善土壤孔隙状况，使土壤非毛管孔隙达到 7%以上，是提升土壤质量的重要指标。

4. 有机质含量过多或过少

由于中低产稻田水热性状不良，土壤有机质含量不是过多就是偏少。其中冷潜型低产田，排水不良，土壤中的微生物又以嫌气性微生物为主，有机质分解慢，相对积累较多，有机质在土壤中大量累积（30~56g/kg），且多以未腐解完全的残体存在于土壤中，腐殖质化程度低；但沙漏、黏瘦、浅旱型的这些类型的中低产田，土壤排水较好，有机质矿化快，有机质含量低，一般 26g/kg 以下。

5. 腐殖质的品质较差

冷潜型低产田松结态腐殖质含量都较低，黏瘦、沙漏型低产田及培肥型中产田松结态腐殖质含量在 0.55%左右，高于冷潜型低产田，远低于高产稻田；同时，冷潜型低产田松结态与紧结态的比值<0.4，腐殖酸和胡敏酸的含量分别仅为 0.318%和 0.194%，均低于中产田和高产田。因此，中低产稻田的腐殖质活度小，品质比高产稻田差，这是中低产稻田土壤肥力较低的重要标志。

6. 有效养分不均衡

低产稻田的土壤结构一般都较差、通透性不好，微生物活动弱，有机质的矿化缓慢，有效养分释放也较慢，氮、磷、钾有效养分含量均低于中、高产稻田；同时，中低产稻田速效氮、磷、钾养分的供应极不平衡，特别是石灰性的低产稻田，钾和磷含量少，有效磷及速效钾极缺，沙性稻田养分淋失多，缺磷缺钾严重，致使稻田土壤有效肥力低下，水稻生长前期容易出现僵苗，或贪青晚熟、早衰减产。冷潜型低产田有效锌含量一般在 $1\pm0.06mg/kg$ 的缺锌范围；有效硼含量一般处在（0.184 ± 0.048）mg/kg 的极缺范围；有效钼含量一般接近于 $0.051mg/kg$ 的极缺水平；虽然中产稻田的微量元素含量略高于冷潜型低产稻田，但仍低于高产稻田。因此，土壤有效养分不足是中低产稻田土壤肥力的重要特性。在改良中低产稻田时，既要增加土壤总养分，又要提高土壤养分有效性。

第二节　中低产稻田改良技术

一、中低产田合理施肥技术

（一）平衡施肥技术

水稻生长需要多种营养元素的平衡供应。在有效养分缺乏或供应不均衡的中低产田上，平衡施肥是提高水稻产量的重要措施。据地处长江中游地区的湖南、湖北、江西、安徽 4 省农科院土壤肥料研究所的研究表明，在培肥型中产稻田上，施用磷肥对早稻营养生长和产量的作用明显，施用钾肥对晚稻的增产效果优于磷肥。氮、磷、钾均衡施用有利于水稻生长。在氮、磷、钾的基础上，施锌肥 2.5kg/ha 作基肥，水稻的分蘖速率和生长速度明显加快，有效穗增加 0.4 根/蔸，植株增高 3.8cm，植株的叶绿素含量、根系氧化力和光和强度分别比氮、磷、钾处理提供 9.5%、14.9%和 9.0%；氮、磷、钾与锌配合施用对水稻的经济性状有明显效果，有效穗、总粒数和实粒数均比施用氮、磷、钾的增加，空秕粒减少，千粒重提高。施用氮、磷、钾、锌后，早稻比对照增产 39.2%~81.2%，晚稻增产 34.1%~77.6%。施用氮、磷、钾、锌比氮、磷、钾增产 5%以上，每千克锌肥可增产稻谷 15kg。

（二）有机无机肥料配合施用对中低产田的增产效果

化肥供肥迅速，有利于促进水稻前期的营养生长，有机肥供肥较慢，对水稻后期生长有利。在施氮总量相同的条件下，随化肥 N 递减，水稻株高下降，有效穗减少，随着有机氮增加，总粒数和实粒数增加，空秕粒减少，千粒重提高。有机肥分解缓慢，肥效较长，有利于提高土壤肥力和增加稻谷产量。因此，有机肥施用年限越久，增产效果越明显，有机肥施用比例以总施肥量的30%~50%为宜。

随有机肥用量增加，土壤全量和速效氮、磷、钾及有机质含量均增加，土壤容重逐渐变小，土壤总孔隙、毛管孔隙和非毛管孔隙增加。连续3年施用有机肥后，土壤速效氮、磷、钾分别比施用化肥增加7.4~28.3mg/kg、7.5~45.0mg/kg、26.6~119.8mg/kg，全氮、全五氧化磷分别提高0.1~0.55g/kg和0.2~0.3g/kg，土壤有机质提高0.4~7.8g/kg，容重下降0.02~0.15g/cm^3，总孔隙、毛管孔隙和非毛管孔隙分别增加1.7%~4.83%、0.3%~2.56%、0.06%~2.17%，施有机肥培肥土壤的效果最佳。

（三）微量元素对中低产田的增产效果

中低产田施用锌、铝、硼、锰后，分蘖与生长速度加快，分蘖数和有效蘖增加，有效穗增加0.5~1.2穗/蔸，总粒数增加0.3~4.8粒/穗，实粒数增加2.8~5.6粒/穗，空秕粒减少0.8~3.5粒/穗，千粒重提高0.2~0.4g。4种微量元素中以锌的增产效果最好，其次是硼和锰。已有的研究表明，在缺铝的稻田土壤上，施用铝肥对水稻有一定的增产效果，但增产幅度较小。在施用方法上，锌肥作基肥或沾秧根的效果比叶面喷施的好；分蘖始期和孕穗期叶面喷施硼、锰、铝的效果较好。

二、稻草覆盖还田免耕栽培技术

稻草还田对于增加土壤钾素、土壤有机质含量和提高水稻产量的效应明显。传统的稻草还田方法是将早稻草铡碎翻压后移栽晚稻，但在稻草分解过程中，容易发生微生物与水稻争氮，影响水稻前期的生长，同时，劳动强度大，延误"双抢"季节。近年来的研究证明，稻草覆盖还田免耕栽培技术能较好地解决了上述矛盾，且增产增收的效果明显。其主要作用是降低田面温度，促进晚稻返青。水稻生长最适宜温度为25~30℃，插秧时温度高于40℃则影响返青，分蘖时最适温度为30~35℃，高于37℃时分蘖受阻。由于稻草覆盖还田免耕栽培时，1/2的早稻草撒施在田面可遮挡阳光对泥面直射，水温降低3~5℃，5cm泥温降低1.5~4℃，10cm泥温降低1.2~2.1℃，有利于晚稻返青；增加营养物质，促进水稻中后期生长；随着稻草的分解，水稻中后期生长速度增快，分蘖数和有效穗增加。

稻草覆盖还田免耕能增强土壤通透性，降低土壤还原物质，促进水稻根系发育，提高水稻根系活力，从而促进水稻地上部分生长。改善水稻经济性状，提高产量：稻草覆盖还田免耕的有效穗增加 0.3 根/蔸，实粒数增加 10.5 粒/穗，千粒重增加 0.3g，比无草翻耕增产 14.8%，比无草免耕增产 13.7%，比撒在田面后翻耕的增产 8.6%。此外，稻草覆盖还田免耕还是一项省力，缓解劳力和畜力紧张矛盾，有效提高经济效益的技术措施。

三、冬种绿肥技术

在化肥大规模应用之前，长江中游地区有冬季种植绿肥作物的传统。冬种绿肥对培肥中低产稻田、提高水稻产量、减少化肥用量等方面均具有重要作用。培肥土壤肥力。绿肥的茎和叶中含有丰富的氮、磷、钾等农作物生长所需要的养分，能为土壤提供丰富的养分。绿肥作物在生长过程中的分泌物和翻压后分解产生的有机酸能使土壤中难溶性的磷、钾转化为有效性磷、钾；提高作物产量。绿肥作物中的营养元素在腐解过程中缓慢释放出来供作物吸收。在翻压量适宜的情况下，每 100kg 绿肥可增产稻谷 40~50kg。减少化肥施用量：在种植紫云英和保证早稻增产 9.0% 的情况下，早稻可减少 20% 氮肥和钾肥施用量；改善土壤物理结构：绿肥翻入土壤后，在微生物的作用下，不断地在分解过程中形成腐殖质，腐殖质与钙结合能使土壤胶结成团粒结构。此外，绿肥作物还有固氮、吸碳等功能。每亩紫云英产量若达 1 500kg，可固定氮 10.2kg。每亩绿肥可以固定 500kg 二氧化碳，同时放出 430kg 氧气。

四、稻田耕作制度改进技术

针对不同中低产田的障碍因子，改进稻田耕作模式可达到提升中低产田土壤肥力和提高经济效益的目的。目前长江中游地区的稻田耕作制度主要有烤烟—晚稻，辣椒—晚稻，西瓜/玉米—晚稻，马铃薯—双季稻等。据晚近的研究表明，在山区和丘陵区的中低产田上，粮食产量以马铃薯—双季稻最高，晚稻产量以烤烟—晚稻、辣椒—晚稻最高。稻田耕作制度改进技术在作物品种搭配上要做到互为有利，旱作选用生育期较短品种，水稻可选用生育期较长、增产潜力大的杂交水稻。据研究，在潜育性稻田上，通过开深沟种植绿肥后栽培双季稻的稻田<0.25mm 微团聚体比双季稻—冬闲制度提高 5.2%，>5mm 泥团降低到 21.3%，土壤容重降低、总孔隙度和非毛管孔隙、有机质分

水稻绿色高产高效技术

解和速效养分含量均比双季稻—冬闲制度的明显提高。开深沟种植绿肥后微团聚体内的养分含量相对提高，>5mm 团块中养分含量较低。土壤微团聚体的颗粒小，表面积大，与作物根系的接触面大，从而有利于水稻对养分的吸收。

五、潜育性稻田早、中稻中苗带土—厢垄栽培技术

针对长江中游地区早、中稻育秧和返青分蘖期倒春寒频繁，低温寡照天气多，易造成烂秧或秧苗素质差等问题，中苗带土—厢垄栽培是解决这一问题的有效措施。其主要优点是提高秧苗素质，移栽时植伤少，有利于水稻的早生快发。中苗带土秧的白根生命力强，4 叶期单株白根数为 10.6 条，占总根系的 73.5%，而湿润秧同期白根数仅 3.5 条，仅占 21%。中苗带土移栽基本上对秧苗没有伤害，移栽后返青分蘖快；分蘖节位低且早生快发，能增加有效穗数和颖花数：中苗带土水稻前期的分蘖显著增多，中苗带土—厢垄移栽的水稻分蘖多发生在第二节位，平均占 75.9%，大苗移栽 90% 的分蘖是在第三和四节位，其有效穗数比大苗移栽平均提高 7%；提高水稻产量和经济效益：杂交水稻采用中苗带土—厢垄移栽比大苗移栽增产 8.1%，常规水稻增产 9.5%。同时，投入成本比大苗移栽少 69 元/hm²，用工虽增加，由于稻谷产量的提高，劳动净产值仍比常规栽培提高 1.91 元/（工·天），增加 14.5%，成本产值率提高 18%。

第三节　中低产稻田改良方法

一、烂泥田

（一）概念

烂泥田是指在山谷低注地方和靠近湖沼边缘的水田。因为田面低，排水困难，所以长年积水。造成泥层很深，又烂又糊，人和耕牛往往容易下陷，耕作很困难．这种田一年只能种一季水稻，种下的水稻起苗发棵很慢，收成也没有保证。

（二）改良方法

1. 开沟排水

排水沟的深浅、大小、位置和方向，要看具体地形和地势来决定。既要排出田面积水，又要照顾灌溉上的方便，使田里的水有出路也有

来路，达到能灌能排。

2. 挑沙改黏

在冬耕以前每亩挑入1 500~2 000kg沙土铺匀后再耕翻入土，使沙土与黏土混合，以减轻黏性，使土壤疏松，便于稻根下扎。

3. 增施有机肥

烂泥田增施厩肥、堆肥、青草、塘泥等有机肥料，可以改良土壤性质，提高土壤肥力，每亩用量500~1 000kg。如有铁锈水流出的烂泥田可施用石灰，每亩用量50kg左右，以中和土壤酸性。有机质肥料和石灰的施用时间是在冬耕翻土前撒施，也可以在春耕时施用。

二、冷浸田

（一）概念

冷浸田主要是田底有冷泉水涌出。无法排出，或是山坡的梯田日照少荫蔽，长期受到山泉水的冷浸，而形成土温、水温低的终年积水田。冷浸田种下的水稻，发棵生长慢，一年也只能种一季水稻。

1. 冷浸田分布特点

冷浸田是长江以南包括湖北省的主要低产水田。据初步统计，长江以南约有1/3是低产水田，而冷浸田占有很大的比重，这些低产田已成为提高粮食产量的主要障碍。改造冷浸田，首先要认真摸清造成这些田低产的原因，然后对症下药，才能收到改良的效果。

2. 冷浸田低产原因

冷浸田多分布在南方各省的山区谷地和丘陵低洼地带。这些田长期受冷水浸渍，终年水温、土温都低，一般光照较短，有效养分少，土烂泥深，水稻根扎不牢。另外，还含有对水稻根系生长有毒害作用的硫酸亚铁和硫化氢一类还原性物质。

（二）改良方法

山区冷浸田缺少水稻根系健壮生长的土壤环境条件，可采用"环改、水改、肥改、土改和耕改"，并与轮作相结合的改良办法。

1. 改造环境

为防止冷浸田的遮阴，在水稻生长期要砍掉山旁田边的灌木和杂草，以增加光照，提高土温。

2. 水利改良

这是改造冷浸田的一项根本性措施，也是充分发挥其他改良效

水稻绿色高产高效技术

果的前提条件。群众创造的"修一塘、挖三沟、治五水、成七田"的办法，是一项行之有效的好措施。具体讲，"修一塘"就是在垄头修一个山塘，进行蓄水灌溉。"挖三沟"就是挖防洪沟，沿山垄的顶端和垄旁山腰开环山的大排水沟，以截住或排泄山洪，把水引入山塘水库；挖排水沟，即在垄头、垄边、垄中、垄腰开纵横交错的明沟或暗沟，排出多余的积水，降低地下水位和导出冷泉水；挖灌溉沟，供灌溉使用。"治五水"，即治理山洪水、冷泉水、酸毒水、串灌水和地下水。"成七田"，即做到山洪不冲田，肥水不出田，毒质排出田，烂田变软田，绿肥冬作下田，拖拉机能进田，遇旱有水灌田。这样做了以后，可以提高土温，增强微生物活动，增加有效养分，促进根系生长。

3. 以肥改土

冷浸田一般少氮、磷、钾，施用这些肥料可改变冷浸田的养分状况，结合种植绿肥效果更好。

4. 改善土壤

开沟排水降低地下水位以后，可进行犁冬晒白。它有利于土壤结构的形成，改善土壤通透性，促进还原性的化合物氧化，消除毒性，还能加速有机质的转化，充分发挥土壤潜在肥力，这项措施对土质黏重、含有机质多的烂泥田效果更好。

5. 改革耕作制度

改原来一年种一季水稻，为一年种一季水稻和一季冬作物。改单种稻为轮作，把豆科、禾本科和十字花科等作物结合起来，实行水稻—油菜、水稻—豆科绿肥等轮作。这样可做到既用地又养地，使肥力不断提高。

三、冬水田

（一）概念

冬水田也叫沤水田，就是在冬季浸水的稻田。一般高寒山区的梯田很多是这样的田。这种田土壤有机质含量少，土温、水温低，一年只能种一季水稻。由于土质瘠薄、坚硬、水稻发棵慢，产量低。

（二）改良方法

对这种稻田主要是实行冬耕晒垡，使耕翻起来的土块，经过一个冬天的冻酥、风化，第二年春耕时容易打碎耙平。另外还要增施有机质肥料逐步使土壤变熟。如果在排水落干后，发现土壤太干太硬，影响翌年春播，可在田的四周开挖深沟蓄水，以保持土壤湿润，便于耕作。

四、漏水田

（一）漏水田特点

由于土壤漏水造成了与非漏水田截然不同的两种特点。漏水田土壤的有机质含量低，土壤间空隙比较大，沙质含量较高，土壤保肥蓄水能力差，养分供应不足，土壤贫瘠，草荒偏重，在栽培过程中，由于肥料损失严重，所以施肥量较大，水稻单产较低，效益差。由于水田经常漏水，造成水分缺乏，灌水频繁，土壤冷凉，水稻生长发育不良，容易在水田表面形成大量海绵（青苔），对水稻生长造成严重的影响。漏水田由于保水能力较差，土壤比较松散，耙田后很快沉积，使得水层下土壤变硬速度加快，造成插秧难。

（二）漏水田改善土壤结构方法

漏水的原因是土壤质地沙化，无法有效地形成犁底层，水分下渗后进入地下水循环，田间表面形成不了稳定的水层。要改变这种状况就必须改善土壤结构，向水田内增加有机肥，用客土改良土壤。使沙质土壤逐渐增加黏度，形成有效的土壤团粒结构，增加其保肥保水能力，有效地改善漏水状况。

水旱轮作也是改善土壤漏水状况的重要方法。由于经过一年的旱作，增加了土壤中作物的残留数量，有效增加了有机质的含量，同时旱作对作物形成有效犁底层作用明显。因此水旱轮作对土壤物理结构状况的改善效果十分显著。

（三）漏水田栽培水稻水量控制与调节

由于漏水田需要长时间灌水，水分渗漏严重，田间很难长时间保持水层，一般全田灌水 5cm 水层 12h 就会完全渗漏掉，造成水田断水。这就要求漏水田要经常小流补水，持续不断。这样又势必会造成田间水凉，严重影响水稻的正常生长。经过长期的摸索与实践证明，建立蓄水缓冲池，增加水渠的长度，促使水在渠道中停留时间延长，增加水温，能缓解由于长时间灌水而造成的田间水凉的状况。同时水田入水口要不断地改变，这是因为经常在一个位置会对入水口附近的水稻生长造成极其严重的影响，甚至会出现不抽穗、不开花的现象。调节水量，坚持浅水层，干湿交替灌溉，这样能够增加田间温度，分蘖后可晒田，保证有足够的积温，提高土壤温度，有利于作物生长。

具体控水调水方法如下：有效分蘖期灌 3cm 浅水层，利用薄水层增温促蘖。孕穗至抽穗前，灌 4~6cm 活水，减数分裂期（抽穗前 15~18d）如遇 17℃ 以下低温，需灌 15~20cm 深水护胎，并灌水田需晒水，避免人为冷害。抽穗后实行间歇灌溉，将水层灌至 5~7cm，自然落干后再灌水。进入乳熟期采取间歇灌溉，蜡熟期采取干湿交替灌溉，黄熟末期开始排水，洼地可适当提早排水，在漏水田中要适当晚排，做到以水养根，以根保叶，增加后期光合产物，提高稻谷品质。

（四）漏水田栽培水稻田间管理注意事项

漏水田的水稻插秧是个难题，因为漏水，耙田后的土壤沉积太快，耙田后必须赶快插秧，否则插秧土壤会迅速变硬，容易造成漂苗现象，不能有效保证田间苗数。漏水田插秧可采取"五边一条龙"的管理方法，即边泡田、边整地、边施肥、边插秧、边管理，只有这样才能达到插秧效果和促进早生快发的目的。

漏水田由于漏水严重，水分缺失消耗大，土壤有机质含量低，肥料利用率不高，因此需要增施有机肥以增强土壤后劲。施用化肥时本着"少吃多餐"的原则。这样可以有效避免一次性大量施肥而造成肥料的流失。

在漏水田施肥时应尽量选用控释肥。控释肥是利用改性材料形成的内质分子捕捉化肥营养元素，特别是对于铵态氮的捕捉效果更加理想，从而减少养分的流失，提高养分的利用率。平均利用率可提高 18% 以上，特别是在漏水田的土壤条件下就更加明显，不仅可以减少肥料的施用量，保护生态环境，而且能够大幅度地提高作物的产量。

漏水田在施药除草中也要与非漏水田区别对待。插秧后 5~7d，一般漏水田每亩用有效含量为 50% 的丁草胺 100g 加环丙嘧磺隆（金秋）14g，严重漏水田每亩用四唑酰草胺 20g 加上环丙嘧磺隆（金秋）20g。用毒土法或拌土施用，水层 3~5cm，保持 5~7d。6 月中旬人工拔除田间大草，割净池埂水渠杂草。漏水田水稻稻瘟病相对较轻。主要原因是由于漏水田土壤松散，根系活力较高，生长健壮，有利于水稻增强其抗病性。

漏水田由于肥水渗漏严重，经常需要补充肥料，这就造成水的富营养化，极易在水田中产生大量青苔，大量青苔的产生会吸收大量肥料，从而影响水田温度，造成水稻减产。防止稻田产生青苔，可选用45%三苯基乙酸锡，每亩用药50~60g，对水喷雾，可有效防治水稻田的青苔，也可选用硫酸铜作为青苔防治药剂，都可取得良好的效果。

水稻绿色高产高效技术

第七章　水稻常见灾害及预防措施

第一节　农业气象灾害

农业气象灾害是不利气象条件给农业造成的灾害。由温度因子引起的有热害、冻害、霜冻、热带作物寒害和低温冷害等；由水分因子引起的有旱灾、洪涝灾害、雪害和雹害等；由风引起的有风害；由气象因子综合作用引起的有干热风、冷雨和冻涝害等。与气象的概念不同，农业气象灾害是结合农业生产遭受灾害而言的。例如寒潮、倒春寒等，在气象上是一种天气气候现象或过程，不一定造成灾害。但当它们危及小麦、水稻等农作物时，即造成冻害、霜冻、春季低温冷害等农业气象灾害。

一、暴雨洪涝

(一) 概念及类型

1. 暴雨

（1）概念。暴雨通常指 1h 降水量 16mm 以上，或 12h 降水量 30mm 以上，或 24h 降水量 50mm 以上的降雨。

（2）产生暴雨的主要物理条件有三个。一是充足的源源不断的水汽供应，二是强盛而持久的上升气流，三是大气层结构的不稳定。

（3）造成的危害。暴雨往往容易造成洪涝灾害和严重的水土流失，导致工程失事、堤防溃决和农作物被淹等，导致人员伤亡和重大经济损失。

（4）暴雨预警信号。①暴雨蓝色预警信号。12h 内降水量将达 50mm 以上，或者已达 50mm 以上且降雨可能持续。②暴雨黄色预警信号。6h 内降水量将达 50mm 以上，或者已达 50mm 以上且降雨可能持续。③暴雨橙色预警信号。3h 内降水量将达 50mm 以上，或者已达 50mm 以上且降雨可能持续。④暴雨红色预警信号。3h 内降水量将达 100mm 以上，或者已达 100mm 以上且降雨可能持续。

2. 洪涝

（1）概念。洪涝指因大雨、暴雨或持续降雨使低洼地区淹没、渍水的现象。雨涝主要危害农作物生长，造成作物减产或绝收，破坏农业生产以及其他产业的正常发展。

（2）类型。洪涝灾害可分为洪水、涝害、湿害。①洪水。大雨、暴雨引起山洪暴发、河水泛滥、淹没农田、毁坏农业设施等。②涝害。雨水过多或过于集中或返浆水过多造成农田积水成灾。③湿害。也叫渍害，指洪水、涝害过后排水不良，使土壤水分长期处于饱和状态，作物根系缺氧而成灾。

（3）渍涝危害。由于暴雨急而大，排水不畅易引起积水成涝，土壤孔隙被水充满，造成陆生植物根系缺氧，根系生理活动受到抑制，使作物受害而减产。

（4）洪涝危害。特大暴雨引发的山洪暴发、河流泛滥，不仅危害农作物、林果业和渔业，还能冲毁农舍和工农业设施，甚至造成人畜伤亡，经济损失严重。

（二）成因分析

湖北省的暴雨洪涝灾害，主要受地形和降水异常的影响，同时，不同时段、不同承灾体和不同社会经济发展时期，灾害也会有一定差异。

1. 地形影响

湖北省地处长江中游，承接长江、汉水和湖南"四水"流域120万 m^3 下泄水量，年均总量6 300亿 m^3，为湖北省自身降水量的7倍。境内西、北、东三面环山，中南部为平坦开阔的江汉平原，整个地貌轮廓大致为三面隆起、中间低平、向南敞开的"准盆地"结构。一遇暴雨，三面来水全部汇流到江汉平原，导致江河湖泊水位猛涨，而该地区的农田比河床低，因此，每遇汛期，外江水位往往高出田地数米乃至十余米，造成外洪内涝，"准盆地"就成了"水袋子"。

2. 环流异常

湖北省位于东亚季风气候区，其年际变异可造成湖北省降水异常，引发严重旱涝灾害。若夏季风在长江中下游停留时间过长，冷暖空气在湖北上空稳定对峙，便会引起暴雨洪涝灾害。从时间上看，暴雨洪涝灾害与入梅前后降水量、梅雨期降水量及雨带分布关系密切。湖北汛期暴雨主要由入梅前的短过程暴雨、入梅时的连续性暴雨和出梅后的暴雨组成。梅雨前异常的冬春降水使江湖底水偏高；梅雨期降水使

水稻绿色高产高效技术

湖河江水相互遭遇；梅雨结束后上游降水进一步加剧汛情。而时空相互遭遇的组合洪水，是最严重的一种洪水，由于多处来水，因此形成的洪水往往时间更长，水位更高，流量更大，造成的危害也更剧烈，1954 年和 1998 年洪水均是如此。

（三）对水稻生产的影响

水稻是沼泽作物，耐涝能力较强。但被洪水淹没仍会受害。在秧苗期，对淹水的忍耐能力较强，短时间淹水不发生明显危害。分蘖末期淹水，光合作用减弱，因缺氧而不能进行正常的呼吸作用，消耗的养分多，所以植株生长不良。但若以后条件较好，仍能正常生长发育，对产量影响不很大。拔节期受淹，光合作用减弱，无氧呼吸增强，大量消耗茎秆的木质素和纤维素，而生长素浓度加大，拔节加快，从而形成秆细、壁薄的细长茎，以后易倒伏；一部分分蘖死亡，有效穗数减少。幼穗分化期对环境条件最为敏感。由于配子体的发育，光合作用增强，代谢旺盛，加之气温高、植株大，一旦被水淹没，正常的生理活动遭受破坏，影响幼穗生长、生殖细胞形成和花粉发育，已分化的幼穗有的死亡，正在分化的枝梗部分退化，大量颖花败育，对产量的影响很大。抽穗期以后，植株达到最高，由叶片到根系输导氧气的距离加长，而且上部茎节的通气组织不及下部发达，有些品种从第四节起就不分化通气组织，所以淹水时就会大大减少氧气供应，致使根系早衰甚至腐烂，不能吸收足够的养分，造成叶片早衰。因此，此时受淹会造成白穗、畸形穗、多秕谷，对产量影响比较大。一般把孕穗期看作涝灾害的敏感期。

不同生态型品系及不同品种的耐涝能力有明显差异。浮水稻生态型茎秆能随水位上涨而伸长，抗涝能力最强。而陆稻生态型因长期生长在缺乏水源的地方，根系处于好气环境中，叶片的通气组织很不发达，因此不耐水淹。浅水稻生态型的耐涝性介于二者之间。同一生态型的不同品种之间，耐涝性也有差异。

淹水时，水越是浑浊，受淹叶片在水中接受的光越弱，受害越重。反之，水较清则受害较轻。淹水伴有风浪或流速较大，则茎叶受到的机械损伤大，甚至把植株拔起，造成的损失也大。

（四）综合防治对策

（1）农作物种植户需注意周边水库、防洪堤等水利设施的检查、整固和排险工作。

（2）注意强降水过程的作物田间防洪排涝，防止或减轻强降水给农业生产造成的不利影响。

（3）注意强降水时段的早稻、蔬菜等作物田间的排涝工作，尤其是低洼地区更要做好水道疏通，防止作物受淹；未插完的早稻避免在大风大雨时段进行移栽，中稻、蔬菜等可避开强降水时段播种；烤烟应注意做好防冰雹和雷雨大风的工作。

二、连阴雨

（一）概念

连阴雨指连续 5d 以上的阴雨天气现象（中间可以有短暂的日照时间）。连阴雨天气的日降水量可以是小雨、中雨，也可以是大雨或暴雨。连阴雨主要危害农作物。在农作物生长发育期间，连阴雨天气使空气和土壤长期潮湿，日照严重不足，影响作物正常生长；在农作物成熟收获期，连阴雨可造成果实发芽霉烂，导致农作物减产。湖北省常发生的多为春季连阴雨和秋季连阴雨。

（二）形成原因

连阴雨的出现与影响中国雨带迁移的西风带和副热带高压系统的季节性变化有关，连阴雨天气出现的区域也有明显的季节变化，从冬季过渡到夏季时，连阴雨的雨区由南向北推移；从夏季到冬季时，则由北向南推移，与雨带位移的特点相一致。春季，中国南方的暖湿空气开始活跃，北方冷空气开始衰减，但仍有一定强度且活动频繁，冷暖空气交汇处（即锋）经常停滞或徘徊于长江和华南之间。在地面天气图上出现准静止锋，在 700kPa 等压面图上，出现东西向的切变线，它位于地面准静止锋的北侧。连阴雨天气就产生在地面锋和 70kPa 等压面上的切变线之间。当锋面和切变线的位置偏南时，连阴雨发生在华南；偏北时，就出现在长江和南岭之间的江南地区。秋季的连阴雨，发生在北方冷空气开始活跃、南方暖湿空气开始衰减，但仍有一定强度的形势下，其过程与春季相似，只是冷暖空气交汇的地区不同，因而连阴雨发生的地区也和春季有所不同。

（三）对水稻生产的影响

持续的连阴雨可以造成连续低温冷害和洪涝灾害，对农业生产造成危害。连阴雨四季都可能出现，不同季节的连阴雨对农业造成的影响不同，其中以春、秋两季的连阴雨对农业生产影响较大。连阴雨有时会导致湿害，但更多的往往会因长时间缺少光照，植株体光合作用削弱，加之土壤和空气长期潮湿，造成作物生理机能失调、感染病害，导致生长发育不良；作物结实阶段的连阴雨会导致籽实发芽、霉变，使农作物产量和质量遭受严重影响。连阴雨灾害发生、程度的年际间差异较大，常导致洪涝、寡照、低温、湿、渍等灾害。同时，连阴雨易诱发喜温、喜湿的作物病虫害发生、发展。

根据连阴雨的发生时段对作物生长发育的影响，又可划分为春播期连阴雨、开花期连阴雨和收获期连阴雨。

1. 春播期连阴雨

春播期连阴雨的显著特点是降水持续时间长，雨区范围广，雨量强度小，光照差。

湖北省春播期连阴雨主要出现在早稻育秧阶段，持续的低温阴雨天气使得秧苗缺乏生长所必需的热量和光照，造成早稻烂秧死苗。阴雨天气还促使秧田的绵腐病菌繁殖侵染，间接地加重烂秧程度，导致损失大量稻种；还因补种延误播种季节，使早稻成熟延迟，影响晚稻栽种，进而使抽穗扬花期遭受低温危害。早稻播种育秧期的连阴雨天气以低温型阴雨发生的频率最高，前暖后冷型及冷暖交替型次之。倒春寒是春季南方早稻播种育秧期的主要灾害性天气，倒春寒天气带来的低温连阴雨是造成早稻烂种烂秧的主要原因。研究结果表明，早稻育秧期间当日平均气温在12℃或其以下，连续3~5d阴雨天气；或在短时间内气温急剧下降，且日最低气温降到5℃以下，均会造成烂秧和死苗。如果早稻播种后1~2d内雨量过大，秧田积水过多，稻谷不易扎根，也会造成烂秧。

在早稻3叶期前后，当出现日平均气温低于12℃的低温时，连续阴雨3d以上，会感染绵腐病，造成死苗；与此同时，由于秧苗进入2叶1心至3叶期时，抗逆性弱，在低温阴雨天气后，天空突然放晴，气温陡升，气温日较差达到10℃左右，秧苗叶面蒸腾量急剧加大，根系活力弱，吸水量与耗水量不平衡，供不应求，引起生理失水，出现青枯死苗。

2. 开花期连阴雨

作物开花期是产量形成的关键阶段，对外界的气象条件十分敏感，需要适宜的温湿度和充足的光照。此时，如遇低温连阴雨天气会使开花授粉受阻，造成大面积作物"花而不实"，结实率降低，对产量造成较大影响。作物开花期连阴雨主要出现在两个时段，一是春季，主要出现在长江中下游夏收粮油作物的开花结实期；二是夏末秋初，主要出现在秋收作物开花期。

水稻开花期前后对光照十分敏感，在幼穗发育过程中，如果遇上长期阴雨，会使幼穗发育不良。其中在枝梗和颖花分化期光照不足，则枝梗和颖花数减少；减数分裂期和花粉粒充实期光照不足，会引起枝梗和颖花大量退化，使不孕颖花增加，总颖花数减少，每穗总粒数下降，穗型变小；在孕穗期受连阴雨影响而发生渍涝灾害，会影响幼穗生长、生殖细胞形成和花粉发育，已分化的幼穗会有死亡，正在分化的枝梗部分退化，大量颖花败育，对产量影响很大。水稻开花受精过程中，当温度低于23℃时花药开裂就要受到影响，温度越低，影响越大，甚至不能授粉，形成空壳。降水对水稻开花、落在柱头上的花粉粒数量以及花粉萌发力均有影响。连阴雨使空气湿度过高，对花粉的发芽和花粉管的伸长造成影响；降水时，水稻一般不开颖，而进行闭花授粉；但若开花时遇上大雨，花粉粒就会吸水破裂，柱头上的黏液被冲洗，使受精率降低，空壳增多。早稻开花期常常会遇到梅雨锋造成的连阴雨，由于水汽充沛，降水强度较大，会形成雨洗花的现象，导致减产。晚稻开花遭遇到的连阴雨往往与寒露风相伴，9月中旬以后出现气温连续3d低于20℃的低温连阴雨天气，对抽穗扬花的晚稻影响很大，会引起翘稻头，导致有谷无米。

3. 收获期连阴雨（烂场雨）

收获期是决定作物能否丰收的关键阶段，此时若出现连阴雨往往会导致大范围的失收，造成丰产不丰收的局面。收获期连阴雨主要发生在春末夏初的麦收季节和秋季水稻、玉米、棉花等作物的收获季节，其中最为典型的是麦收烂场雨和华西秋雨。

11月的连阴雨天气，会造成晚稻不能及时收获、晾晒，造成籽粒发芽霉变，影响产量。如2000年11月江南和华南东部部分地区出现了连续10d的连阴雨天气，影响了部分地区晚稻的收割进度，未收割的晚稻出现稻穗发芽、倒伏，已收割的晚稻因未晒干而霉变。

（四）综合防治对策

1. 及时清理深沟大渠

开挖完善田间一套沟，排明水降暗渍，千方百计减少耕作层滞水是防止农作物湿害的主攻目标。对长期失修的深沟大渠要进行淤泥的疏通，抬田降低地下水位，防止冬春雨水频繁或暴雨过多，利于排渍，做到田水进沟畅通无阻。与此同时搞好"三沟"配套，必须开好厢沟、围沟、腰沟，做到沟沟相连，条条贯通，雨停田干，明不受渍，暗不受害。

2. 增施肥料

对湿害较重的稻田，做到早施巧施接力肥，重施拔节孕穗肥，以肥促苗升级。

3. 搂锄松土散湿提温

增强土壤通透性，促进根系发育，增加分蘖，培育壮苗。搂锄能促进禾苗生长，加快苗情转化，增穗、增粒而增产。

4. 护叶防病

灾害发生后及时喷药防治。

三、干旱

（一）概念

干旱通常指长期无雨或少雨，水分不足以满足人的生存和经济发展的气候现象。

1. 干旱类型

世界气象组织承认以下 6 种干旱类型。

（1）气象干旱。根据不足降水量，以特定历时降水的绝对值表示。

（2）气候干旱。根据不足降水量，不是以特定数量，是以与平均值或正常值的比率表示。

（3）大气干旱。不仅涉及降水量，而且涉及温度、湿度、风速、气压等气候因素。

（4）农业干旱。主要涉及土壤含水量和植物生态，或许是某种特定作物的生态。

（5）水文干旱。主要考虑河道流量的减少，湖泊或水库库容的减少和地下水位的下降。

（6）用水管理干旱。其特性是由于用水管理的实际操作或设施的破坏引起的缺水。

中国比较通用的定义是气象干旱、农业干旱、水文干旱。

气象干旱指不正常的干燥天气时期，持续缺水足以影响区域引起严重水文不平衡。

农业干旱指降水量不足的气候变化，对作物产量或牧场产量足以产生不利影响。

水文干旱指在河流、水库、地下水含水层、湖泊和土壤中低于平均含水量的时期。

2. 干旱的分类

（1）小旱。连续无降水天数，春季达 16～30d、夏季 16～25d、秋冬季 31～50d。特点为降水较常年偏少，地表空气干燥，土壤出现水分轻度不足，对农作物有轻微影响。

（2）中旱。连续无降水天数，夏季 26～35d、秋冬季 51～70d。

（3）大旱。连续无降水天数，春季 46～60d、夏季 36～45d、秋冬季 71～90d。

（4）特大旱。连续无降水天数，春季在 61d 以上、夏季在 46d 以上、秋冬季在 91d 以上。

3. 干旱预警

干旱预警分四级。

（1）特大干旱（一级红色预警）。多个区县发生特大干旱，多个县级城市发生极度干旱。

（2）严重干旱（二级橙色预警）。数区县的多个乡镇发生严重干旱，或一个区县发生特大干旱等。

（3）中度干旱（三级黄色预警）。多个区县发生较重干旱，或个别区县发生严重干旱等。

（4）轻度干旱（四级蓝色预警）。多个区县发生一般干旱，或个别区县发生较重干旱等。

4. 干旱和旱灾的区别

干旱是指因水分收支或供求不平衡而形成的持续水分短缺现象。干旱灾害，是指在某一时段内，通常是 30d 以上的时段，降水量比常年同期的平均状况偏少，并导致经济活动和日常生活受到较大危害的现象。可见，从自然的角度来看，干旱和旱灾是两个不同的科学概念。干旱一般是长期的现象，而旱灾只是属于偶发性的自然灾害，甚至在通常水量丰富的地区也会因一时的气候异常而导致旱灾。

干旱和旱灾从古至今都是人类面临的主要自然灾害。尤其值得注意的是，随着人类的经济发展和人口膨胀，水资源短缺现象日趋严重，这也直接导致了干旱地区的扩大与干旱化程度的加重，干旱化趋势已成为全球关注的问题。

5. 伏旱标准

（1）一般性伏旱标准。6 月下旬至 9 月上中旬，连续 20～29d 总降水量<30mm，其中有 5d 以上高温出现。

（2）重伏旱标准。连续 30～39d 总降水量<40mm，其中有 7d 以上

高温出现。

（3）严重伏旱标准。连续超过（等于）40d 总降水量<60mm，其中有 10d 以上高温出现。

（二）形成原因

从自然因素来说，干旱的发生主要与偶然性或周期性的降水减少有关。从人类因素考虑，人为活动导致干旱发生的原因主要有以下 4个方面。一是人口大量增加，导致有限的水资源越来越短缺。二是森林植被被人类破坏，植物的蓄水作用丧失，加上抽取地下水，导致地下水和土壤水减少。三是人类活动造成大量水体污染，使可用水资源减少。四是用水浪费严重，在中国尤其是农业灌溉用水浪费惊人，导致水资源短缺。

（三）对水稻生产的影响

水稻是沼泽植物，抗旱能力很弱，常因旱灾而减产。当土壤缺水时，白天叶尖凋萎下垂，到夜间仍能恢复，这是旱害开始的症状。土壤水分进一步减少，田面出现大龟裂，水稻叶凋萎，夜间也不能恢复，表明旱害加重。土壤水分继续减少，植株变成黑褐色，直至枯死。受旱植株的根系不发达，根的数量少，大量根毛，支根多，屈曲多，呈铁锈色。当土壤含水量降到田间持水 60%以下时，水稻的生长发育就要受到影响，产量降低；降到田间量的 40%以下时，叶尖吐水停止，产量剧减；降到 30%以下时，水稻开始凋萎；降至 20%时，则 1d 内水稻叶都卷成针状，并从叶尖开始渐渐干枯。不同生育阶段，干旱造成的损失是不一样的，生殖生长期影响最大，移栽期其次，分蘖期最小。在移栽期，秧苗成活的下限含水量是田间持水量的 35%；达到 40%～45%时要到移栽后第 10 天才能长出新根而成活；达到 60%时第 4 天就能长出新根。分蘖期干旱，生长受到抑制，甚至一部分叶片受旱枯死，但只要干旱持续时间不太长，一旦有了水，仍能很快恢复生长，对产量的影响比较小。在生殖生长期，干旱造成的危害是无法消除的，所以损失比较大。其中，对干旱最敏感的是孕穗期，更精确地说是在花粉母细胞减数分裂期到花粉形成期。这个时期由于配子体的发育，新陈代谢旺盛，叶面积大，光合作用强，蒸腾量大，是水稻一生中需水的临界期。这时受旱就会严重影响光合作用和对矿质养分的吸收，影响有机物质的合成和运输；引起大量颖花形态败育和生理败育。形态败育减少了总颖花数，生理败育使花粉粒发育不全、畸形，抽穗后不能受精而使水稻粒成为空壳。因此，民间有"禾怕胎里旱"的说法。

抽穗开花期发生干旱，会影响抽穗，造成包颈或抽出的穗不舒展，开花不顺利，花粉生活力下降，甚至干枯死亡，或不能正常进行授粉，致使结实率降低，空壳率增加。从开花到成熟期干旱，主要是破坏了有机物质向穗部的运输，使叶片的光合作用产物和叶鞘、茎秆中的贮藏物质向穗部运输困难，有些谷粒过早地停止灌浆而成为瘪粒。干旱使根系吸收水分和养分的数量大为减少，矿质营养的运输无法正常进行，同时功能叶寿命缩短，过早枯黄，造成粒重降低，产量减少。

水稻遭受旱灾还会加重病害。干旱妨碍水稻对硅酸盐的吸收，水稻叶表皮细胞壁硅质化程度低，抗病力减弱，使稻瘟病、纹枯病、白叶枯病和胡麻叶斑病的发生加重。

（四）综合防治对策

根本的途径是种草种树，改善生态环境，兴修水利，搞好农田基本建设。要认识到水对植物生活的极端重要性，还要认识到中国季风气候的特征就是降水分布的不均匀、经常性出现水灾、旱灾是必然的。"水利是农业的命脉"对中国来说一点也不夸张。提倡节水灌溉，提高水分利用率，大水漫灌既浪费宝贵的水资源，又会带来不利影响。采用喷灌、滴灌、地下灌溉等先进方式，可节约大量水资源，效果也更好，不至于太多或太少。还可以采用覆盖、免耕技术，选用抗旱力强的品种，改革种植制度等。

四、低温冷害

（一）概念

低温造成的危害有低温冻害和低温冷害。

低温冻害是指越冬作物和果树、林木、蔬菜等在越冬期间（包括晚秋和早春），遇到 0℃ 以下低温或剧烈变温而引起植物体冰冻或丧失一切生理活动，造成植株体死亡或部分死亡。

低温冷害是指在作物生长季节，由于受到低于生育适宜温度下限的低温影响，使作物生育延迟，或发生生理障碍而造成减产。由于冷害是在温暖季节发生，作物受害后，外观无明显变化，故有"哑巴灾"之称。

1. 低温冷害的类别

低温冷害的地域性和时间性强，人们一般按其发生的地区和时间（季节、月份）来分类。也有的按发生低温时的天气气候特征来划分，如低温、寡照、多雨的湿冷型；天气晴朗，有明显降温的晴冷型；持

水稻绿色高产高效技术

续低温型 3 类。

另外，在农业气象学中，还根据低温对作物危害的特点及作物受害的症状来划分，共分 3 类，即延迟型冷害、障碍型冷害和混合型冷害（指延迟型与障碍型冷害在同年度发生）。从灾害角度一般采用第一种分类法，即主要分为春季低温冷害、秋季低温冷害、东北夏季低温冷害三类。此外，华南北部还有早稻抽穗扬花时的"五月寒"（出现在 5 月下旬至 6 月中旬）等。

2. 发生时期

从发生产生的影响，低温冷害可以分为延迟型和障碍型。发生在营养生长期的低温冷害为延迟型冷害，发生在生植生长期的冷害为障碍型冷害。在湖北发生时间和影响作物，可以分春播期低温、五月寒或芒种寒、寒露风。

（1）春播期低温。3 月上旬至 4 月中旬连续 3d 日平均气温小于 10℃，或 7d 以上日均气温小于 12℃，最低气温小于 5℃（或 8℃），4 月中旬连续 3d 日均气温小于 15℃，均会造成烂秧死苗。

（2）五月寒或芒种寒。早稻移栽后气温维持在 13~14℃，日平均气温小于 20℃ 为籼稻僵苗不发指标，日平均气温小于 18℃ 为粳稻僵苗不发指标，日平均气温小于 20℃ 连续 3d 以上为早稻幼穗分化危害指标。

（3）寒露风。晚稻抽穗扬花期（9 月上中旬）连续 3d 以上持续天数增加，危害明显加重。日平均气温低于 20~22℃ 籼稻受害，低于 18~20℃ 粳稻受害，结实率降低，空壳率增加。

（二）形成原因

春季冷空气入侵长江流域及以南地区常出现持续低温阴雨，引起早稻烂秧死苗。一般在东亚槽深厚、副热带高压减弱的情况下，容易形成秋季低温天气。夏季低温主要发生在东北。

（三）对水稻生产的影响

水稻是喜温作物，低温、寡照是水稻空秕率高的重要原因。

1. 水稻延迟型冷害

低温延迟水稻抽穗的敏感时期是在颖花分化前的营养生长期，此期生长的适宜温度为 26~30℃，这个时期遇到低温则延迟出叶，抵制苗高和分蘖，阻碍幼穗分化，以致延迟抽穗。营养生长期下限温度是 16~18℃。在抽穗前 10d，即茎秆生长最快时期低温影响最大。在营养生长期内低温影响时间越长，则稻株含氮量高，代谢机能紊乱，易加剧孕穗期的低温不育。

抽穗期延迟的天数主要与品种有关，早稻品种延迟天数少，越是晚熟品种延迟抽穗的天数越多。

2. 水稻障碍型冷害

水稻生殖器官生长期的临界温度比营养器官生长期高，因而它们受低温危害比营养器官更敏感。常常在遇到降温时，茎叶尚无反应，正在发育的幼穗或花粉却已受害。由于障碍型冷害直接破坏穗花的发育，所以是形成空秕粒的重要原因，也是影响中国水稻致害低温的主要类型。

水稻障碍型冷害的生理机制一般认为是低温导致减数分裂期生理机能紊乱，使花粉不能正常发育，形成空粒或畸形粒。抽穗开花期遇低温，则抑制花粉粒正常生长，物质代谢失常，这种受害的花粉粒有的虽然仍可完成萌发和受精过程，但受精后的谷粒不能进一步发育，后期仍形成空粒。

（四）综合防治对策

（1）安排品种搭配和播栽期，可以避免或减轻低温的影响。从农业角度，这是防御低温冷害的战略性措施。

（2）利用和改善小气候生态环境，增强抗御低温能力。在低温来临时，某些局部环境条件能削弱因冷空气引起的降温强度和次数，形成比周围地区相对偏暖的环境，可以减轻或避免低温的危害。如双季稻育秧期，为避开冷空气侵袭而引起的烂秧，生产中一般选择冷空气不易入侵的环境作秧田，使最低气温比一般秧田偏高 2~5℃，克服了低温天气的不利条件，防止了烂秧。

（3）运用综合栽培技术防御低温冷害。利用塑料薄膜地面覆盖可有效防御低温冷害。另外，加强田间管理，合理施肥，科学管水，增强根系活力和叶片同化能力，使植株生长健壮，提高耕作技术水平，改进栽培措施，提高劳动效率，减少无效的农耗时间，均能提高抗寒能力，增加产量。

五、高温热害

（一）概念

高温热害是指持续出现超过作物生长发育适宜温度上限的高温，对植物生长发育以及产量形成的损害。主要包括高温害和果树林木日灼及畜、禽、水产鱼类热害等。

水稻绿色高产高效技术

1. 高温热害的标准

不同作物和同一作物的不同发育期的高温热害指标不同，因此，这里笼统地把高温热害标准定为连续 3d 最高气温≥35℃或连续 3d 平均气温≥30℃。

2. 高温类型

由于人体对冷热的感觉不仅取决于气温，还与空气湿度、风速、太阳热辐射等有关。因此，不同气象条件下的高温天气，也有其相应的特征。气象学上，气温在 35℃以上时可称为"高温天气"，如果连续几天最高气温都超过 35℃时，即可称作"高温热浪"天气。通常有干热型和闷热型两种类型。

（1）干热型高温。气温很高、太阳辐射强而且空气湿度小的高温天气，被称为干热型高温。在夏季，中国新疆、甘肃、宁夏、内蒙古、北京、天津、河北等地经常出现。

（2）闷热型高温。夏季水汽丰富，空气湿度大，在相对气温并不十分高时，人们仍感觉闷热，此类天气被称为闷热型高温。中国沿海及长江中下游、华南等地经常出现。

3. 高温预警信号及防御指南

高温预警信号分三级，分别以黄色、橙色、红色表示。

（1）高温黄色预警信号。连续 3d 日最高气温将在 35℃以上。防御指南：①有关部门和单位按照职责做好防暑降温准备工作；②午后尽量减少户外活动；③对老、弱、病、幼人群提供防暑降温指导；④高温条件下作业和白天需要长时间进行户外露天作业的人员应当采取必要的防护措施。

（2）高温橙色预警信号。24h 内最高气温将升至 37℃以上。防御指南：①有关部门和单位按照职责落实防暑降温保障措施；②尽量避免在高温时段进行户外活动，高温条件下作业的人员应当缩短连续工作时间；③对老、弱、病、幼人群提供防暑降温指导，并采取必要的防护措施；④有关部门和单位应当注意防范因用电量过高，以及电线、变压器等电力负载过大而引发的火灾。

（3）高温红色预警信号。24h 内最高气温将升至 40℃以上。防御指南：①有关部门和单位按照职责采取防暑降温应急措施；②停止户外露天作业（除特殊行业外）；③对老、弱、病、幼人群采取保护措施；④有关部门和单位要特别注意防火。

（二）形成原因

众所周知，地球的热量主要来源于太阳辐射，中国处于北半球，春分过后，太阳直射点开始慢慢移到北半球，中国各地可照时数逐日增加，即日出越来越早，而日落越来越晚。到了夏至这一天，太阳直射北回归线，中国大部分地区白昼最长，即可照时间最多，按理说，夏至应是一年中最热的时候。然而，三伏天（最热的时段）却从夏至以后第3个庚日算起，这是与地球的热量收支有关的。地球白天吸收太阳短波辐射来的热量，同时，又以长波形式向天空放出热量。进入春季，特别是进入夏季，地球白天吸收的热量越来越超过夜间散失的热量，这样，地面上积累的热量逐渐增多。而夏至这一天，从理论上虽说地球吸收的热量最多，但却不是地面积蓄热量最多的一天。夏至以后，地面每天仍在继续储蓄热量。到了三伏天，正是一年中地面积蓄热量最多的时候，这就是"热在三伏"的道理。显然这与一天的最高气温不是出现在正午而是在午后14时左右的道理是一样的。

所谓"热在三伏"，即从夏至以后第3个庚日开始入伏，叫作"初伏"（或叫"头伏"），第4个庚日以后叫"中伏"，立秋以后第一个庚日为"末伏"的始日，由于各年庚日不同，所以入伏的时间各年也不一样。一般来说，每伏为10d，但是，如果夏至以后的第3个庚日出现在立秋之前，这一年"中伏"就是20d了。可见，三伏一般出现在7月中旬至8月中旬，这正是一年中最热的时候。

据报道，根据中国2 000多个气象台站的气象资料，中国大陆上大部分地区确实是"热在三伏"，只不过南方在"中伏"，而北方因初秋降温快而热在"头伏"，但沿海岛屿和滨海地区，由于海洋热容量比陆地大，因而升到全年最高气温的时间也比大陆的晚，最热时间一般在"末伏"。此外，中国也有一些地方，最热时间却不在三伏之内，如拉萨最热天气在6月上旬，西沙群岛在5月下旬。

当然，以上指的是多年状况，具体到某个年份也有例外。

（三）对水稻生产的影响

高温对作物的影响和危害，一般以水稻危害较为明显，危害敏感期是水稻的盛花—乳熟期，水稻受害表现为最后三片功能叶早衰发黄，灌浆期缩短，千粒重下降，秕粒率增加，危害指标为日最高气温连续3d或以上≥35℃，使开花灌浆期水稻形成高温逼熟。

1. 水稻花期受高温热害

（1）高温对盛花时间开花率、花药开裂等均有不良影响，温度越

水稻绿色高产高效技术

高，伤害越重。

中国科学院上海植物生理研究所人工气候室在籼稻（二九青）开花期，进行不同高温试验，在相对湿度 70% 的条件下，30℃ 高温处理 5d 对开花结实已有明显伤害，38℃ 高温处理 5d 则全部不能结实。开花期 35℃ 高温处理 6h 的空粒率比 28℃ 处理增加 13.2%~22.9%。

（2）在水稻花期，不同高温强度及其持续时间对结实率影响不同，随着高温强度及其持续时间的加大和延长，水稻秕粒率和空粒率增加。籼稻开花期间长期高温伤害的临界温度为日平均气温 30℃，短时高温伤害的临界温度为 35℃。

（3）高温危害的敏感期为水稻盛花期，盛花期前或盛花期后较轻，开花当时的高温对颖花不育有决定性影响。从花粉粒镜检情况看，花粉率充实正常率明显下降，畸形率明显增加。它主要影响颖花的开放、散粉和受精，因而空粒增多。

（4）水稻开花期受害的机理，一般认为是花粉管尖端大量破裂，使其失去受精能力，而形成大量空秕粒。高温主要伤害花粉粒，使之降低活力，并发现临近开花前的颖花对高温最为敏感，开花前一天的颖花受热害最重。

2. 水稻灌浆结实期受高温热害

中国科学院上海植物生理研究所报道，不同高温对水稻灌浆期的影响不同。日温 32℃ 夜温 27℃ 处理 5d，千粒重有所下降。日温 35℃ 夜温 30℃ 处理 5d，千粒重和结实率都明显降低。四川省农业科学院水稻研究所在杂交稻汕优 2 号灌浆期的高温试验中，指出开花后 1~10d 内，日平均气温大于 28℃ 就会降低千粒重。

高温对籽粒灌浆的影响主要表现在秕粒率增加，实粒率和千粒重的降低上。据有关研究表明，乳熟前的高温伤害主要是降低实粒增加秕粒。乳熟后期的高温伤害主要是降低千粒重。杂交稻汕优 2 号乳熟期在 25~27℃ 条件下的千粒重最大，当平均温度大于 28℃ 时，千粒重有所下降，平均温度达 30℃ 时，千粒重下降明显。研究还表明高温对水稻灌浆的影响主要在于籽粒过早减弱或停止灌浆，即高温缩短了籽粒对贮藏物质的接纳期。其原因是灌浆期遇到高温会使籽粒内磷酸化酶和淀粉的活性减弱，灌浆速度减低，影响到干物质的积累。另外，高温还增加了植株的呼吸强度，使叶温升高，整个植株体代谢也表现出失调，所以灌浆期的高温最终表现出"逼熟"现象。

3. 水稻开花—灌浆期受高温危害的温度指标

根据试验和调研，一般认为受害温度指标为日最高气温持续 3d 以上≥35℃。盛花期 36~37℃严重受害。

(四) 综合防治对策

减轻农业生物（作物、林、果、畜禽、花卉、渔业等）的高温热害主要有以下四个方面的对策。

1. 采取引种、育种等生物措施

运用气候相似、风土驯化，抗性育种等理论，选育和引进适合当地气候条件下生长、发育、高产、优质、抗热害的作物品种、畜禽品种和其他生物良种，使良种地方化。例如，选用抗高温热害的作物高产、优质良种，以减少高温对开花结实的伤害；对于林木皮灼应在造林时注意树种选择，选育和引进适合当地气候条件的优良畜禽品种，培育核心畜禽群体。

2. 合理安排生产布局，减轻高温伤害

合理安排生产布局，使关键期避过高温时期，减轻高温伤害。例如，合理安排作物品种和播植期，使开花灌浆期尽量避开高温季节。注意造林方式，怕灼伤的阴性树种与耐灼伤的阳性树种混交搭配，营造复层林，以避免阴性树的灼伤；造林时要选择湿地，在高温干旱地区造林应选择耐灼的阳性树种；采伐时应采用带状采伐，使保留下来的树木对更新幼树起遮阴的作用。对畜禽要采用新技术饲养，建立后备牲畜（奶牛、禽类繁殖场和人工配种站，利用冷冻精液人工授精繁育优良畜（奶牛）禽种。

3. 改善小气候环境条件

（1）掌握好水稻开花灌浆期的水分管理，采用"以水调温"的措施，设法降低田土温度，增大植株间的空气湿度，以适应作物生长发育的要求，缓解高温热害。水稻抽穗开花期要浅水勤灌，最好采用日灌夜排或日间喷灌，防止断水过早；旱地作物要勤浇水、多淋水，最好采用喷灌等；蔬菜作物要发挥设施园艺多功能条件进行降温防热栽培，建立各种类型的蔬菜保护地生产基地。

（2）改善花卉环境条件。①遮阴。使花卉置于荫棚下养护。②洒水。以湿降温，减少叶面蒸腾。但切忌在炎热中午向已经开始萎蔫的花卉浇冷水，以免根毛丧失活力。③避雨。高温烈日骤雨易伤根毛，雨后积水易引起烂根，故露地花卉在暴雨前应适当遮盖和雨后及时排出积水。④通风。高温下通风不良会影响花卉生育和诱发病虫害。通

水稻绿色高产高效技术

风可适当降低花场温度，调节空气湿度。

（3）对林木幼苗的根茎灼伤，可用喷水、苗圃地盖草、插遮阴枝、搭遮阳棚等办法防御。

（4）改善畜禽环境条件。利用地形小气候特点，畜舍地址应选择在通风干燥处。适当提高畜舍高度，但应注意太阳高度的影响，防止阳光直射舍内。畜舍舍顶进行降温处理，注意通风换气、增加舍顶反射率、降低吸收率；舍顶培土种植、蓄水养殖；舍顶放覆盖物等。加厚墙体，增加对流通风。还可用凉棚饲养。舍内人工通风、喷水降温。

（5）禽类在高温季节应尽量创造条件，提供理想的禽舍条件和产蛋环境温度，以获取最高的产肉率和产蛋率。

4. 因地制宜采取科学管理措施

（1）搞好作物水肥管理。在高温季节出现前要增施有机肥，采取早管、精管，促使枝叶繁茂以减轻日晒，壮苗可以提高对高温的抵抗能力。在高温出现时喷洒 3％的过磷酸钙等有减轻高温伤害的效果。

（2）搞好水产鱼类高温期饲养管理。在高温期间主要增设增氧机，并在鱼虾浮头条件出现时，采用调节饲料，套灌塘水增氧等措施，尽量保持水质新鲜，合理密养，适时捕捞，及时换水，减少投料次数与数量。当出现鱼虾浮头现象时，采取抽新水入塘或开放增氧机进行补救，防止弄浊塘水。

（3）采取科学饲养管理措施。根据天气气候变化调节畜禽作息时间；调节畜禽饲料结构，夏季饲喂清凉饲料、精料，提高蛋白质含量；调节饲料喂养密度，注意调节饲养密度，即畜舍内要减少饲养头（只）数。

此外，在高温季节采取防暑措施，加强遮阴和通风，使辐射热和对流热降低。向畜体洒冷水或地面泼冷水，可增加地面传导失热和蒸发散热，使温度下降；加强饲养管理，改善畜禽的居住环境，保证夏季不掉膘不生病。

六、大风

（一）概念

现在气象学中专指 8 级风，大风时陆地上树枝折断，迎风行走感觉阻力很大；海洋上，近港海船均停留不出。相当于风速 17.2～20.7m/s。

1. 风

空气的水平流动现象。用风向和风速表示。风向分 16 个方位；风的强度用风速表示，风速用风级或多少米/秒表示，分为平均风速和瞬时风速。

（1）静风，即 0 级风。

（2）微风，即 3 级风。

（3）和风，即 4 级风。风速在 5.5~7.9m/s 的风。

（4）大风，即 8 级风。平均风速为 17.2~20.7m/s 的风。

（5）狂风，即 10 级风。

（6）暴风，即 11 级风。风速在 28.5~32.6m/s 的风。

（7）飓风，即 12 级以上风（中心附近地面最大风力 12 级或以上的热带气旋，在西北太平洋称为台风）。

（8）阵风，瞬间风速忽大忽小，有时还伴有风向的改变，持续时间十分短促的现象。

（9）黑风，瞬间风速较强、能见度特低的一种强沙暴天气。

（10）干热风，高温低湿并伴有一定风力的农业气象灾害天气。

（11）寒露风，秋季冷空气侵入后引起显著降温使水稻减产的低温冷害。

（12）季风，盛行风向一年内呈季节性近乎反向递转的现象。

（13）信风，即贸易风，低层大气中由副热带高压南侧吹向赤道附近低压区的大范围气流。

（14）海风，沿海地区，由于大陆地面白天增热而产生的从海域吹向陆地的风。

（15）陆风，沿海地区，由于大陆地面夜间辐射冷却而产生的从陆地吹向海域的地面风。

（16）下击暴流，一般在地面或地面附近引起辐散型灾害性大风的强烈下沉气流。

（17）风切变，风矢量在特定方向上的空间变化。

（18）山风，在山区，由热力原因引起的夜间由山坡吹向谷地的风。

（19）谷风，在山区，由热力原因引起的白天由谷地吹向山坡风。

（20）飑风，突然发作的强风，持续时间短促，常伴雷雨出现。

2. 大风对农业生产的危害

大风对农业生产可造成直接和间接危害，直接危害主要是造成土

水稻绿色高产高效技术

壤风蚀沙化，对作物的机械损伤和生理危害，同时也影响农事活动和破坏农业生产设施。间接危害是指传播病虫害和扩散污染物等。对农业生产有害的风主要是热带气旋、寒潮大风、温带气旋大风、雷暴大风、龙卷风等，其瞬间最大风力一般都在8级或以上。有时风力不一定很大，但会加剧其他不利气象条件的危害。

（1）风蚀沙化。中国北部和西北内陆地区，风蚀比较强烈。近半个多世纪以来形成的沙漠化土地约5万hm^2，如内蒙古乌兰察布市后山地厦开垦的农田已有43%被风蚀沙漠化。近20多年来，海拉尔周围开垦的土地，黑土层平均已被吹蚀20~25cm。此外，在嫩江下游、吉林西部和黄河故道等地区也出现以斑点状流沙为主的沙漠化土地。

（2）机械损伤。强风可造成农作物和林木折枝损叶，拔根、倒伏落粒、落花、落果和授粉不良等。受害程度因风力、株高、株型、密度、行向和生育期等而异。

（3）生理危害。风能加速植物的蒸腾作用，特别在干热条件下，使其耗水过多，根系吸水不足，可以导致农作物灌浆不足，瘪粒严重甚至枯死；林木也可造成枯顶或枯萎等现象。冬季的大风能加重作物的冻害。另外，在东南沿海地区的海风，因含有较高的盐分，可造成盐蚀等，对植物授粉和花粉发育也有影响。

3. 大风预警信号

大风（除台风外）预警信号分四级，分别以蓝色、黄色、橙色、红色表示。

（1）蓝色预警。24h内可能受大风影响，平均风力可达6级以上，或者阵风7级以上；或者已经受大风影响，平均风力为6~7级，或者阵风7~8级并可能持续。防御指南：①政府及相关部门按照职责做好防大风工作；②关好门窗，加固围板、棚架、广告牌等易被风吹动的搭建物，妥善安置易受大风影响的室外物品，遮盖建筑物资；③相关水域水上作业和过往船舶采取积极的应对措施，如回港避风或者绕道航行等；④行人注意尽量少骑自行车，刮风时不要在广告牌、临时搭建物等下面逗留；⑤有关部门和单位注意森林、草原等防火。

（2）黄色预警。12h内可能受大风影响，平均风力可达8级以上，或者阵风9级以上；或者已经受大风影响，平均风力为8~9级，或者阵风9~10级并可能持续。防御指南：①同蓝色预警①；②停止露天活动和高空等户外危险作业，危险地带人员和危房居民尽量转到避风场所避风；③相关水域水上作业和过往船舶采取积极的应对措施，加固港口设施，防止船舶走锚、搁浅和碰撞；④切断户外危险电源，妥善安置易受大风影响的室外物品，遮盖建筑物资；⑤机场、高速公路等单位应当采取保障交通安全的措施，有关部门和单位注意森林、草原等防火。

（3）橙色预警。6h 内可能受大风影响，平均风力可达 10 级以上，或者阵风 11 级以上；或者已经受大风影响，平均风力为 10~11 级，或者阵风 11~12 级并可能持续。防御指南：①同蓝色预警①；②房屋抗风能力较弱的中小学校和单位应当停课、停业，人员减少外出；③同黄色预警③；④同黄色预警④；⑤机场、铁路、高速公路、水上交通等单位应当采取保障交通安全的措施，有关部门和单位注意森林、草原等防火。

（4）红色预警。与橙色预警相同，平均风力可达 12 级以上，或者阵风 13 级以上；平均风力为 12 级以上，或者阵风 13 级以上并可能持续。防御指南：①同橙色预警；②人员应当尽可能停留在防风安全的地方，不要随意外出；③回港避风的船舶要视情况采取积极措施，妥善安排人员留守或者转移到安全地带；④同橙色预警④；⑤同橙色预警⑤。

4. 湖北大风灾害季节变化特征

春夏季多，秋冬季少（4—8 月较多，9 月至翌年 3 月较少；春季锋面活动频繁；夏季气温高，易出现强对流天气。春季夏季农作物生长期易受灾害影响大，损失较重。

（二）形成原因

风的变化是有规律的。风总是从高气压吹向低气压，气压差越大，风速越大。冬季北方近地层空气冷、密度大、气压高，故冬季多吹偏北风。夏季相反，西太平洋和南海是副热带高气压，北方气压较低，故夏季多吹偏南风。这种风向随季节的规律变化称为季风。中国是一个季风国家，冬季盛行偏北风，夏季盛行偏南风。

1. 冷锋过境

北方或西北方冷空气入侵境内，有时会伴有雨、雪、降温，这是因为暖空气被冷空气楔抬起而迅速上升凝云致雨的缘故。

2. 动量下传

此类大风来势迅猛，1~2h 即可伸展数十至数百公里，有明显的日变化，多数出现在午后 12—19 时，最大风速往往出现在地面温度最高、空气对流扰动最盛的 15—17 时，此后风势随温度下降而减弱，待

水稻绿色高产高效技术

至日落即告平息。动量下传的偏西大风秉性干热，一般不会带来雨雪。

3. 热力对流产生的地方性积雨云大风

夏季地面受热强烈，大气对流旺盛，上升气流达到凝结高度形成积云，如对流继续发展，积云将会发展成积雨云。这种大风与积雨云相伴而生，所以也称积雨云大风，往往同时发生雷电和阵性降水，即雷雨。这种热力对流积雨云大风具有明显的日变化，且历时短，多出现于午后气温上升最高的时候，一般历时数分钟至数十分钟，风区范围也较小，风向随积雨云底的移动而变化。

（三）对水稻生产的影响

风灾严重危害着人民的生命财产安全。大风可破坏农业生产设施，造成生产交通障碍。强风还可造成水稻倒伏、擦伤花器、落粒等。如果大风遇到空气干燥，还能加速水稻蒸腾失水，造成叶片气孔关闭，光合强度降低，致使稻株枯顶、萎蔫，甚至枯萎。不过，风灾程度与作物种类及生育期也有较密切的关系。

（四）综合防治对策

（1）营造防风林，减轻风害。

（2）扩大绿地面积，削弱风沙危害。

（3）做好水土保持工作，增加水体面积。

（4）选择抗风和矮秆品种。

（5）设置防风障。

（6）防止土壤风蚀。

（7）及时抢收抢管。

七、冰雹

（一）概念

冰雹是从发展强盛的高大积雨云中降落到地面的冰块或冰球。气象观测中指直径 5cm 以上的固体降水。

冰雹也叫"雹"，俗称雹子，夏季或春夏之交最为常见。它是一些小如绿豆、黄豆，大似栗子、鸡蛋的冰粒。当地表的水被太阳暴晒气化，然后上升到了空中，许许多多的水蒸气在一起，凝聚成云，遇到冷空气液化，以空气中的尘埃为凝结核，形成雨滴，越来越大，多了云托不住，就下雨了，要是遇到冷空气而没有凝结核，水蒸气就凝结成冰或雪，就是下雪，如果温度急剧下降，就会结成较大的冰团，也就是冰雹。

中国除广东、湖南、湖北、福建、江西等省冰雹较少外，各地每年都会受到不同程度的雹灾。尤其是北方的山区及丘陵地区，地形复杂，天气多变，冰雹多，受害重，对农业危害很大。猛烈的冰雹打毁庄稼，损坏房屋，人被砸伤、牲畜被砸死的情况也常常发生；特大的冰雹甚至比柚子还大，会致人死亡、毁坏大片农田和树木、摧毁建筑物和车辆等。具有强大的杀伤力。雹灾是中国严重灾害之一。

1. 冰雹的形态

冰雹是一种固态降水物。系圆球形或圆锥形的冰块，由透明层和不透明层相间组成。直径一般为 5~50mm，大的有时可达 10cm 以上，又称雹或雹块。

2. 冰雹的特征

（1）局地性强，每次冰雹的影响范围一般宽约几十米到数千米，长约数百米到十多千米。

（2）历时短，一次狂风暴雨或降雹时间一般只有 2~10min，少数在 30min 以上；

（3）受地形影响显著，地形越复杂，冰雹越易发生。

（4）年际变化大，在同一地区，有的年份连续发生多次，有的年份发生次数很少，甚至不发生。

（5）发生区域广，从亚热带到温带的广大气候区内均可发生，但以温带地区发生次数居多。

3. 冰雹的主要分类

根据一次降雹过程中，多数冰雹（一般冰雹）直径、降雹累计时间和积雹厚度，将冰雹分为 3 级。

（1）轻雹。多数冰雹直径不超过 0.5cm，累计降雹时间不超过 10min，地面积雹厚度不超过 2cm。

（2）中雹。多数冰雹直径 0.5~2.0cm，累计降雹时间 10~30min，地面积雹厚度 2~5cm。

（3）重雹。多数冰雹直径 2.0cm 以上，累计降雹时间 30min 以上，地面积雹厚度 5cm 以上。

（二）形成原因

在冰雹云中强烈的上升气流携带着许多大大小小的水滴和冰晶运动着，其中有一些水滴和冰晶并合冻结成较大的冰粒，这些粒子和过冷水滴被上升气流输送到含水量累积区，就可以成为冰雹核心，这些冰雹初始生长的核心在含水量累积区有着良好生长条件。

雹核在上升气流携带下进入生长区后，在水量多、温度不太低的区域与过冷水滴碰并，长成一层透明的冰层，再向上进入水量较少的低温区，这里主要由冰晶、雪花和少量过冷水滴组成，雹核与它们粘并冻结就形成一个不透明的冰层。

这时冰雹已长大，而那里的上升气流较弱，当它支托不住增长大了的冰雹时，冰雹便在上升气流里下落，在下落中不断地并合冰晶、雪花和水滴而继续生长，当它落到较高温度区时，碰上去的过冷水滴便形成一个透明的冰层。

这时如果落到另一股更强的上升气流区，那么冰雹又将再次上升，重复上述的生长过程。这样冰雹就一层透明一层不透明地增长；由于各次生长的时间、含水量和其他条件的差异，所以各层厚薄及其他特点也各有不同。最后，当上升气流支撑不住冰雹时，它就从云中落了下来，成为我们所看到的冰雹了。

当云中的雨点遇到猛烈上升的气流，被带到0℃以下的高空时，便液化成小冰珠；气流减弱时，小冰珠回落；当含水汽的上升气流再增大，小冰珠再上升并增大；如此上下翻腾，小冰珠就可能逐渐成为大冰雹，最后落到地面。

（1）大气中必须有相当厚的不稳定层存在。

（2）积雨云必须发展到能使个别大水滴冻结的温度（一般认为温度为$-16 \sim -12℃$）。

（3）要有强的风切变。

（4）云的垂直厚度不能小于$6 \sim 8km$。

（5）积雨云内含水量丰富。一般为$3 \sim 8g/m^3$，在最大上升速度的上方有一个液态过冷却水的累积带。

（6）云内应有倾斜的、强烈而不均匀的上升气流，一般在$10 \sim 20m/s$以上。

（三）对水稻生产的影响

冰雹对农业的影响是巨大的。每年的4—6月是中国雹灾发生次数最多的时段，为降雹盛期。这一阶段恰好就是每年农业春耕的季节。冰雹的危害最主要表现在冰雹从高空急速落下，发展和移动速度较快，冲击力大，再加上猛烈的暴风雨，使其摧毁力得到加强，经常让农民猝不及防，直接威胁人畜生命安全，有的还导致地面的人员伤亡。直径较大的冰雹会给正在开花结果的农作物造成毁灭性的破坏，造成粮田的颗粒无收，直接影响到对城市的季节供应，常常使丰收在望的农作物在顷刻之间化为乌有同时还可毁坏居民房屋。

（四）综合防治对策

（1）在多雹地带，种植牧草和树木，增加森林面积，改善地貌环境，破坏雹云条件，达到减少雹灾目的。

（2）增种抗雹和恢复能力强的农作物。

（3）成熟的作物及时抢收。

（4）多雹灾地区降雹季节，农民下地随身携带防雹工具，如竹篮、柳条筐等，以减少人身伤亡。

八、龙卷风

（一）概念

"龙卷风"，是一种强烈的、小范围的空气涡旋，是在强烈不稳定天气条件下，由空气强烈对流运动产生的，通常是由雷暴云伸展至地面的漏斗状云产生的强烈旋风。龙卷风中心气压很低，中心风力可达100~200m/s以上，具有极大的破坏力。系自积雨云底伸展出来到达地面的强烈旋转的漏斗云体，是一种破坏力极强的小尺度风暴。

龙卷风一般伴有雷雨，有时也伴有冰雹，它与一般大风的区别就是路径要小一些。龙卷风的水平范围很小，直径从几米到几百米，最大为1km左右，持续时间一般也仅有几分钟，最长不过几十分钟，但却可以造成庄稼、树木瞬间被毁，交通、通信中断，房屋倒塌，人畜伤亡等重大损失。在美国，龙卷风每年造成的死亡人数仅次于雷电，造成的损失非常严重。

1. 龙卷风的易发地

龙卷风的发生有一定的地域和季节特征。在中国，一般多发生在长江中下游平原地区、苏北、鲁西南、豫东等平原、湖沼区以及雷州半岛等地，平原多于山区，华南地区比较多一些。由于下垫面的关系，大城市里发生龙卷风的情况几乎很少看到。

2. 龙卷风发生的时间

龙卷风多发生在春末和夏季，同时，湿度增大也容易造成龙卷风。龙卷风一天中的任何时间都可能发生而午后发生最多，其中15—16时为发生高峰时段。

（二）形成原因

龙卷风的发生往往与强雷暴天气密切相关，二者发生条件一样，都是强对流天气下的产物，所以，龙卷风一般发生在夏季，且多在午后出现。但在寒冷季节，如果具备强对流条件，有时也可以产生龙卷风。如 1963—1966 年的 1—3 月，英国就曾出现过 20 个（次）龙卷风。龙卷风主要发生在 20°～50°的中纬度地带。全世界每年有记录的龙卷风在 1 000 个（次）以上，其中美国可称得上是"龙卷风王国"了，平均每年约 800 次，英国、新西兰、澳大利亚、意大利、日本等也都是龙卷风发生较多的国家。

中国发生龙卷风的次数比美国要少得多，但每年也有数十个龙卷风发生，全国绝大多数省区都有它的踪迹。中国龙卷风一般发生在 3—9 月，南方多于北方，平原多于山地，江苏、上海、广东、浙江、安徽、湖北、山东等地都是发生龙卷风相对较多的地区。

由于龙卷风发生范围很小，来去突然，加上对其内部结构及成因了解还不多，因此还很难对它进行预报。目前，气象工作者预报龙卷风一般是通过分析它出现的天气背景、不稳定度以及用雷达跟踪的方法。气象雷达在发现、跟踪龙卷风上起着重要作用，雷达可以对二三百千米外的积雨云进行连续观测，一旦在雷达中发现有龙卷风存在的钩状回波时，即可发出警报。但也有的龙卷风出现时，钩状回波不明显，难以确切判断，以致造成预报失误。近 10 多年来，有些国家组织了群众性的龙卷风观测网，效果不错。尽管群众目测龙卷风在时效、范围上有较大的局限性，但只要配备相应的通信设备，使龙卷风情报迅速传递到气象台站，就能使气象雷达监测能力大大增强。因此，在大力发展气象雷达的同时，适当建立一些群众性的观测网，乃是目前提高龙卷风预报准确性及减轻龙卷风灾害的一个有效途径。

（三）对水稻生产的影响

龙卷风的水平范围很小，直径从几十米到几百米，最大为 1 000m 左右，发生至消散的时间很短，持续时间一般也仅有几分钟，最长不过几十分钟，影响的面积也较小，但却可以造成庄稼、树木瞬间被毁，交通、通信中断，房屋倒塌，人畜伤亡等重大损失。

（四）综合防治对策

龙卷风侵袭区内最安全的位置是地下混凝土掩蔽所，由 25cm 以上的加厚混凝土建造墙和屋顶的房子或掩所是最理想的掩蔽所，如果地下室也是由加厚混凝土建成，它也可有效地防御龙卷风的破坏。调查表明，最安全的位置与龙卷风来向相反。东北方向的房间相对比较安全，小房屋和密室比大房间安全。木板和碎片常穿过南墙和西墙，因此，西南方向的墙较易内塌。汽车遇到龙卷风，几乎没有防御能力。

如果一个人在野外遇上龙卷风，要迅速寻找一个与龙卷风路径垂直的低洼区（如田沟）进行躲避。

九、台风

（一）概念

说起台风，公众并不陌生。入夏以后，中央电视台天气预报节目的电视画面上，时而在中国东南沿海海面以及更远一点的太平洋洋面上有呈螺旋状近圆形的白色云区出现，气象工作者统称它为热带气旋。

20世纪80年代以前，中国对这种发生在热带洋面上的大气涡旋统称为"台风"。自1989年起，中国采用了世界气象组织统一的名称和等级标准，按其中心附近最大风力分为四类。风力在7级（17.1m/s）或以下的称为热带低气压；风力为8~9级（17.2~24.4m/s）的称为热带风暴；风力为10~11级（24.5~32.6m/s）称为强热带风暴；风力在12级（32.7m/s）或以上的称为台风。在专业名称上，按不同强度虽有不同称谓，对这类强烈的热带涡旋，公众仍习惯统称为台风。台风是发生在西北太平洋和南中国海的强烈旋转的大气涡旋。因主要发生在热带海洋，并以狂风暴雨为特征，所以人们也称为热带风暴；人们还把发生在大西洋和孟加拉湾，阿拉伯海的强热带风暴称为"飓风"。

中国古时也称台风为飓风。早在大约1 500年前的《南越志》中称台风为飓风："熙安间多飓风。飓者，其四方之风也"，即大型的旋转风。当时已对这种强烈的涡旋有了一定认识。到清朝，季麒光著《风台风说》。因为这种风常侵袭中国台湾，或多从台湾方向移向大陆，于是后来人们称它为"台风"。也有人认为，可能是因台风对广东侵袭最多，而由广东话的大风演变来的。——这本身就反映了中国人民对台风的关注和认识。

世界上许多有关国家对台风都是十分关注的。联合国世界气象组织规定了国际统一的标准，中心附近最大风力12级以上者称为台风（太平洋和南海）或飓风（大西洋）；风力在10~11级者称为强热带风暴，风力在8~10级者称为热带风暴。

按照这个标准统计，世界上台风（飓风）和热带风暴最多的地区是西北太平洋，约占全球的36%，太平洋占63%，印度洋约23%，而大西洋仅占11%。

为了更好地监测和研究台风，中国从1959年开始，对台风（含热带风暴）进行了编号，凡是出现在东经150°以西，赤道以北的都按其先后顺序编号，前两字表示年份，后两字是台风出现的顺序。在这些编号的台风中（含热带风暴），约有27%，即每年大约7~8个台风，在中国沿海登陆。

1. 登陆中国的台风有明显的时空分布特点

一般5月开始在汕头以南登陆，6月可北推到汕头以北，7月可到温州及其以北，闽浙一带是登陆的主要通道；8月是台风登陆最多的时期，平均有两个登陆台风，占全年登陆总数的26%；登陆地点可推到上海以北，几乎中国所有沿海及其靠近省区都可能受到台风的侵袭和影响，当台风移至东海南部则有70%的可能影响闽浙沿海；9月台风则南退到长江下游和珠江之间；10月主要在海上，偶尔在温州以南登陆；11月及以后则偶尔在汕头以南的地区登陆。

2. 台风区域划分

一个成熟的台风在水平方向一般分为3个区域，一是从台风边缘向内到最大风速区，这一范围称外区；二是继续靠近台风中心，有一围绕眼区、宽度约8~19km的环状区域，称最大风速区，从卫星云图上看，是白色的密蔽云区；三是在台风中心有一小区域，称眼区，也称台风眼，直经一般的为45km左右。在垂直方向上，大致可分为3个层次，四周空气向台风内流入的低层；有强烈上升运动的中层；空气向外流出的高层。在低层，四周空气向台风中心流动时，在角动量守恒条件下，经向速度逐渐减少，而切向（垂直于半径的方向）速度越来越大，相应离心力和地转偏向力也增加得很大。结果使流入的空气不能再向内流动，与中心保持一定距离作切向运动，使得台风中心出现了外来空气流不到的空白区，形成了所谓的台风眼。在低层，四周空气向台风中心流动，一边不断沿切向偏转，一边不断上升，上升气流通过中层，到达高层后向外流出，其中少部分空气在上升时就在不同高度上流向台风眼内下沉。因此，台风眼内出现的是风小、干暖、少云或无云天气。而在台风眼周围（眼壁）宽度为8~19km的环状区域内，流入的空气在这里急剧上升，对流云强烈发展，因而出现了狂风暴雨的恶劣天气。

3. 台风带来的灾害

台风的灾害主要由台风中的强风、特大暴雨和台风引起的风暴潮所造成。台风灾害是世界上最严重的自然灾害之一。全球平均每年发生热带气旋80个左右，造成经济损失达60亿~70亿美元。

登陆台风特大暴雨引起的灾害往往比大风灾害更为严重。一天之中下雨 50mm 称为暴雨,但有的台风一天之中降水竟达 500mm 甚至上千毫米。这样大的暴雨,将引起泥石流或山体滑坡,大片沙土石砾将掩埋绿洲良田,甚至整个村寨人畜被覆埋。更为严重的是河堤决口,大型水库崩溃,洪水一泻数百里,瞬息之间竟成一片汪洋泽国。洪水之后,往往继发瘟疫等次生灾害。例如,著名的"75·8"暴雨是一个登陆变性的台风所引起的,在河南驻马店地区引起日降水量达 1 005.4mm 的罕见特大暴雨,打破了中国大陆暴雨的历史纪录,这样严重的暴雨造成了河南省境内二座大型水库的崩溃,洪水所到之处,被夷为平地,洪水退去之后,破瓦沙石覆盖良田、缺医少药、瘟疫蔓延。1922 年 8 月 2 日夜至 3 日凌晨,一个强大台风在广东汕头地区登陆,造成 7 万人死亡,又引起瘟疫蔓延,有的村落成了无人区。

当台风登陆引起特大风暴潮时,其灾害往往超过风雨之灾。当台风很强、气压很低时,台风区域内的海水将高出周围海平面。当台风趋近海岸时,在台风中很低的气压、狂风、浅海区大陆架海岸地形以及天文大潮引力等诸因素的共同作用下,往往可能引发严重的风暴潮,潮位可高出海平面 5~6m。风暴潮可破坏海堤,海水涌入内陆,甚至可以暂时淹没岛屿,致使岛上生灵俱毁于顷刻之间。1970 年 11 月 12 日,孟加拉湾北部一个强风暴袭击了恒河三角洲,正值涨潮之时,加上有利地形,结果浪潮高达 6m,夺去了 30 万人的生命,是近百年来世界上最重的一次台风灾害。

4. 台风预报和警报

台风预报的基本内容有 4 个方面,即台风路径预报、台风强度(尤其是中心附近最大风力)和风速分布预报、台风暴雨落区和雨量预报以及风浪和风暴潮预报。其中最基本的是台风路径预报。目前用数值预报方法在高速电子计算机上运算所提供的台风路径预报结果具有较高的可靠性。预报做出后就按不同情况发布不同等级的警报。

各级气象台根据台风到达(或影响)自己预报警报责任区的时间长短,分别发布"台风消息"(3d 左右)、"台风警报"(48h)、"台风紧急警报"(24h 及以内)。

台风警报是减轻台风灾害的重要措施。警报的效果取决于正确性、及时性和深入性。

(二)形成原因

台风一般都形成于广阔的热带洋面上,还要求这足够大的洋面表

水稻绿色高产高效技术

层不浅于60m的水层温度在26.5℃以上。这样，在适当的条件下才可能由广大的区域汇集超巨大的能量。其次，要有必要的扰动，比如热带涡旋等。而这个必要的扰动要发生在赤道两侧5°纬距之外，因为大于5°处的"地球自转偏向力"才可以使气流向右方（北半球）偏转。不致直接流入低压中心迅速把低涡填塞，而是气流绕中心向右作逆时针运行。另外，若发展成台风并维持下去，还需要有较深厚的整层大气的气柱的"一致行动"，高层低层气柱壁都做旋转运动，所以中心气柱变暖是必要的。

要满足上述条件而形成台风，在理论上主要有3种观点。一是热带海洋上，空气处于不稳定状态，当有对流性云体出现或在较大范围出现小低压扰动，则可能导致台风生成；二是南北半球较大规模的气流汇合，即一定规模的越赤道气流与东北信风汇合，在北纬5°以北形成扰动；三是近年来中国山东省气象台和气象研究所研究认为海底火山等地热活动可能是形成扰动和热气柱，使处于临界状态的热带海洋大气生成台风的因素之一。

台风在北太平洋生成后，多向西北西或西北或偏西方向移动，但是也有个别摆动前进的，或打转的。它们或登陆中国或靠近中国沿海在海上转向东北。这些行踪主要受副热带高气压和西风带的引导气流影响。台风在太平洋上生成后，一般以20km/h左右的速度向西北西、西北或偏西方向移动。台风越强移速越慢。在台风转向东北或偏北方向后，进入西风带移速迅速加快，靠近日本时，移速可达80km/h以上。

台风从生成到消亡的生命史一般为2~6d，少数可达6~9d，短的仅1d。登陆台风一般在生成后2~5d登陆，且多数在登陆后消失，约有48%左右的登陆台风还要向内陆移动，影响其他地区。7—8月，有的台风向西可影响到武汉、郑州，向北可影响到黑龙江省。

在中国登陆的台风中，有据可考的风力最强的台风大约是1973年14号台风，1973年9月14日在海南岛琼海登陆时风速达72m/s，相当于19级以上的风力，使直径90cm的钢筋水泥柱刀削似的折为两截，吹飞的瓦片嵌入椰子树干6.6cm多深。

不过，台风也并非无坚不摧。海岛上的大部分椰子树可称得上抗台卫士，它根深、干固、无枝，羽状叶坚韧、直接长在树干上，狂风折不断树干也撕不碎羽状叶——这也是大自然的造化。而宝贵的热带经济林木橡胶树却是怕台风的。20世纪70年代海南岛橡胶树受台风危害率积累达44%。所以，以椰林作为橡胶树的防风林确是个好办法。还有西沙岛上的抗风桐，虽无椰子树那样强固的树干和羽状叶，但是有着极强生命力的较矮的枝干群体，也是防台风的好材料。细弱的稻子，也并非绝对的弱者，若形成较好的群体，如"矮脚南特"则可利用自身的韧性、群体的"互助"和地表面的粗糙度保护自己，遇台风一般也不倒状。

人类适应台风的办法很多，西沙岛上为适应台风多、风力大和海岛的特点，不少建筑为圆形、平顶，这样一则抗风，二则可以接纳雨水作淡水使用。

（三）对水稻生产的影响

水稻是中国南方的主要农作物，一年多季，在各个生育期都有可能遭受台风危害，但相比之下，抽穗开花期、灌浆成熟期比幼苗期、分蘖期受害严重。每年6—7月登陆的台风，会使处于生育后期的早稻受到严重影响；而9—10月登陆的台风，又让丰收在望的晚稻面临严峻考验。

台风不仅会直接毁坏农作物，还会改变登陆区域的田间小环境，导致病虫害流行蔓延。台风带来的狂风暴雨，使作物折枝伤根、叶片受损，抗病力大幅度下降，各种病菌趁机侵入危害。再加上作物淹水，表面始终保持高湿状态，有利于病菌的传播蔓延。一些迁飞型的害虫，比如稻飞虱、稻纵卷叶螟还会借助台风气流大规模迁入。

台风暴雨可以引起洪涝，还会引发泥石流、山崩、滑坡和水土流失等次生灾害，使农业耕地遭到泥沙石的掩盖；导致土壤质量下降，影响农作物的生长。有的台风甚至会引发海水倒灌，部分被淹农田因长时间受海水浸泡导致土壤中的含盐量升高，造成土地盐碱化，不利于农作物的生长，有的农田甚至废耕。

（四）综合防治对策

（1）营造农田防护林是基本的防御措施。

（2）气象台根据台风可能产生的影响，在预报时采用"消息""警报"和"紧急警报"三种形式向社会发布；同时，按台风可能造成的影响程度，从轻到重向社会发布蓝、黄、橙、红四色台风预警信号。公众应密切关注媒体有关台风的报道，及时采取预防措施。

（3）台风来临前，应准备好手电筒、收音机、食物、饮用水及常用药品等，以备急需。关好门窗，检查门窗是否坚固；取下悬挂的东西；检查电路、炉火、煤气等设施是否安全。将养在室外的动植物及

水稻绿色高产高效技术

其他物品移至室内，特别是要将楼顶的杂物搬进来；室外易被吹动的东西要加固。不要去台风经过的地区旅游，更不要在台风影响期间到海滩游泳或驾船出海。住在低洼地区和危房中的人员要及时转移到安全住所。

（4）及时清理排水管道，保持排水畅通。

（5）控制无效分蘖，培育壮秧和防治病虫都有利于提高抗倒伏能力。

（6）台风来前临时放深水护秧也有一定效果，但不可淹没叶尖，风过后要及时排水。

（7）大风来到前人为顺风向压倒可减轻机械损伤。

（8）风害频繁地区应选用抗风品种，通常具有矮秆、茎粗坚韧、叶面积小等特点。

（9）东南沿海栽培水稻要注意使敏感期避开台风季节，适当搭配生育期不同的品种，适当错开播期和移栽期，以减轻倒伏风险。

（10）防止氮肥过多，适当增施磷钾肥和有机肥可提高抗倒能力。

第二节　水稻常见自然灾害的预防和补救措施

一、水稻生态适宜性指标

（一）水分条件

蒸腾系数为170。需水临界期为孕穗至开花期。稻田总耗水量：早稻 300~570mm，中稻（单季）840~2 280mm，晚稻 380~700mm。不同生育期需水量占总需水量的比例：返青至分蘖17%，分蘖至拔节29%，拔节至抽穗16%，抽穗至乳熟15%，乳熟至成熟23%。

（二）温度条件

（1）气温。①积温指标。生长季节 200~250d，平均气温 22~24℃，≥10℃积温 4 500~6 000℃，≥5 300℃等积温线是双季稻酌安全界限。②安全期指标。安全期是指水稻在此界限日期后播种、齐穗、成熟能顺利进行，不致造成严重的低温危害，避免烂秧、空壳、秕粒造成的损失。安全播种期为日平均气温稳定通过 10℃或 12℃初日的80%保证率日期。安全齐穗期为日平均气温稳定通过 20℃或 22℃（23℃）初日的80%保证率日期。安全成熟期为齐穗后仍有 40d 左右日平均气温≥15℃为水稻灌浆的适宜温度。抽穗后 35~40d 日平均气温维持在15℃或15℃以上为安全成熟期指标。③各生育期温度指标见表7-1。

表7-1 水稻各生育期对温度的要求

时期	上下限温度（℃）	适宜温度（℃）
发芽	最低温度为10~13℃ 粳稻能忍耐5℃的短时低温 籼稻能忍耐7℃的短时低温	粳稻9~10℃
苗期	有连续5~6个晴好天气，日平均气温15℃以上才能正常扎根	籼稻11~12℃
	日平均气温小于17℃分蘖停止，日平均气温20℃是正常分蘖的下限温度	24℃以上为适宜温度，最适
分蘖	日平均气温大于37℃，对分蘖有抑制作用	温度为粳稻28℃、籼稻30℃
幼穗分化 至孕穗	下限温度粳稻日平均气温21~22℃ 籼稻18℃	适宜温度25℃以上
开花期	下限温度粳稻22℃，籼稻20℃最高温度35℃	最适温度24℃以上
籽粒形成	籽粒形成，饱粒温度下限，日平均气温15℃，上限35℃，15℃停止灌浆	灌浆适宜温度22~28℃。开花后7~16d灌浆速度最快，积累的干物质最多，占籽粒重量的85%左右

（2）水温。水稻各生育期水温指标见表7-2。

表7-2 水稻各生育期对水温的要求（℃）

生育期	最低温度（℃）	适宜温度（℃）	最高温度（℃）
苗期	13~15	30	30~40
分蘖	15~20	20~30	35
抽穗	15~20	25~30	35~40
结实	20	25~30	35

早稻适宜播种指标为日平均气温11~12℃，日最低气温>5℃，播种后有3~5个晴天。

早稻烂种烂秧指标为3月，相对湿度>95%，日平均气温<10℃，最低气温<6℃，持续3d以上。

早稻烂秧死苗指标为4月，日平均气温连续3d<10℃，或连续5d<

水稻绿色高产高效技术

12℃，或连续5d日最低气温<5℃。

早稻青枯死苗指标为日平均气温<10℃，低温连阴雨后急转晴。且日较差>10℃。

早稻高温烧苗指标为4月中旬最高气温超过25℃。

早稻空秕率指标为齐穗前5d至齐穗后15d的日照时数<100h，空秕率23%以上；100~130h，空秕率15%~20%；130h以上，空秕率15%以下。

水稻僵苗迟发。当5月连续两旬旬平均气温<20℃或连续两旬日照时数比均值少一半，或5月18℃以上的积温小于555℃。

水稻早穗。在秧田主茎就开始穗分化，产生高位分蘖。通常感温性强的品种不耐长龄和迟栽，在播种过密、育秧期温度偏高、秧龄过长时，导致过早落黄而早穗。

水稻后期翘穗和早衰。前期旺长，中期受淹，后期脱肥；开花期大气或空气干燥，相对湿度低于60%；孕穗期低温。都可造成翘穗减产。长期积水、根系受伤，发黑腐烂，可导致早衰。抽穗到熟期叶色渐黄，穗呈土黄色。根淡锈色。

中稻高温不实。7—8月高温干旱，土壤相对湿度小于60%，7月中旬至8月降水少于130mm，7月下旬和8月上旬两旬平均气温高于30℃；中稻孕穗至灌浆期极端最高气温35℃以上、最低气温28℃以上，且持续1周以上。

水稻干热风。以春末夏初最为频繁。长江中下游在7月上旬，干热风对水稻抽穗扬花的危害指标，长江中下游地区为最高气温大于35℃，相对湿度小于60%，偏南风大于5m/s。双季早稻开花灌浆期、中稻开花期受害最重。最有效的办法是干热风来临前灌深水。

（3）受温度影响的灾害。寒露风是晚稻在孕穗、出穗到灌浆期间，受到秋季骤降低温影响而减产的一种农业气象灾害的俗称。主要发生在我国南方双季稻地区。长江中下游一带称为"寒流"，多发生在9月中下旬，为害孕穗、出穗或灌浆的连作晚稻，故称为"寒露风"。晚稻遭受寒露风侵袭后，有以下3个方面的表现。①干冷风破坏稻叶，造成稻株受伤，破坏输导组织；同时根系也因低温的影响降低水分的吸收，造成稻株生理失水，引起叶片蜷缩、枯萎。②由于寒露风到时气温低，日照弱，稻株新陈代谢缓慢，光合产物少；孕穗期尤其是花粉母细胞减数分裂期受害，会造成颖花畸形，还使花粉不能正常发育；孕穗开花期受害，花期推迟或花药不开裂，花粉发育不良，受精率降低。就会造成大量空秕粒；灌浆前期受害，灌浆期延缓或停滞，形成大量的秕粒、青粒。③寒露风到来时，抽穗速度明显减慢，抽穗时间一般要增加1倍；若寒露风来势很强，气温更低，稻穗则不能完全伸出剑叶叶鞘，造成包颈，影响开花结实。

二、水稻灾害预防与补救措施

（一）干旱

1. 水稻易受到干旱威胁的生育时期

在水稻各生育期中，最易受旱害的是孕穗期和抽穗开花期，其次是灌浆期和幼穗形成期。插秧后幼苗返青期抗旱能力弱，水分不足就不能返青而枯死。水稻孕穗期受旱减产可达47%左右，抽穗期受旱减产14%~33%，灌浆期受旱严重且连续14d以上时，也可减产23%左右。当土壤含水量为田间持水量的70%~80%时，对水稻秧苗的生育影响不大；持水量降到60%以下时，生育就会受影响，产量降低；再降到40%以下时，叶片的水孔就会停止吐水，产量就会剧减；再降到30%时，叶片就开始萎蔫；如果再降到20%时，稻叶整天向内卷缩成针状，并从叶尖开始干枯。

2. 实行节水栽培

水稻遇到干旱时，要大力推广水田旱整、免耕抛秧、免耕直播、稻草覆盖等节水栽培技术，减少大田耕整用水。对已栽水稻实行浅水灌溉、湿润管理，适时追施返青分蘖肥，既节省大田用水，又促进早发快长。

（1）推广旱整地技术，即"先干整后放水、边整地、边插秧"，缩短泡插时间，节约用水。部分小麦或大麦田块收获后，也可不再进行翻犁，直接放水泡田并通过浅旋耕后即可移栽。

（2）实行覆盖栽培。对已整地插秧而返青缺水的田块，可采取每亩施用250kg碎稻草进行覆盖。

（3）实行湿润灌溉。对已插秧并返青的田块，田面可不建立水层，实行全生育期节水湿润灌溉，待水源充足后灌浅水层。但孕穗期必须建立水层，防止干旱缺水引起大量颖花败育，影响产量和品质。

3. 遇干旱适时抢播和抢管

（1）水源分布不均地方，要发挥有限水源的作用，采取"集中育秧、换田育秧"的方式，保住中稻育秧面积，加强已育秧苗的管理，培育壮苗，确保有水时有秧可栽。

水稻绿色高产高效技术

（2）大力推广旱育秧，普及旱育保姆无盘旱育技术，培育秧龄弹性大、耐旱的秧苗。对已经播种，而又干旱缺水的地方秧田采用全旱管理，培育带蘖或多蘖壮秧，增大秧龄弹性，有水就适时插秧。可在3叶期用0.2%~0.3%的多效唑液（即100~150g多效唑对水50kg）进行喷施，以增根壮茎，提高成秧率。在4叶期用10%的尿素加0.3%的磷酸二氢钾液进行叶面喷雾，以补充养分，培育壮苗。对长势偏弱的苗床，可用0.5%的尿素加0.2%的磷酸二氢钾液浅施1~2次，防止脱肥死苗；对因缺肥发黄的秧苗每平方米苗床追施硫酸铵15g后浇一次透水，此法可维持一周内秧苗素质无大变化。

（3）科学防控受旱稻田病虫草害。稻田干旱容易加重病虫草发生与危害，应切实加强预测预报，采取应对技术措施。在5月中旬用氯虫苯甲酰胺或杀单·苏云菌或杀虫双等药剂，防治一代二化螟。

（4）要依据灌溉水源实际和群体长势，合理运筹肥料，促控群体生长，保证水稻安全成熟。

4. 因地制宜抢季改种

"人误地一时，地误人一年。"对前期因旱5月10日左右未能播栽的早稻田，要千方百计调度农业机械和耕牛，在有降雨时抢抓时机改种中稻、玉米等粮食作物，确保不误农时。中稻播期较宽，回旋余地大，只要后期不严重缺水区域尽可能避免改种旱作物，湖北省中稻最迟适宜播种期为5月15日左右，一季晚稻可播到6月初，如不能适期播种可将中稻改为一季晚。品种可选择早熟中稻或一季晚稻。同时，可选用旱稻品种。推广旱稻的种植是解决水稻干旱的一个可能的途径。错过适期育秧的可采用直播。对来水太晚的地方应采取浇水点播改种玉米、绿豆等旱杂粮，稳住粮食播种面积。改种玉米和食用豆类的地方要结合历史水源条件考虑品种类型。

（二）洪涝

1. 旱涝急转后水稻田间管理措施

（1）因田制宜，及时排水降渍。加大农机具投入，抢排农田积水，疏通田间沟渠，努力减轻渍涝影响。做好水稻田间三沟的疏通、清淤工作，及时排出田间积水。稻田排水时应注意，在高温烈日期间，要逐步缓排，保留适当水层，使稻苗逐渐恢复生机；在阴雨天，可将水一次性排干，有利于秧苗恢复生长。

（2）因苗制宜，加强受灾田块管理。要及时露苗洗叶。对部分受淹过顶且淹水时间较长的水稻，水位下降后要及时清洗叶片上的泥浆，以恢复叶片正常的光合机能，促进植株恢复生长。充分利用现有水源，推广湿润灌溉技术，即"浅—湿—露"灌溉方法，做到科学用水、节约用水。同时，要按照不同类型田块的苗情分类指导，看苗施肥，尤其是对弱苗迟苗重点施好孕穗肥，确保大面积平衡生长。要及时追施穗粒肥。根据苗情每亩追施穗粒肥尿素 3~5kg，钾肥 2~4kg。在剑叶抽出和灌浆期根外喷施磷酸二氢钾，每亩用 75~100g，对水 50kg，喷雾 1~2 次；或每亩根外喷施一包"喷施宝"，以提高水稻的结实率和千粒重。受涝水稻抗性减弱，易受迁飞性害虫侵害，田间湿度加大，也有利病害发生，要密切注意，加强稻飞虱、稻纵卷叶螟、稻瘟病等病虫害防治。可用井冈霉素等药剂防治纹枯病 1~2 次，破口前 3~5d，用 30%丙环唑、苯甲·丙环唑（爱苗）防治稻曲病，同时，因及时防治三代三化螟、稻纵卷叶螟、稻飞虱等害虫。

（3）因时制宜，抓好补种改种。要根据旱涝急转发生的时期，采取应对的补种改种措施。如发生在 6 月至 7 月初，及时补种"早翻晚"。对淹死的中稻和晚稻秧田，要及时翻耕整田，采用早中熟早稻品种，实行翻秋种植。早稻翻秋可采取免耕直播，加强肥水管理和化学除草，3 叶 1 心时喷施多效唑，培育早发壮苗，搭好丰产苗架。同时，要选好对路品种，抓好改种。淹水绝收且补种水稻季节跟不上的田块，可选好适宜的旱地作物品种水改旱，力争多种多收。可选用生育期短的玉米、绿豆、红薯、荞麦等秋杂粮品种或萝卜等蔬菜品种改种。

2. 水稻长时间淹水受到的危害

水稻植株有较发达的通气组织，有一定的耐淹能力，只要生长点不被长时间淹没一般不会死亡。但是，长时间淹水包括灌深水对水稻也是不利的。在水稻的不同生育期，只要没顶淹水 4d，产量都会有不同程度的损失。如开花期会减产 64%，孕穗期减产 78%，分蘖末期到拔节盛期减产 20%，移栽后 2 周减产 11%，移栽后 1 周减产 7%。

3. 水稻涝害的主要症状

水稻虽然是耐涝作物，但是，淹水深度也不能超过穗部，而且淹水时间越长危害也越重。在诸生育期中，以幼穗形成期到孕穗中期受涝，危害最重。其次是开花期。其他生育时期一般受影响都较轻。孕穗期是花粉母细胞及胚囊母细胞减数分裂的时候，是水稻一生中对环境条件最敏感的时期。此期淹水，可使小穗不生长，生殖细胞不能形成，或花粉的发育受阻，出现烂穗或畸形穗。未死亡的幼穗颖花与枝梗也严重退化，抽白穗，甚至只有穗轴，无小穗。即使能抽穗，成熟期也推迟 5~15d，每穗的粒数减少，空秕粒增多。

4. 被洪水淹过的水稻田间诊断

洪水淹过的水稻会受到不同程度的损害，其程度取决于淹水时间、水的深度、水温高低及水质和流速等综合因素。受涝灾后必须先鉴定其是否死亡，对可以补救的应积极采取涝后补救管理以减少损失。

水稻被淹后的诊断方法。水退时用水轻撩稻苗，若随手而起，或轻拔秧苗即齐根拔断的，说明稻株已经死亡或即将死亡。反之，是尚有生机的表现；水退后早晨到田间检查，如稻株叶尖有吐水现象，即表示有生机，肯定未死；检查稻苗基部，以手捏之，如基部坚硬，表示仍有生机，如已变软，则已死亡；检查根部，若全部变褐则可能死亡，如果有白根发生则表明有生机，可考虑"保"。若遇天晴风燥，稻苗倒伏枯萎，表示已死，如成弓形不倒，群众称为"驼背稻"，则仍能恢复生长。

5. 稻田渍涝补救措施

（1）排水露苗洗叶。抢排被淹水的稻田，使稻苗及早露出水面，并及时洗去叶面上的泥浆。对受淹水稻要尽快排水，越早越好。在排水的先后次序上，如排水条件相同，淹没时间又均在能承受的时间以内，可以先排弱苗，再排壮苗。不同高度田块，可先排高田，再排低洼田。在具体掌握上，淹没时间较短的或淹没时间虽长但逢阴天的，可采取一次性排水，以争取早日恢复生长。如遇烈日高温天气，对淹没时间较长的稻株，应先使植株上部露出水面，再在下午排掉稻田积水，这样可以避免暴晒，有利于恢复生长。排水时，对于下风口的田块，要注意清除漂浮杂物，以避免稻苗压伤和苗叶腐烂，同时在退水刚落苗尖时要进行洗苗，可用竹竿来回振荡洗去玷污茎叶的泥沙。倒伏的稻苗应及时扶正，并割去烂叶、病叶。

（2）及时追施肥料。受渍的稻株营养器官受到不同程度的损害，加之原有肥料流失较多，因此，追肥要快、数量要足，但不要过，可采取一追一补的方法，并结合根外施肥，促进稻苗生长。施肥以速效肥为主，配之磷钾肥。宜采用尿素，不宜用碳酸氢铵。重视钾肥的配合施用。钾肥不仅可以增强水稻抗倒伏能力，还可以增强水稻抗病力和提高水稻稻米品质。因此，灾后为了提高水稻抗性，一定要重视钾肥的配合施用。可在排水后 3d 内根据苗情每亩追施尿素和氯化钾各5kg 左右。在进行追肥的同时进行根外施肥，以提高稻苗的根系活力和叶绿素含量，促进稻苗迅速进入旺盛生长期，提高结实率和千粒重。

具体方法是在抽穗前 3~5d 和齐穗后结合病虫防治，叶面喷施尿素和磷酸二氢钾 2~3 次，每次每亩用尿素 500g、磷酸二氢钾 150g 加速乐硼 50g 对水 50kg 于 15 时至傍晚前喷施，每 2 次间隔 7~10d。

（3）浅水间歇灌溉。排水后，在稻田逐步得到沉实的基础上，可坚持间歇灌溉方法，即灌 1 次水后，让其自然落干 1~2d，再灌第 2 次水，让其干干湿湿。间隙灌溉新鲜水，既能保证稻株用水需要，又能保证土壤通气，使土壤环境得到更新，增强根系活力，延长功能叶寿命，增强稻苗抗逆性。抽穗期如遇低温，应灌深水以调节温度。灌浆结实期注意避免过早断水，达到养根、保叶、增粒重的目的。

（4）抓好后期病虫害防治。受淹水稻恢复生长后的叶、茎、蘖都比较嫩绿，易遭稻纵卷叶螟、二化螟等危害；生长发育期的延迟，增加了稻飞虱侵害的机会；稻株较长时间受淹，叶片损伤，抗病能力下降，易感纹枯病、稻瘟病。因此，应加强预测预报，适时适量对症下药，提高防治效果。纹枯病可选用苯醚甲环唑或井冈霉素、苯甲·丙环唑；稻瘟病选用稻瘟灵或三环唑；稻飞虱选用吡虫啉、噻嗪酮；螟虫及稻纵卷叶螟选用毒死蜱或氯虫苯甲酰胺（康宽）、三唑磷。

（三）低温冷害

1. 水稻容易发生低温冷害的时期

水稻一生中有 4 个时期最易发生冷害。①芽期，此期的耐寒性直接影响水稻的成苗率；②苗期，此期的耐寒性直接影响水稻根、茎、叶的生长和分蘖的多少及早晚、幼穗分化期的早晚、抽穗期的早晚以及最终的产量，这是水稻延迟型冷害的关键期；③孕穗期，此期是影响水稻结实率的关键时期；④开花灌浆期，此期是直接影响水稻空秕率的关键时期。

2. 苗期和分蘖期冷害诊断

苗期与分蘖期低温冷害主要表现为延迟型冷害，生育拖后。该可参考临界温度来进行诊断，通常苗期的临界下限温度为日平均 13℃，分蘖期的临界下限温度为日平均 16~18℃。如果该时段内满足不了上述温度指标要求，出现叶片死亡等明显症状时可认为是发生了冷害。

3. 早稻直播对品种耐寒性的要求

早稻直播的保苗是直播能否成功的关键，要想一次播种保全苗，就必须提高成苗率。而提高成苗率的主要措施除了整地质量和种子质量外，关键是要选用芽期和苗期耐寒性强的水稻品种，才能确保一次播种保全苗。

4. 早稻插秧栽培对品种耐寒性的要求

早稻插秧栽培苗期采用保温栽培技术，所以与芽期和苗期的耐寒性强弱关系不大。3叶期以后才移栽到大田，因此，插秧栽培选用的耐寒水稻品种的关键是分蘖期、孕穗期和开花灌浆期的耐寒性要强。

5. 不同早稻生产方式苗期管理与低温防御对策

（1）湿润育秧秧田管理。①以水调温。从播种到2叶1心期采取沟灌，掌握晴天平沟水，阴天半沟水，雨天排干水。2叶1心期以后，水可以上秧板。2~3叶期注意以水调温，以水护苗。特别是遇到日平均气温连续低于15℃，接着转晴，最高气温超过25℃，昼夜温差大于15℃时，更要保持秧板浅水层，防止黄枯死苗或青枯死苗。遇到较强冷空气侵袭，应灌深水护苗。地膜覆盖育秧进行通风揭膜时，必须先灌水上秧板，防止秧苗失水发生青枯死苗。阴雨过后，抓住晴天迅速通风炼苗，切忌突然揭膜，以防伤苗死苗。②施好三次肥。1叶1心到2叶期及早施好断奶肥，每亩施尿素4kg左右或500kg人粪尿；2.5~3叶期施好促蘖肥，每亩施4~5kg尿素；拔秧前4~5d施好起身肥，每亩施5~8kg尿素。

（2）旱育秧苗床管理。播种至现针前，以保温、保湿为主。现针后，严格控水，促进根系下扎，早上揭膜，傍晚盖膜，进行炼苗。2叶期即可揭膜。一般晴天下午揭，阴天上午揭，雨天雨后揭；此时若遇低温寒潮，则延长盖膜时间，待寒潮过后再揭膜。揭膜后，若秧苗发生立枯病，发病区每平方米苗床再增施50g壮秧剂（叶面无水珠时均匀撒施），然后浇水，可有效防治病害；如出现脱肥，可适当增施氮肥。揭膜至移栽前，一般在出现秧苗叶片早晚无水珠或早晚床土干燥或午间叶片打卷时，选择傍晚或上午喷浇水1次，以3cm表土浇湿为宜，但对土壤不太肥沃、较板结的秧床，以每次浇透水为好。只有严格控制苗期水分，才能增强秧苗移栽本田后的生长优势。遇低温、下雨要及时盖膜护苗及防水，以免土壤湿度过大，秧苗徒长，降低秧苗素质。

（3）直播稻田苗期管理。从播种至3叶期，重点是要力求达到全苗、齐苗、匀苗。①要早施苗肥。当秧苗长到2叶1心时，及时施好苗肥，一般每亩施尿素5~7kg，促进稻苗早分蘖、长大蘖。②湿润出苗。播后沟灌湿润出苗，冒青后湿润灌溉，晴天应防止田面干裂，雨天排出沟水，以灌跑马水为主。③及时查苗补缺。当直播稻田出现缺苗时，要及时补苗。在周围密的地方移一部分苗补到稀的地方或用预备苗补缺，确保全苗。④做好化学除草，在播种后立苗前，放干田水，选用广谱性杀草剂丙草胺做封闭处理，可有效地控制稗草、莎草和其他一年生杂草的萌发。一般亩用30%丙草胺75mL对水喷雾。

提前做好直播早稻苗期低温灾害天气的防范。在芽期到出苗，应灌溉浅水；出苗后适当加深水层，以水调温护苗。如遇暴雨，应灌深水防大雨洗芽或洗苗。转晴后慢慢排水，促进根系生长。要防止长时间淹水造成缺氧烂种。有条件的可在秧板撒施草木灰增温。在水稻离乳熟期前的2叶1心时，喷施1%的磷酸二氢钾液，以接济营养，提高秧苗抗病、抗低温能力。

（4）病虫害防治。重点抓好绵腐病、立枯病、青枯病、苗瘟等病害防治，同时做好稻蓟马的防治。旱育秧苗床，应注意立枯病的防治，提倡在整理苗床时施用水稻壮秧营养剂。

另外，在早稻苗期低温灾害天气的防范上，要做好秧苗调剂和补救，做好查苗补苗工作。调剂早熟早稻品种直播救灾，确保早稻种植面积。注意大田施肥前重后轻，减少氮肥20%~30%，增施磷钾肥，尤其是在拔节、出穗期增加钾肥施用量10%~20%，以促进成熟，增加抗病能力。

6. 喷施叶面肥有预防水稻冷害的作用

喷施叶面肥等可以较快地被水稻茎叶吸收利用，及时矫正缺素症状，促进水稻生长发育，加快水稻生育进程，在水稻需肥而又供应不足时见效较快，同时可以避免养分被土壤固定及"脱氮"等损失。在水稻齐穗至灌浆期进行叶面施肥，能延长生育后期功能叶片的成活率，加速子粒的灌浆速度，减少空秕率，提高千粒重，因而对预防延迟型冷害有一定的作用。

（四）高温热害

1. 早稻生育后期要灌深水

田间保持水层4~5cm，可有效降低穗层温度，提高结实率。深水保持至高温结束或收割前5~7d，切忌断水过早。

尚未齐穗的缺肥稻田看苗补施粒肥，每亩撒施尿素2kg左右，促进籽粒灌浆充实。

在水稻抽穗扬花前，叶面喷施0.3%的磷酸二氢钾溶液。有条件的地区可叶面喷施活性硅、液体硅钾肥或细胞膜稳态剂等。避开中午高温时段喷施。

水稻绿色高产高效技术

及时防治稻瘟病、纹枯病、稻飞虱等主要病虫害。①纹枯病。每亩用20%井冈霉素粉剂50g或10%井冈霉素水剂100mL，对水60kg喷雾。②稻瘟病。每亩用2%春雷霉素100g或40%稻瘟灵100mL，对水60kg喷雾。③稻飞虱。每亩用70%吡虫啉或25%吡蚜酮等30~50g，对水60kg喷雾。

2. 一季稻要看苗追肥

处于分蘖期的稻田保持3~5cm水层；处于分蘖末期的轻晒控苗，及时复水；处于幼穗分化期的保持4~5cm水层。

根据生育进度和禾苗长势，对缺肥稻田及时补肥。处于分蘖期的每亩施尿素3~5kg、氯化钾5kg左右；处于幼穗分化初期的每亩施尿素4~6kg、氯化钾5kg左右。

及时防治白叶枯病、细菌性条斑病、二化螟、稻纵卷叶螟等主要病虫害。

3. 晚稻播种育秧要喷施多效唑

秧苗2叶期以前保持湿润，切忌缺水；2叶期以后，最高温度超过37℃时，采取上午9时以前灌水，下午4时左右排水的管水方式。

秧苗1叶1心期每亩用15%多效唑100g对水50kg喷雾。

软盘抛秧和机插盘秧等高密度育苗架设遮阳网适当遮阳。

重点防治白背飞虱、稻蓟马和黑条矮缩病，每亩用25%吡蚜酮50g对水50kg喷雾。

附录一 湖北省黄梅县农事月历

1月农事

　　小寒、大寒表示一年中最冷的时候，大寒是天气寒冷到了极点的意思。这期间冷空气每隔 5~7d 侵入黄梅县一次，引起西北大风，偶然伴有降雪，风后有剧烈降温。1 月降水量少，大风低温寒旱交加对小麦生长极为不利，常常造成小麦冻害死苗。

　　本月主要农事：

　　（1）应加强冬麦管理，如轧麦、盖粪等。

　　（2）冬种马铃薯；黄梅县平原、丘陵地区冬种马铃薯播种期 1 月中下旬。

　　（3）在油菜行间穴施适量化学肥料，亩用含量 40% 以上的优质复合肥 20kg、尿素 5~6kg、氯化钾 7~8kg。

　　（4）培肥、备制棉花营养钵土。在选定的苗床附近选择无病、肥沃的壤土作为钵土和盖籽土。每立方钵土加 45% 的优质复合肥 2kg、人粪尿 100kg、火土灰 100kg、土菌净 500g（或其他杀菌剂），混匀整细，覆膜堆焖 10~15d，培肥杀菌。

2月农事

　　立春是春季的开始。立春过后隆冬景象由南往北渐渐消退，春色悄悄降临，人们习惯把"立春"当作一年之始，立春过后仍有 40d 的冷天气。天气虽转暖，但仍是北方冷空气控制，常有冷空气南下侵入黄梅县，气温变化很大，常常出现大风天气。雨水节气在黄梅县极为明显，气温明显回升，降水形式由雪逐渐转化为雨，但雨量不大，一般在 5mm 左右。

　　本月主要农事：

　　（1）小麦 2 月下旬开始返青，应采取耙压保墒，冬雪稀少和春暖较早的年份，应根据苗情抓紧浇返青水。一般常在 5cm 地温为 5℃，新苗新根露头时，是浇返青水的适宜期。

（2）油菜看苗施薹肥。油菜开始抽薹至薹高 10cm 期间，每亩用尿素 10kg 在行间穴施或撒施。油菜现蕾初期，要喷施硼肥，以聚合硼效果为佳（30g/亩），2 周后再补喷一次。春季油菜见花后，每隔 5~7d 喷一次杀菌剂（多菌灵、甲基托布津等），共喷三次，防治菌核病。也可用多菌灵、磷酸二氢钾、聚合硼配制成"三合汤"，防病、补硼、叶面施肥。

3 月农事

惊蛰表示地温回升，天气渐暖，春雷响动，冬眠蛰伏的生物开始活动。到了春分时节太阳直射赤道，这天昼夜平分，春分过后太阳逐渐向北"移动"，气温平均每 3d 约升温 1℃。此间黄梅县土壤解冻，雨量增加小麦普遍返青，农业生产开始进入春耕期。

本月主要农事：

（1）小麦、油菜。要对肥量不足的麦田及时追肥，油菜做好根外喷硼。同时做好田间清沟排渍工作。

（2）水稻。早稻尼龙育秧播种适期为 3 月 25 日—4 月 5 日。播种前 20d，秧田每亩施有机肥 1 300~1 500kg 或播前 3d 亩施 30%复合肥 40kg。播种前，厢沟整好后，按每亩用 30%噁霉灵水剂 200~400mL 进行苗床消毒。早稻选用大穗型、分蘖力强、成穗率高、熟期适中的品种，常规稻选用鄂早 18，杂交稻选用两优 287。常规稻每亩有效穗数 23 万穗，穗总粒数 120 粒左右，结实率 80%以上，千粒重 25g。杂交稻每亩有效穗数 21 万穗，穗总粒数 130 粒左右，结实率 80%以上，千粒重 26g。

育秧方式采用尼龙育秧，秧田与大田比按 1：8 备足苗床，大田用种量常规稻 4~5kg/亩，杂交稻 2~2.5kg/亩。

（3）棉花。备制棉花营养钵。每亩大田备 2 500~3 000个钵。苗床选择背风向阳、排水方便、靠近大田的地方，营养钵摆放要平整，并及时用薄膜盖好保湿待播。采用地膜覆盖移栽的棉田，3 月底就可以播种。播前种子要晒 2~3d，提高发芽势，出苗快而整齐。苗床要采用双膜覆盖，即一层地膜一层拱膜。

4 月农事

清明、谷雨是指天气清澈明朗，降水量增加，五谷得雨利于生长的意思。清明过后，天气转暖，黄梅县大部地区 5cm 地温已稳定到 12℃，有利于春播和冬小麦生长。"清明断雪，谷雨断霜"，说明这时期一般不下雪，终霜冻多出现在 4 月下旬，要注意预防"倒春寒"。

本月主要农事：

本月雨水较多，注意农田清沟排渍工作。

（1）小麦。"清时麦怀胎""麦怕胎里旱"，这时正是小麦拔节、孕穗关键生长期。应加强麦田水肥管理，及时追肥、清沟排渍，既保证充足的养料和水分，又不至于造成节间徒长倒伏。同时做好小麦条锈病和赤霉病的防治。

（2）油菜。抓好根外喷硼和油菜菌核病的防治。

（3）水稻。清明节后直播早稻开始播种，再生稻 4 月 10 日左右播种，再生稻注意应选择抗高温品种，以防高温热害。直播早稻和再生稻播种后每亩用直播净 15~20g 进行芽前除草，2 叶 1 心时结合追施"断奶肥"用旱田除草剂进行芽后除草。注意防治苗立枯、苗瘟等。做好烂秧防治工作。尼龙育秧秧田追肥。2 叶 1 心时，施好"断奶肥"，每亩施尿素 4kg，移栽前 7d 每亩施 3kg "送嫁肥"。移栽早稻本田基肥。每亩施有机肥 500~600kg 和 30% 复合肥 40kg。同时做到寸水活棵，浅水分蘖。

（4）棉花。农谚有"麦芽发种棉花""谷雨前后，种瓜点豆"。棉花应抓紧谷雨前播种完。4 月 5 日—4 月 15 日是棉花播种的最佳时节，油菜收获后播种棉花，可以到 4 月 20 日以后。播前要将棉种晒 2~3d。苗床盖籽土以 1~1.5cm 为宜。直播田播种深度方面，沙土宜深，黏土宜浅；深不过寸，浅不露籽。

适播期。育苗移栽应在 4 月上中旬"冷尾暖头"抢晴天播种；地膜直播应在 4 月中旬雨后抢墒（或灌溉造墒）播种；露地直播在 4 月下旬选晴好天气播种为宜。

耕整棉花大田，施足基肥。棉花生长旺盛，需有机肥、钾肥较多，应适当增施。每亩用饼肥 50kg、45% 以上含量复合肥 35~40kg、尿素 7~8kg、氯化钾 10kg、强力硼 200g、锌肥 1 000g。

精心管理，培育壮苗。双膜覆盖见苗后要及时抽去地膜，天气晴

水稻绿色高产高效技术

好时见芽就要抽去地膜；阴雨天气可等齐苗时抽去地膜。齐苗后，选晴好无风天气揭膜晒床 1~2d，达到表土发白为度。结合晒床，喷一次壮苗素，防止高脚苗；同时喷施杀虫杀菌剂，防治病虫害。及时通风揭膜炼苗。齐苗后，一般天气在上午 8—9 时通风，先揭背风头，再揭迎风头。移栽前一周要揭膜炼苗，先通风，等膜内外温度差不多时再揭膜。达到红茎过半、叶色深绿为度。

移栽前苗床管理。揭膜炼苗、"三带"离床：移栽前 3~4d 可昼夜揭膜炼苗，但遇低温阴雨仍要盖膜保苗。施一次"送嫁肥"，浇一次水，治一次虫。施肥与浇水相结合，用 1%尿素水浇苗床待水干后喷施防治蚜虫、红蜘蛛药剂一次加叶面肥一起喷雾，做到带肥、带药、带水到大田。

5 月农事

立夏表示夏季的开始，小满是指小麦已进入乳熟期，籽粒已开始饱满，但尚未成熟。立夏之后，气温急剧上升，到了小满黄梅县已是夏季风光了。

本月主要农事：

（1）小麦。黄梅县小麦由开花、灌浆期进入到乳熟、蜡熟期，此期水分不足会严重降低灌浆速度，俗称麦黄水，这一水很关键，能使小麦千粒重提高 2~3g，并兼有预防干热风的作用。据统计，黄梅县干热风每年都有发生，强干热风大致四年一遇，多发生在 5 月下旬至 6 月中旬，小满（5 月 21 日左右）时节危害最为严重，常使植株水分失调，茎叶凋萎，籽粒枯秕，重者小麦减产 20%以上。预防干热风的较好措施，是抢在干热风来临前 4~5d 灌好麦黄水，以改善田间气候。此时棉花、春玉米正处于幼苗期，应加强田间管理，做好病虫害防治；抓紧麦垄点种，做好夏收准备。

（2）油菜。及时收割油菜，主花序下部角果变黄时就可收割。"油菜要在七成收，九成黄时一半丢"。

（3）棉花。5 月上中旬是棉花移栽的最佳时期。要在雨后土壤水分充足时抢墒移栽；随移栽，随时浇定根水。

移栽前一周棉田用草甘膦 500g 对水 30kg 进行一次化除。移栽后用乙草胺 100mL 对水 30kg 全田喷雾。

未施底肥的田，每亩用饼肥 50kg、45%以上含量硫酸钾复合肥

35~40kg、尿素 7~8kg、氯化钾 10kg、强力硼 200g。在离棉苗移栽行 20cm 处开沟埋施。

应合理稀植。地力较差的棉田行距 1.1m，株距 45cm，每亩 1 340 株；地力中等的棉田行距 1.2m，株距 50cm，每亩 1 110 株；地力肥沃的棉田行距 1.2m，株距 55cm，每亩 1 010 株。棉花活棵后及时追施提苗肥，促进棉花苗大小平衡，每亩施用尿素 3.5~5kg。

（4）水稻。①早稻。移栽田在移栽后 5~7d 内、直播田在播后 15d 左右每亩施尿素 8~10kg 分蘖肥。追施分蘖肥时注意大田除草。晒田复水后，每亩施穗肥 30%复合肥 20kg，加施 60%钾肥 8~10kg。水分管理。浅水分蘖、适时适度晒田，拔节孕穗期湿润灌溉。②中稻。水育秧 5 月 5—15 日播种，为避开高温热害直播中稻应在 5 月中下旬到 6 月上旬播种为宜。培育苗床。每亩 45%复合肥 50kg，尿素 10kg，钾肥 5kg。秧田追肥与化调。"断奶肥"每亩施尿素 5~7.5kg。"送嫁肥"每亩施尿素 7.5~10kg。1 叶 1 心至 2 叶 1 心期，每亩用 15%多效唑 125~150g 对水 50kg 喷雾。

6 月农事

芒种是指小麦、大麦等有芒作物成熟，陆续开镰收割，农谚有"芒种三天见麦茬"之说。夏至时太阳直射北回归线，这天昼最长，夜最短，夏至后，太阳南移，白天逐渐变短。该时期常有冰雹、暴雨等灾害天气。

本月主要农事：

（1）水稻。①早稻。6 月中下旬早稻陆续抽穗，并进入灌浆结实期，注意粒肥施用。始穗前 5d，看苗追施 30%复合肥 5kg，齐穗后采取根外喷肥，每亩施磷酸二氢钾 0.5~1kg，加尿素 0.8~1.2kg，分两次喷施。田间保持干湿交替。6 月中下旬注意防治二代三化螟和纹枯病。②中稻。水育秧中稻开始秧苗移栽大田，移栽前秧田施用"断奶肥"每亩尿素 5~7.5kg。"送嫁肥"每亩施尿素 7.5~10kg。1 叶 1 心至 2 叶 1 心期，每亩用 15%多效唑 125~150g 对水 50kg 喷雾。本田基肥。每亩施 45%复合肥 50kg，硫酸锌 1.5~2kg。③晚稻。6 月中下旬开始水育秧播种，播前 3d 每亩施 30%复合肥 20~25kg 做苗床底肥。采用早配迟、中配中搭配办法，选用抗性好、熟期适中、产量潜力高的杂交稻组合，中久优 288 或 T 优 207 等。采用湿润露地育秧，秧田与

水稻绿色高产高效技术

大田比按1:8安排，备足苗床。秧龄控制在30d左右。亩有效穗数为22万~23万穗，穗总粒数为130~140粒，结实率85%左右，千粒重26~27g。秧田期注意防治稻蓟马、三化螟等。

（2）芝麻、大豆等夏播作物播种。

（3）棉花蕾期管理。6月黄梅县棉花进入现蕾开花期，要避免枝徒长与果枝争营养造成棉蕾脱落。要及时整枝抹杈。要及时稳施蕾肥（底肥充足苗势旺的田块可以不施）。每亩用饼肥50kg、磷酸氢二铵20kg、氯化钾10kg、苗势偏弱的田块应加尿素4~5kg，于棉花普遍现蕾时（7~9叶期），在离棉苗20cm处开沟埋施。从现蕾开始，要主动化控。7~9叶时，每亩用缩节胺0.3g左右，对水15kg叶面喷雾。6月是棉花枯黄萎病易发期，注意提前预防。自6月初现蕾开始每隔5~7d喷一次防治枯黄萎病的药剂，共喷3次。注意防治蚜虫、红蜘蛛、盲蝽蟓等，二代棉铃虫如果偏重发生也要防治。

7月农事

小暑、大暑是指气候炎热程度。7月为一年中最热月，也是降雨最多的月份，雨热同季对作物生长非常有利，但阴雨高温也是病虫害的高发期。小暑过后，雨量增大，7月下旬、8月上旬常出现大到暴雨，是防汛的关键时期。

本月主要农事：

注意做好汛期抗灾减灾工作。

（1）水稻。①早稻。7月黄梅县早稻进入收获期，适时收割腾茬；注意防治二代稻纵卷叶螟和稻飞虱。②中稻。移栽后进行化学除草，施好返青分蘖肥：移栽返青活蔸，紧泥后每亩施尿素10kg。7月15日前后拔节，7月15日后移栽中稻陆续进入拔节孕穗期。根据田间长势注意晒好田，晒田复水后施好穗肥，每亩施尿素5kg，钾肥5kg。防稻纵卷叶螟、稻飞虱"两迁"害虫及防二化螟；防纹枯病等病害。③晚稻。栽插方式。人工栽插或机插，采用宽窄行或宽行窄株移栽，株行距11.7cm×26.7cm或13.3cm×23.3cm，每蔸2本苗，每亩2万蔸左右，每苗带蘖2个，每亩基本苗8万~9万茎蘖数。做到浅水活棵，薄露分蘖。2叶1心时，施好"断奶肥"，每亩施尿素4kg，移栽前3~5d每亩施尿素5kg作"送嫁肥"。本田基肥。每亩施有机肥500~600kg和30%复合肥40~45kg。7月中下旬治好三代三化螟。

（2）玉米。夏玉米进入抽雄期，这个时期除要求充足的光热条件外，对水分的要求尤其敏感、迫切，土壤过干过湿，都会严重影响开花授粉和结铃，故要注意水肥管理及病虫防治。

（3）棉花。7 月黄梅县棉花正值盛蕾期，下部开花结铃；重施、深埋花铃肥。花铃肥要早施、重施、深埋，在棉花田间有红花时，就应该立即施用花铃肥。每亩用含量 45% 以上的复合肥 40~50kg、尿素 10~15kg、氯化钾 15~20kg、油菜饼 50~60kg。花铃肥注意在雨后施用。清沟排渍，防止渍害。合理化控。初花期每亩用 0.5~1g 缩节胺（肥水充足用上限，肥水不足用下限）对水 30kg，叶面喷雾。注意防治三代棉铃虫、盲蝽蟓、红蜘蛛、蚜虫、棉蓟马等害虫。

（4）蔬菜。要注意排水防范，谨防暴雨过后死秧。

8 月农事

立秋是秋季开始的意思。立秋后，气温逐渐下降，到处暑时节，夏季的暑热天气开始减退，随之而来的将是"天高云淡"的金色的秋天。此时雨量适中，晴朗天气增多，光热条件较好，有利于作物物质积累。

本月主要农事：

（1）水稻。①中稻。8 月上旬进入拔节孕穗期，8 月中下旬抽穗。粒肥。抽穗扬花及灌浆结实期每亩用 0.3% 磷酸二氢钾加 0.5% 尿素进行叶面喷施 2~3 次。破口前 5~7d 和破口期防稻曲病。8 月中下旬注意防治第四代和第五代稻纵卷叶螟和第四代和第五代稻飞虱及纹枯病。②晚稻。分蘖肥。移栽后 3~5d 内每亩施尿素 8~10kg。结合追施分蘖肥，搞好大田除草。迟播晒好田。穗肥。晒田复水后，每亩施 30% 复合肥 20kg，加施 60% 钾肥 10kg。8 月中下旬注意防治第四代稻纵卷叶螟和第四代稻飞虱及纹枯病。

（2）棉花。此时棉花正处于花铃和吐絮期，为防止后期脱落，可结合抗旱补施适量化肥。及时打顶。"枝到不等时，时到不等枝"。即棉花果枝达 20~22 台时，就要及时打顶，最后棉花保持 23 台果枝，但到 8 月 10 日前后无论果枝多少都要打顶。化控封顶封边心。打顶后 7~10d，每亩用缩节胺 3~4g 对水 50kg 均匀喷雾，防止"天盖地"。追施盖顶肥，必施壮桃肥。打顶后立即施用，每亩用尿素 7~8kg，复合肥 5kg；8 月 15—20 日，雨后或小雨前追施壮桃肥，亩用尿素 10~

15kg 撒于棉花行间。

注意防治四代棉铃虫、红蜘蛛、斜纹夜蛾、盲蝽蟓、烟粉虱、褐斑病、角斑病和烂铃等。

多次补充叶面肥，防止早衰。8 月初至 9 月底，坚持 5~7d 喷施一次叶面肥。每次打药时，每亩加尿素 0.5kg、快克钾 30g，对水 50~60kg 均匀喷雾。

（3）油菜。备好培肥油菜苗床，每亩施含量 40% 以上的复合肥 7~8kg、人粪尿 250~300kg，耙匀整细备用。

9 月农事

白露时节夜间凉爽，空气湿度较大，清晨水汽在地表物体上凝结成白色露珠。此期雨量明显减少，偏北风开始盛行，故有"一阵秋风一阵凉，三场白露一场霜"的农谚。秋分时节太阳直射赤道，昼夜基本相等，秋分后太阳日渐南移，白天越来越短，北方冷空气明显加强向南扩展。

本月主要农事：

九月是农业生产大忙时节，既要做好秋季作物的管理，又要为适时收秋种麦做好准备。

（1）水稻。①中稻。中稻适时收割。注意后期综合症以及穗腐病的防治。②晚稻。粒肥。始穗前 5d，看苗追施 30% 复合肥 5kg，齐穗后采取根外喷肥，每亩施磷酸二氢钾 0.5~1kg，加尿素 0.8~1.2kg，分两次喷施。晚稻防"寒露风"。9 月中下旬中晚稻注意防治第五代稻纵卷叶螟和第四代和第五代稻飞虱及纹枯病。其中 9 月上旬，于破口前 10d 选用井冈霉素或爱苗等药剂防治稻曲病。

（2）棉花。抓好棉花后期管理，坚持多次喷施叶面肥。抹赘芽、打老叶、去空枝。及时采摘下部黄桃剥晒，减少烂铃。

（3）油菜。及时播油菜。适时早播。育苗移栽，9 月上中旬播种。直播，9 月下旬至 10 月中旬均可播种；密度为每亩 8 000~10 000 株。播前一周用草甘膦 500g 对水 30kg 进行一次化除；播后用乙草胺 100mL 对水 30kg 全田喷雾。播种量为育苗每亩 0.5~0.6kg；直播每亩 150~200g。培育壮苗。出苗后及时间除丛生苗；2~3 叶期第 2 次间苗，做到苗不挤苗；3~4 叶期定苗，除去弱苗、病苗、杂苗，每平方米留苗 120~140 株，每亩苗床施用多效唑 15g 对水 15kg 喷雾化控，防止高脚苗。及时防治病虫害。主要是蚜虫、菜青虫和黄条跳甲等。尤其是蚜虫，如果不防治好，很容易传播油菜病毒病。3叶期，每亩地苗床用尿素5kg对稀水粪2~3kg泼浇。

（4）秋马铃薯。9月上旬为最佳播期，平原区域不得早于8月底或迟于9月15日。如果早于8月底播种，高温高湿易引起烂种缺苗；迟于9月15日播种，不能保证10月初完全出苗，在11月中下旬早霜来临之前块茎尚未完全膨大，严重影响产量。播种时，以阴天为宜，晴天要选择在上午10时以前或下午16时以后，切忌在高温时段播种和暴晒种薯，防止高温伤芽。

10月农事

水稻绿色高产高效技术

"寒露"和"霜降"表示夜间气温已很低，露很凉，将要结冰和开始有霜。黄梅县一般在霜降至立冬期间有一次较强冷空气袭击，大风过后剧烈降温，使棉叶变干，薯叶枯黑，多数作物停止生长。

本月主要农事：

（1）适期收割。晚稻适期收割；抓紧收获花生、甘薯。

（2）小麦。小麦、大麦、蚕豆、豌豆等适期播种。黄梅县冬小麦适宜播种气象条件是：5d平均气温降到14~17℃或5cm平均地温为14~18℃，土壤温度7~20℃。播后6~8d即可出土。农谚："麦出七天宜，麦出十天迟"。过早过晚冬前都不能形成壮苗，严冬易受冻害。

（3）棉花。分期适时采摘吐絮棉花。

（4）油菜。9月底因故未播的油菜，10月上中旬要抓紧时间抢墒或造墒播种（直播）。10月中下旬是油菜移栽的最佳时期。要抢墒移栽，遇旱要造墒移栽。密度为7 000~8 000株/亩；行距为40~50cm、株距为25~30cm。施足底肥。每亩施土杂肥800~1 000kg、含量40%以上的优质复合肥20~25kg、尿素5~6kg、强力硼200g。栽后及时浇足定根水。每50kg定根水加碳酸氢铵0.5kg、802生根剂2mL。播种后3d之内，每亩用50%乙草胺100mL对水30kg，全田喷雾，防治杂草。

早施提苗肥。返青后每亩用尿素6~8kg对稀水粪1 000kg浇施。

11月农事

"立冬"表示冬季的开始，立冬后平均气温10~13℃，降水量20~

40mm，气温明显下降，北方冷空气加强。"小雪"节后，黄梅县平均气温 7~10℃，降水量为 10~20mm，风干物燥、草木枯黄。

本月主要农事：

（1）小麦。做好清沟排渍，查苗补缺。同时根据苗情追施提苗肥。

（2）油菜。油菜追施二次提苗肥。每亩用尿素 6~8kg 对稀水粪 1 000kg 浇施。直播油菜 3~5 叶时，每亩用尿素 5~8kg 作苗肥。及时中耕除草培土。中耕后再喷一次乙草胺防除杂草，注意尽量少喷到油菜上。冬季温度较高暖冬时，油菜每亩用 15% 多效唑 30g 对水 30kg 喷雾，控制株高，促进下部腋芽生长，增加下位分枝。

12 月农事

"大雪"时节天气进一步严寒，"小雪封冻，大雪封河"。到了"冬至"，太阳直射地球南部，这时北半球昼最短，夜最长，过了冬至白昼又一天天变长了。为了表示天气寒冷变化，古人以"冬至起九"又称"数九"。

本月主要农事：

（1）小麦。麦田进行轧压、盖粪，以减少土壤水分蒸发，达到防寒保苗，为防止压断麦叶，应以中午麦叶化冻为宜。重施腊肥。12 月下旬，每亩用火土灰或腐熟猪粪 1 000~1 500kg，结合中耕培蔸，防寒保湿。

（2）油菜。油菜薹采摘。当油菜株高 20~30cm 左右时，采摘去上部 10~15cm 部分，注意采摘时不能伤了主茎和下部腋芽，摘薹后立即每亩施用多菌灵 200g+尿素 200g 对水 15kg 喷雾，防止病害，每亩追施尿素 7.5~10kg，促进油菜恢复生长。11 月底没有追施腊肥的，12 月上中旬必须补施。每亩用火土灰或腐熟猪粪 1 000~1 500kg，结合中耕培蔸，防寒保湿。没有有机肥的可在油菜行间穴施适量化学肥料，每亩用含量 40% 以上的优质复合肥 20kg、尿素 5~6kg、氯化钾 7~8kg。

附录二　粮棉油作物长势及产量调查方式和方法

张　羽

黄梅县农业技术推广服务中心

一、田间调查取样的方法

1. 取样原则

取样在确保有代表性同时，随机取样。

2. 取样方法

五点取样法、等距取样法。当调查的总体为非长方形时用梅花形五点取样法（附图1）。当调查的总体为长方形时用等距取样法（附图2）。如果刚好在两格边缘上遵循取左不取右，取上不取下的原则。加权平均数。

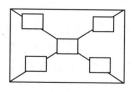

附图1　五点取样法示意

附图2　等距取样法示意

二、水稻长势及产量调查

（一）水稻长势调查

1. 主要内容

株高、叶龄、单株茎蘖数和苗情划分。

2. 调查时期

从移栽到乳熟期，每 10d 1 次。一般重点进行分蘖期和孕穗期 2 次调查。

（1）株高。指从作物的根颈处至作物主茎顶端的高度。一般每小区连续取具有代表性的 10 穴，每穴以最高株为代表，从地面量至顶端（不包括芒）取平均值，用厘米（cm）表示。水稻苗期量苗高量至倒 2 叶叶尖，成熟熟时量株高至穗顶部（不包括芒）。

（2）叶龄。水稻的叶龄就是用秧苗主茎的叶片数来表示水稻的生育进程。一般早稻、晚稻 11~12 片叶，中稻 14~16 片叶。从叶尖到叶枕全部露出记为一个叶龄。一般 5 点取样每点以 10 株的平均叶龄值为准。出叶规律。头 3 片叶主要是种子胚乳提供养分，长短相差不大，从第 4 叶起每叶比前一叶要长约 5cm，至倒三叶时最长，后每叶约短 5cm。记录时注意：一是以主茎叶龄为准，不要误将分蘖的叶片记在主茎上；二是在 3 叶出齐时记 3.0，在不知 4 叶叶片长短的情况下，先假定 4 叶比 3 叶长 5cm，若 3 叶长 10cm，按以上出叶规律 4 叶长预计为 15cm 左右，当 4 叶长出 3cm 时，用 3/15 = 0.2，记叶龄为 3.2，依此类推，做记录，至倒 3 叶最长，倒 2 叶比其短 5cm 来做记录。

（3）单株分蘖数。指一粒种子苗所产生的分蘖数。数单株分蘖数时一定不要计主茎。但若是说茎蘖苗数时就要算上主茎。按 5 点取样每点以 10 株平均值为准。有效分蘖的判定。一般在有效分蘖临界叶位前出生的分蘖为有效分蘖。比如，12 叶的品种按 12/3 = 4 计算，有 4 个伸长节间，则第 8 叶为有效分蘖临界叶位，在 8 叶前（不含 8 叶）出生的一次分蘖有可能为有效分蘖，即 8 叶后的节间上的分蘖肯定是无效分蘖。分蘖上有 4 片叶的分蘖为有效分蘖，有 3 片叶的得争取，2 片叶的为无效。拔节后一周观察，分蘖茎高达最高茎长的 2/3 为有效，不足者无效。

（4）生育期。全生育期为从播种或出苗到成熟所经历的时间，以天数表示。黄梅县早稻一般 105~118d，中稻一般 128~145d，晚籼一般 105~120d，晚粳一般 128d 左右。成熟期为全田 80% 稻穗基部 2/3 以上的籽粒达到玻璃质状，且用指甲压不容易压碎的程度的日期。

早稻。播种期为 3 月下旬至 4 月初，前三田（冬泡、冬闲、绿肥田）宜早，后三田（油菜茬、大麦茬和绿肥留种田或前三田秧田）略迟，移栽期为 4 月下旬至 5 月上旬，抽穗期 6 月中下旬，成熟期为 7 月中下旬，见附图 3。

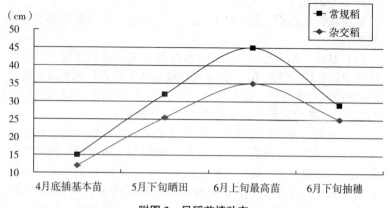

附图3　早稻苗情动态

中稻。播种期为4月下旬至5月上旬，迟熟品种宜早，中熟品种略迟，移栽期为5月底至6月上旬，抽穗期为8月上中旬，成熟期为9月中下旬，见附图4。

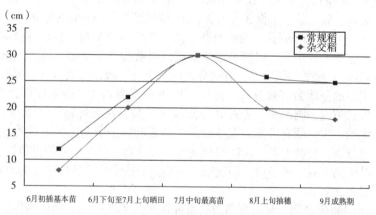

附图4　中稻苗情动态

中稻再生稻。播种期为3月底至4月初，移栽期为4月底至5月上旬，抽穗期为7月上中旬，头季成熟期为8月5—15日，再生季抽穗期为9月上中旬，成熟期为10月下旬，见附图5。

双季晚稻。播种期为6月15—22日，籼稻品种宜早，粳稻品种略迟，移栽期为7月中下旬，抽穗期为9月10—15日，成熟期为10月下旬至11月上旬（粳稻），见附图6。

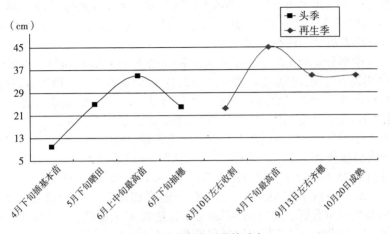

附图 5　中杂再生稻苗情动态

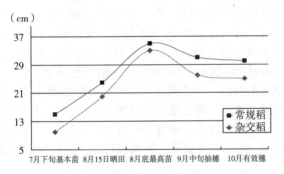

附图 6　双季晚稻苗情动态

（5）基本苗。指未出现新分蘖时的苗数，用万苗表示。水稻移栽田的调查。一般在移栽后 5d，苗已经返青但未出现新分蘖时的苗数。直播田在 3 叶期前调查。

（6）苗情分类。水稻分蘖期苗情分类。水稻分蘖期是指从插秧返青到拔节前的一段时间，为水稻分蘖期，一般早稻 20~25d，中稻 26~35d，双季晚稻 36~40d。

早稻分蘖期苗情。一类苗大田插秧密度 1.8 万兜/亩以上，插后 8d 以内开始分蘖，插后 20d 每亩总苗数达 40 万亩以上，叶色浓绿，株叶形态呈 "喇叭状"。二类苗大田插秧密度 1.5 万~1.8 万兜/亩，插后 8~10d 开始分蘖，插后 20d 每亩总苗数达 30 万~40 万苗，叶色青绿，株叶形态呈"平头状"。三类苗大田插秧密度 1.5 万蔸/亩以下，插后 10d 以上开始分蘖，插后 20d 每亩总苗数在 30 万苗以下，叶色淡绿，株叶形态似"一柱香"。

中稻分蘖期苗情。一类苗大田插秧密度 1.5 万蔸/亩以上，插后 5d 内返青分蘖，插后 25d 每亩总苗数达 30 万苗以上，大田秧苗封行，叶色浓绿，株叶形态较松散呈"喇叭状"。二类苗大田插秧密度 1.2 万~1.5 万蔸/亩，插后 6~7d 开始分蘖，插后 25d 每亩总苗数 25 万~30 万苗，大田秧苗基本封行，叶色青绿，株叶形态较紧束。三类苗大田插秧密度 1.2 万蔸/亩以下，插秧 7d 以后开始分蘖，插后 25d 总苗数 25 万苗以下，大田秧苗未分行，叶色淡绿。

双季晚稻分蘖期苗情。一类苗大田插秧密度 2 万蔸/亩以上，插后 5d 以内返青分蘖，插后 20d 每亩总苗数达到 30 万苗以上，大田秧苗封行，叶色浓绿。二类苗大田插秧密度 1.5 万~2 万蔸/亩，插后 5~7d 返青分蘖，插后 20d 每亩总苗数 25 万~30 万苗，大田秧苗基本封行，叶色青绿。三类苗大田插秧密度 1.5 万蔸/亩以下，插后 7d 以上返青分蘖，插后 20d 每亩总苗数 25 万苗以下，大田未封行，叶色淡绿。

水稻孕穗期苗情分类。水稻孕穗期是指水稻幼穗分化至抽穗这段时间。一般历时 25~35d，早稻偏短，中稻、晚稻偏长。

早稻孕穗期苗情。一类苗叶色浓绿，分蘖成穗率高，上部叶片叶面积大、挺健，预测每亩成穗数杂交稻 25 万~30 万穗。二类苗叶色青绿，上部叶片叶面积较大、挺直，预测每亩成穗数 20 万~25 万穗。三类苗叶色淡绿，上部叶片挺直，叶面积较小，预测每亩成穗数 20 万穗以下。

中稻孕穗期苗情。一类苗叶色浓绿，分蘖成穗率高，上部叶片挺健，叶面积大，预测每亩杂交稻成穗数 17.1 万穗以上。二类苗叶色青绿，分蘖成穗率较高，上部叶片挺直，叶面积较大，杂交稻每亩成穗 15 万~17 万穗。三类苗叶色淡绿，上部 3 片功能叶挺，叶面积较小，预测每亩杂交稻成穗 15 万穗以下。

晚稻孕穗期苗情。一类苗叶色浓绿，分蘖成穗率高，上部叶片挺健，叶面积大，预测每亩成穗数杂交稻为 20 万~23 万穗，常规稻为 25 万穗以上。二类苗叶色青绿，分蘖成穗率较高，上部叶片挺直，叶面积较大，预测每亩成穗数杂交稻为 17.1 万~20 万穗，常规稻为 20 万~25 万穗。三类苗叶色淡绿，分蘖成穗率较低，上部 3 片功能叶挺，叶面积较小，每亩成穗数杂交稻为 17 万穗以下，常规稻为 20 万穗以下。

（二）水稻测产

1. 主要内容

密度、亩有效穗数、每穗粒数、千粒重。

2. 调查时期

农作物成熟前 15d 左右进行。

（1）密度。①移栽稻。株距。每块田取 3~5 点，分别量取 21 蔸的距离，除以 20，得出蔸（株）距，后计算所取点平均株距。行距。每块田取 3~5 点，分别量取 21 行的距离，除以 20，得出行距，后计算所取点平均行距。每亩种植蔸数 = 667÷［平均株距（m）×平均行距（m）］。蔸平穗数。随机取 1 个样行连续调查 20 蔸，求出平均数。每亩苗（穗）数 = 每亩蔸数×蔸平苗（穗）数。②直播稻。每块田取 3~5 个点，每个点取 1m²，计算其中有效穗数。求出平均数，乘以 667，得出每亩苗数、穗数。做 1 个长、宽均为 1m 的正方形不锈钢或木框。随机抛向稻田。注意，计数时取上不取下，取左不取右。

（2）有效穗的标准。有效穗指结实实粒在 5 粒以上的稻穗，一般结合测产时调查，用万穗表示。

（3）穗粒数。每块田取 3~5 点，每点连续数 10~20 蔸，计算平均穗数。取平均穗数左右的稻株 2~3 穴（不少于 50 穗）调查穗粒数、结实率。穗粒数 = 实粒数 + 空秕粒数。结实率 =（实粒数÷穗粒数）×100%。

（4）千粒重。以品种区试平均千粒重计算。

（5）理论测产公式。亩产（kg）= 有效穗（万穗/亩）×穗粒数（粒）×结实率（%）×千粒重（g）×85%÷1 000 000。亩产（kg）= 有效穗（万穗/亩）×穗实粒数（粒）×千粒重（g）×85%÷1 000 000。

三、小麦长势及产量调查

小麦。播种期 10 月 15 日—11 月 5 日，半冬性品种宜早、春性品种略迟，北部地区宜早，南部地区宜迟。分蘖期为 10 月底至 12 月底，拔节期为 2 月中旬至 3 月上旬，抽穗期为 4 月上中旬，成熟期为 5 月中旬至 6 月上旬，见附图 7。

（一）冬至苗情调查

在冬至当日进行，按 5 点取样算出苗数，调查苗高、单株带蘖数、亩总苗数，通过与基本苗的比较，反映越冬前的长势长相。

（1）主茎绿叶数。主茎上已出生的叶片数，未出全的心叶用其露

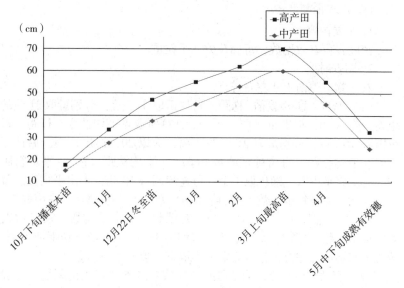

水稻绿色高产高效技术

附图 7　小麦苗情动态

出部分的长度占上一叶片的比值表示，方法同水稻。

（2）分蘖的标准。冬前定位的大分蘖一般为分蘖的第 1 片叶完全展开，第 2 片叶的长度在 3cm 以上。冬季和春季的大分蘖定为有 3 片以上的展开叶。达不到此标准的定为小分蘖。

（3）基本苗。在 3 叶期调查，按 5 点取样根据每点一个平方的苗数算出亩苗数。

（4）每亩茎蘖数。每块田定 2~3 个调查点，每点 1m²，调查每平方米主茎数和分蘖数。计算每平方米平均主茎数和分蘖数。每亩总苗数（茎蘖数）＝（每平方米平均主茎数+分蘖数）×667。

（5）单株分蘖数。根据每块田定点所查的茎蘖数和株数，计算单株茎蘖数。单株分蘖数=调查点总分蘖数÷调查点总主茎数。

（6）小麦冬前苗情。小麦冬前是指从出苗开始到冬至为止。一般适期播种的小麦历期在 60d 左右。一类苗适期播种，每亩基本苗为 18 万苗左右，冬至总苗数为 50.1 万~60 万苗/亩，叶色浓绿，分蘖早，长势壮，单株分蘖 2~3 个，主茎 6 片叶，苗高 20cm。二类苗播种偏迟，每亩基本苗为 15 万~18 万苗，冬至总苗数为 40.1 万~50 万苗，叶色青绿，单株分蘖 1.5 个左右，主茎 5 片叶左右，苗高 15~20cm。三类苗播种迟，每亩基本苗大于 20 万苗或小于 15 万苗，冬至总苗数为 40 万苗以下，叶色淡绿或青绿，分蘖迟，长势弱，单株分蘖 1 个左右，主茎 4 片叶左右，苗高 15cm 以下。

（7）小麦拔节阶段苗情。小麦拔节是指基部第 1 节间伸长 2cm，叶龄指数 75% 左右。一类苗叶色转为青绿，小分蘖死亡快，每亩成穗苗数 35.1 万苗以上，上部叶片斜伸，呈"驴耳朵"状，茎秆健壮。二类苗叶色转为淡绿，每亩成穗苗数 25.1 万~35 万苗，上部叶片挺直，茎秆较健壮。三类苗叶色转为淡黄，每亩成穗苗数 25 万苗以下，上部叶片窄小，呈"马耳朵"状，茎秆瘦弱。

（二）测产

1. 取样方法

每块麦田内随机抽取 3~5 个地块进行理论测产。

2. 亩穗数和穗粒数

每块地取 3 点，每点取 $1m^2$ 调查亩穗数，并从中随机取 20 个穗调查穗粒数。亩穗数 = 3 点穗数和 × （666.7÷3）；穗粒数为 20 穗粒数的加权平均数。

有效穗必须是 5 粒实粒以上的麦穗，一般结合测产按 5 点取样进行调查，用万穗表示。

3. 取样产量

取样产量（kg/亩）= 每亩穗数 × 每穗粒数 × 千粒重（g，以品种审定公告数据为准）×10-6×85%。

4. 理论产量

理论产量（kg/亩）为所有取样地块产量的加权平均值。

四、棉花长势及产量调查

（一）生育期

播种期为播种日期。出苗期为 50% 幼苗子叶平展时的日期。现蕾期为幼蕾苞叶长达 3mm 时为现蕾。现蕾株数达 50% 时为现蕾期。开花期为 50% 以上棉株开花时的日期。吐絮期为 50% 以上棉株开始吐絮时的日期。全生育期为从出苗到吐絮时所需的日数。播种至出苗 7~15d，出苗至现蕾 40~50d，现蕾至开花 22~28d，开花至吐絮 48~52d，吐絮至拔秆 70~80d。

（二）三桃调查

7 月 15 日调查以前成铃的伏前桃占 10% 左右，为主动桃；8 月 15 日调查成铃的伏桃占 40%~60%，为主体桃；9 月 15 日调查成铃的秋桃占30%左右，为高产桃。

1. 株式图调查

要用棉花株式图调查，每块田3~5个点，每个点连续10株棉花。

（1）株、行距调查。每块棉田调查3~5个点，其中1个点调查行距（11~31行平均值），2~4个点调查株距（每点51株平均值）。亩株数=667m²/〔行距（m）×株距（m）〕。

注：测行距时应注意包一边厢沟。

（2）株高。棉花株高从子叶节量至顶端。苗高从根颈或地面量到顶端生长点。

（3）蕾。记录符号为△。苞叶长大于3mm。

（4）花。记录符号为Ⅴ。当天开的白花或黄花。

（5）幼铃记录符号为⊙。直径小于2cm的铃（包括红花）。

（6）青铃。记录符号为○。直径大于2cm。

（7）烂铃。记录符号为⊗。受气象灾害或病虫危害，出现腐烂的棉铃。

（8）絮铃。记录符号为Ⓥ。已经正常裂开，吐出白絮的棉铃，包括已采摘的棉壳、已将铃壳摘下的铃柄。

（9）脱落。记录符号为×。已经因生理、外部因素等原因造成的蕾、花、铃脱落，棉株上表现为果节上仅存脱落痕。

（10）记录方法。由里而外，由下而上，依次记录每1个果节。

2. 三桃汇总

（1）果枝数：计算30株果枝的平均数。

（2）单株总果节=蕾+花+幼铃+成铃+脱落。

（3）成铃=青铃+絮铃+烂铃。

（4）脱落率=（脱落数÷单株总果节）×100%。

（5）亩成桃=亩株数×（成铃+蕾×1/5+花×1/3+幼铃×1/3）。

注：蕾、花进入后期不折算成铃。

3. 棉花苗情分类

出苗至五真叶期为幼苗出土，2片子叶展开，从主茎顶端出现完全展开的第3片真叶到第5片真叶期间。一类苗出苗较快，棉苗分布均匀，生长整齐，不缺苗，出苗率或移栽成活率90%以上。棉芽粗壮，子叶肥厚，叶片舒展叶色浓。土壤相对湿度65%~75%，没有病虫害或霜冻。二类苗出苗较整齐，分布欠均匀，有可能出现少量点片缺苗，或部分出苗拥挤。出苗率或移栽成活率80%~90%。叶片展开基本正常，叶色绿。土壤相对湿度 60%～65% 或 75%～80%，病虫害或霜冻轻度发生。三类苗出苗不整齐，分布不均匀，点片缺苗明显，或出苗拥挤成堆。因种子质量差、或土地盐碱、板结、过湿、干旱、霜冻、病虫害等原因，出苗率或移栽成活率低于 80%。叶片薄而小，叶色浅。土壤相对湿度低于 60% 或高于 85%。病虫害或霜冻较重。

现蕾后 10d 植株最下部果枝第一果节出现三角塔形花蕾，长约 3mm。一类苗现蕾比一般棉田和常年略偏早且整齐，第一果节普遍现蕾极少脱落。基部节间短粗发紫。叶色浓绿叶片大。土壤相对湿度 65%～75%，无干旱、湿害和虫害。二类苗现蕾期接近常年，植株间早晚差别不很大，第一果节花蕾有少量脱落。基部节间不过长但不够粗，叶色绿。土壤相对湿度 60%～65% 或 75%～85%，有轻度干旱或稍过湿。病虫害轻度发生。三类苗现蕾期明显偏晚且不整齐，第一果节花蕾脱落较多。株高偏矮，叶片小叶色浅。或有徒长趋势，茎节细长，叶片薄大，过早封行。土壤相对湿度低于 60% 或高于 85%，明显受旱或过湿。病虫害较重。

花铃期为植株下部果枝有花朵开放为始期。50% 的植株第 4 果枝上有花朵开放为开花盛期。花落后开始结铃并逐渐膨大。一类苗开花期比一般大田和常年略偏早，全田开花整齐一致。叶色浓绿生长稳健，开花盛期基本封行。基部节间短粗，各节间长度和果枝长度比较均匀，下中上部结铃分布较均匀。花蕾脱落不多。土壤相对湿度 70%～80%，无干旱、雨涝和冰雹等灾害，无病虫草害或已得到控制。二类苗开花期接近常年，全田开花较一致。叶色绿。土壤相对湿度 60%～70%，有轻度干旱或缺肥。生长量略偏小，未完全封行。株高稍偏矮，叶色绿。开花后期上部花蕾和幼铃有不少脱落。或土壤相对湿度 80%～90%，有轻度徒长趋势，赘芽发生较多。病虫草害有一定影响。三类苗开花期明显偏晚且不整齐，开花后期上部和外围花蕾和幼铃大量脱落。土壤相对湿度低于 60%，明显受旱或严重缺肥，行间裸露，叶色浅，下部叶片发黄开始脱落。株高明显偏矮，生长量不足，早衰明显。或土壤相对湿度 90% 以上，徒长趋势明显，过早封行。营养生长与生殖生长严重失调。下部蕾铃脱落较多，只上部和外围少量花蕾能正常结铃。赘芽大量发生并形成若干叶枝。或北方棉区因气温持续偏低发育明显延迟，或病虫草害或冰雹、旱涝、连阴雨等灾害较重。

（三）棉花测产

理论产量计算：种植密度（株/亩）= 667m² / ［行距（m）×株距

（m）〕。行距（m/行）＝11~31 行距离（m）/（行数-1）（行）。株距（m/株）＝51 株距离（m）/50（株）。单株成铃(个/株)＝絮铃+青铃+1/3 幼龄。单位面积总铃数（铃/亩）＝种植密度（株/亩）×单株成铃（铃/株）。铃重（g/铃）＝100 铃籽棉干重（g）/100（注：实际中使用品种审定铃重）。籽棉产量（kg/亩）＝单位面积成铃（铃/亩）×铃重（g）/1 000×校正系数90%（因使用审定铃重，校正系统改为85%或80%）。

五、油菜长势及产量调查

（一）冬至苗情调查

（1）株高。油菜株高从根颈量至主花序顶端。苗高从地面到心叶距离。

（2）亩株数。每块地按对角线法，间隔一定距离取 3~5 个样点。每个样点面积9m^2，计算亩株数。

（3）单株绿叶数。指主茎绿叶数。

（4）苗情分类。

苗期。一类苗 12 月底以前达到 13~14 片叶，叶面系数2.5~3，根茎粗1.7~2cm。二类苗 12 月底以前达到9~10 片叶，叶面系数2~2.5，根茎粗 1.2~1.7cm。三类苗 12 月底以前达到 8 片叶以下，叶面系数2 以下，根茎粗小于 1.2cm。

蕾薹期。一类苗叶面积系数 3~5，平头高度 30~40cm。二类苗叶面积系数2~3，平头高度 20~30cm。三类苗叶面积系数 2 以下，平头高度 10~20cm。

（二）测产

（1）单株有效角果数有效分枝与无效分枝区分为有 1 个角果。有效角果和无效角果区分为 5 粒。每点连续取 10~20 株，测定单株平均有效角果数。

（2）每角粒数。自接近平均角果数的植株中随机选取 50 个角果计算。

（3）千粒重。按品种审定千粒重计算。

（4）理论测产公式。每亩产量＝每亩株数×每株角果数×每角果实粒数×千粒重（g）×80%÷1 000 000。测产系数为 0.7 或 0.8。

附录三 "三品一标"简介

一、中国农产品公共品牌

(一) 中国农产品公共品牌——"三品一标"

"三品一标"是无公害农产品、绿色食品、有机产品和农产品地理标志的统称。

"三品一标"是政府主导的安全优质农产品公共品牌,是当前和今后一个时期农产品生产消费的主导产品。

(二)"三品一标"的发展意义

"三品一标"是推动农业生产方式转变的"助推器"。

"三品一标"是防止发生农产品安全事件的保障手段。

"三品一标"是政府主导的安全优质农产品公共品牌。

(三) 发展"三品一标"取得的成就

推进了农业产业化(企业化主体占90%以上。如绿色食品获证企业中,有250多家为国家级农业产业化龙头企业,占国家级农业龙头企业总数的1/3)。

促进了农业经济增长(加贴无公害农产品标志的产品,售价比同类未认证产品要高出10%左右;获得绿色食品认证的产品价格平均增幅达到20%~30%)。

提高了粮食安全水平(无公害农产品抽检合格率平均达到98%以上;绿色食品、有机食品、农产品地理标志产品连续两年监测合格率均为100%)。

(四)"三品一标"的发展背景

"无公害农产品"是21世纪初为适应入世和保障公众食品安全的大背景下推出的,已经受到生产者和消费者欢迎。

"绿色食品"是20世纪90年代初为了发展优质高效农业和推出拳头产品,中国农业工作者创造性提出的。目前"绿色食品"商标已经被国际社会广泛认可。

"有机产品"是 20 世纪为拓展农产品的市场和增效空间、适应出口和借鉴国际有机农业经验的举措。

　　"农产品地理标志"是借鉴欧洲发达国家的经验，为挖掘培育和发展独具地域特色的传统优势农产品品牌、保护各地独特的产地环境、提升独特的农产品品质、增强特色农产品市场竞争力、推进地域特色优势农产品产业和区域经济发展的重要措施。

（五）"三品一标"的发展理念

　　无公害农产品坚持"保障消费安全、满足基本需求"的发展理念。

　　绿色食品强调"出自优良生态环境、带来强劲生命活力"的高品质生产和消费理念。

　　有机产品注重原生态（不使用农药、化肥）。

　　农产品地理标志保护倡导"产自特定区域、彰显独特品质"的农产品知识产权保护和文化消费理念。

（六）"三品一标"之间的联系

　　从本质上讲，无公害农产品、绿色食品、有机产品都是经质量认证的安全农产品，它们分别从生产投入品控制、生产技术要求和产品安全评定等方面规定了各自的标准和程序，都坚持源头管理、注重生产过程控制和质量追溯等制度。

　　注重生产过程的管理，无公害农产品和绿色食品侧重对影响产品质量因素的控制，有机食品侧重对影响环境质量因素的控制。而获得农产品地理标志保护的农产品，不仅要求其安全外，而且还要带有地域和文化特色。

　　从生产经营的角度来说，通俗地讲，无公害农产品卖的是安全，绿色和有机食品卖的是安全和品质，而农产品地理标志保护的农产品卖的是安全品质、品位和文化。

　　无公害农产品既是根本保障也是最高利益，它是法定的保障广大人民消费基本需求的产品。

（七）"三品一标"的定位取舍

　　"三品一标"的发展理念不同、技术标准不同、市场定位不同、申请主体不同、发展机制不同、管理机制不同。

　　纵观"三品一标"发展历程，虽各有其产生的背景和发展基础，但都是农业发展进入新阶段的战略选择，是传统农业向现代农业转变的重要标志。

"三品一标"品牌互不隶属，标志既可以交叉、又可分别使用，生产者可根据自己的情况申请使用标志。

二、"三品一标"简介

（一）无公害农产品

无公害农产品指产地环境、生产过程和产品质量符合国家有关标准和规范的要求，经认证合格获得认证证书，并允许使用无公害农产品标志的未经加工或者经初加工的食用农产品。

（1）法律依据。中华人民共和国农业部、国家质量监督检验检疫总局 2002 年 4 月 29 日联合发布（第 12 号令）。

（2）认定及管理机构。

产地认证——省级农业主管部门。

产品认证——农业部农产品质量安全中心。

（3）标志及证书编号意义。无公害农产品图案主要有麦穗、对勾和无公害农产品字样组成。麦穗代表农产品，对勾表示合格，金色寓意成熟和丰收，绿色象征环保和安全。

产地证书编号：WNCR-HA12-0000。

产品证书编号：WGH-12-00000。

（二）绿色食品

绿色食品指遵循可持续发展原则，产自优良生态环境、按照绿色食品标准生产、实行全程质量控制并经中国绿色食品发展中心认证，获得绿色食品标志使用权的安全、优质食用农产品及相关产品。

（1）法律依据。《绿色食品标志管理办法》（农业部 2012 年第 6 号令）。

（2）认证机构。农业部中国绿色食品发展中心。

（3）管理机构。农业部绿色食品管理办公室。

（4）绿色食品分级。绿色食品分为 AA 级和 A 级。AA 级绿色食品在生产过程中不允许使用化学合成物质。A 级绿色食品在生产过程中允许限量使用限定的化学合成物质。AA 级绿色食品等同于有机食品。

（5）绿色食品标志、商标及证书编号意义。绿色食品图案主要有三部分构成，即上方的太阳，下方的叶片和中心的蓓蕾。颜色为绿色，象征着生命、农业、环保；圆形意为保护。整个图案勾画了作物在阳光照耀下茁壮成长。实行"一品一号"原则。产品编号只在绿色食品标志商标许可使用证书上体现，不要求企业将产品编号印在该产品包装上。为每一获证企业建立一个可在续展后继续使用的企业信息码。要求将企业信息码印在产品包装上原产品编号的位置，并与绿色食品标志商标（组合图形）同时使用。没有按期续展的企业，在下一次申报时将不再沿用原企业信息码，而使用新的企业信息码。企业信息码的编码形式为 GFXXXXXXXXXXXX。GF 是绿色食品英文"GREEN FOOD"头一个字母的缩写组合，后面为 12 位阿拉伯数字，其中 1~6 位为地区代码（按行政区划编制到县级），7~8 位为企业获证年份，9~12 位为当年获证企业序号。

（三）有机食品

有机食品指是根据有机农业原则和有机农产品生产、加工标准生产出来的，经过有资质的有机食品认证机构颁发证书的农产品及其加工品。

（1）法律依据。《有机产品认证管理办法》国家质量监督检验检疫总局令 2013 年第 155 号。

（2）认证机构。中国国家认证认可监督管理委员会认可的认证机构。

（3）管理机构。认证机构；食品药品监督管理机构；中国国家认证认可监督管理委员会。

（四）农产品地理标志

农产品地理标志是指标示农产品来源于特定地域，产品品质和相关特征主要取决于自然生态环境和历史人文因素，并以地域名称冠名的特有农产品标志。

（1）法律依据。《农产品地理标志管理办法》（农业部 2007 年第 11 号令）。

（2）认证及管理机构。农业部农产品质量安全中心。

三、"三品一标"农产品之间的区别与关联

无公害农产品是绿色食品和有机食品发展的基础，绿色食品和有机食品是在无公害农产品基础上的进一步提高。

无公害农产品、绿色食品、有机食品都注重生产过程的管理，无公害农产品和绿色食品侧重对影响产品质量因素的控制，有机食品侧重对影响环境质量因素的控制。

水稻绿色高产高效技术

无公害农产品、绿色食品和有机食品在种植、收获、加工生产、贮藏及运输过程中都采用了无污染的工艺技术，实行了从田头到餐桌的全程质量控制，安全是这三类食品突出的共性。

　　无公害农产品是保证人们对食品质量安全最基本的需要，是最基本的市场准入条件，它符合国家食品安全标准，但比绿色食品标准要低。

　　绿色食品是介于无公害农产品和有机食品之间的产品，能满足国内较高档次的消费者的需求。

　　有机食品与其他食品的区别主要有 3 个方面，有机食品在生产加工过程中绝对禁止使用农药、化肥、激素、合成色素等人工合成物质；其他食品则允许有限使用这些物质；有机食品在土地生产转型方面有严格规定，考虑到某些物质在环境中会残留相当一段时间，土地从生产其他食品到生产有机食品需要两到三年的转换期，而生产绿色食品和无公害食品则没有转换期的要求；有机食品在数量上进行严格控制，要求定地块、定产量，生产其他食品没有如此严格的要求。

　　无公害农产品、绿色食品、有机产品和农产品地理标志的标志及区别见附图8。

附图8　"三品一标"标志及区别

参考文献

陈联寿. 1996-8-26. 台风是什么——说台风 [N]. 中国气象报.

陈联寿. 1996-8-29. 台风会带来什么灾害——二说台风 [N]. 中国气象报.

陈联寿. 1996-9-2. 台风的监测和警报——三说台风 [N]. 中国气象报.

高广金. 2013. 超级稻高产高效栽培技术 [M]. 武汉：湖北科学技术出版社.

胡秀芳，程敏生. 2005. 水稻施用微量元素肥料的研究 [J]. 垦殖与稻作 (2)：25-30.

湖北省农业厅，湖北省气象局. 2009. 农业灾害应急技术手册 [M]. 武汉：湖北科学技术出版社.

黄志毅. 2001. 水稻应用平衡施肥效应分析 [J]. 耕作与栽培 (4)：39-40.

解保胜. 2000. 水稻侧深施肥技术 [J]. 垦殖与稻作 (1)：18-20.

李文金，肖芳胜. 2000. 水稻逆 V 字施肥技术的试验初报 [J]. 湖南农业科学 (1)：20-21.

陆亚龙. 1990-9-3. 台风何处风力最大 [N]. 中国气象报.

聂军，杨曾平，廖育林，等. 2010. 长江中游中低产稻田改良和培肥技术 [J]. 中国植物营养与肥料学会 2010 年学术年会论文集，476-486.

庞战士. 2013. 水稻肥害及防治 [J]. 农业灾害研究，3 (11-12)：26-29.

石鹤富，史健，李开江. 2008. 大棚西瓜与水稻连作栽培技术 [J]. 安徽农学通报，14 (12)：117-118.

吴建富，赵小敏，卢志红，等. 2002. 氮、磷、钾化肥配施对水稻效应的研究 [J]. 江西农业大学学报，24 (2)：193-195.

吴裕霖. 1995. 介绍几种低产田改良方法 [J]. 安徽农业 (1)：4-5.

熊江霞，陈灿芳，侯立志，等. 2004. 水稻磷肥合理用量和肥效研究 [J]. 上海农业科技 (2)：44-47.

于广星，侯守贵. 2005. 国内外稻作施肥技术 [J]. 垦殖与稻作 (3)：40-42.

张清. 1990-6-18. 气象灾害之一龙卷风 [N]. 中国气象报.

张似松. 2013. 湖北水稻生产 500 问 [M]. 武汉：湖北科学技术出版社.

张羽. 2014. 水稻软盘半旱式育秧技术 [J]. 中国稻米，20 (2)：100-102.

朱振全. 1990-7-16. 盛夏时节话台风 [N]. 中国气象报.

朱振全. 1990-8-6. 漫话台风 [N]. 中国气象报.

邹长明，秦道珠，陈福兴，等. 2000. 水稻氮肥施用技术 I. 氮肥施用的适宜时期与用量 [J]. 湖南农业大学学报（自然科学版），26 (6)：467-470.

邹娟，高春保. 2015. 湖北省稻茬麦规范化播种技术 [J]. 湖北农业科学，54 (24)：6188-6190.

参考文献